KB074496

**환경영향평가사 2
기출문제 및 풀이
[제1회~14회]**

1차 필기시험 1회~14회 수록

환경영향평가사
2
기출문제 및 풀이

신현국 편저

리즈앤북
ries & book

스스로 대한민국 최고의 환경 전문가라고 자부했다. 그런데 환경영향평가사 시험에 2번(12회, 13회) 낙방하고, 세 번째 만에 겨우 합격했다(14회).

환경영향평가사 시험, 참으로 쉽지 않았다. 분야가 넓은 것은 아닌데, 출제 방식이나 경향이 매우 까다롭다. 이미 알고 있는 내용이라도 어떻게 답안지를 작성하는지에 따라 점수가 달라진다. 나 또한 어렵게 시험에 합격하고, 환경영향평가사를 준비하는 수험생들에게 작은 도움이 되었으면 좋겠다는 바람으로 본서를 기획하게 되었다.

수험서는 2권으로 나누어 진행되었다.

1권은 환경정책, 국토환경계획, 환경영향평가제도, 환경영향평가 실무에 대한 개괄적 이론과 그 이론의 근거가 되어줄 공동훈령과 종합계획, 평가서 작성 등에 관한 규정 등을 부록으로 함께 묶었다.

2권은 환경평가사 1차 필기시험의 기출문제를 싣고, 답안 작성 시 꼭 들어가야 할 내용을 중점으로 편집하였다. 제1회부터 제14회까지의 문제들과 답안을 훑어보는 것만으로도 환경영향평가사 시험과 경향을 파악하는 데 도움이 되리라 믿는다.

본 수험서를 출간하는 데 도움을 주신 리즈앤북의 김제구 대표께 감사드린다.

신현국

차례

환경영향평가사 시험 준비 정보 안내

환경영향평가사 시험 준비 정보 안내

1. 환경영향평가사 시험과목 및 검정 방법 (각 과목당 100점씩 400점)

구분	시험과목	시험범위
제1차 시험 (필기시험)	환경정책	환경정책 일반, 국가환경정책, 지역환경정책
	국토환경계획	환경계획 일반, 국토계획, 환경보전계획
	환경영향평가제도	환경영향평가제도 일반, 사후환경관리, 공중참여
	환경영향평가 실무	환경영향평가 계획 수립, 평가 항목 범위 결정, 항목별 평가 기법, 계획평가, 사업평가, 대안평가, 종합평가
제2차 시험 (면접시험)	환경영향평가 수행에 필요한 전문 지식과 소양	

* 제1차 시험은 단답형 3문항(25점, 필수 1문항 9점, 선택2문항 16점)과 논술형(3문항, 75점)으로 실시하며, 지2차 시험은 면접시험으로 실시한다.

* 필기시험은 1교시(09:00~10:40) 환경정책, 2교시(11:00~12:40) 국토환경계획, 3교시(13:50~15:30) 환경영향평가 실무, 4교시(15:50~17:30) 환경영향평가제도이다.

2. 환경영향평가사 응시 자격 요건

① 국가기술자격법 제2조 제3호에 따른 국가기술자격의 직무 분야 중 환경, 에너지 분야(같은 법 시행규칙에 따른 유사 직무 분야를 포함한다. 이하 '환경 분야'라 한다)의 기술사 자격을 취득한 자

② 환경 분야 기사 자격을 취득한 후 환경 분야에서 4년 이상 실무에 종사한 자

③ 환경 분야 산업기사 자격을 취득한 후 환경 분야에서 5년 이상 실무에 종사한 자

④ 환경 관련 학과 대학졸업자로서 환경 분야에서 6년 이상 실무에 종사한 사람 또는 환경 관련 학과가 아닌 대학졸업자로서 환경 분야에서 7년 이상 실무에 종사한 자

⑤ 9급 이상 공무원으로서 환경 분야 업무를 5년(5급 이상은 3년) 이상 수행한 자

⑥ 9년 이상 환경 분야 실무에 종사한 자

3. 환경영향평가사 자격 검정 통계

연도	회차	필기시험			면접시험		
		응시(만)	합격(명)	합격률(%)	응시(만)	합격(명)	합격률(%)
2014	1	257	13	5.06	13	7	53.9
2014	2	141	23	16.3	29	20	69.0
2015	3	149	23	15.4	32	20	62.5
2015	4	187	27	14.4	39	39	66.7
2016	5	242	42	17.4	53	32	60.4
2016	6	293	29	9.90	48	31	64.6
2017	7	292	28	9.59	43	27	62.8
2017	8	304	12	3.95	27	19	70.4
2018	9	252	16	6.35	21	13	61.9
2018	10	268	13	4.85	19	15	79.0
2019	11	341	33	9.68	37	26	70.3
2019	12	392	30	7.65	41	32	78.0
2020	13	175	18	10.3	27	20	74.07

제1회

환경영향평가사 필기시험

기출문제 및 풀이

제1교시
환경정책

1. 용어 설명 (필수문제, 9점)

− 녹색기후기금(Green Climate Fund), 녹색인증제도, 온실가스에너지 목표관리제

녹색기후기금

- 온실가스 감축과 기후변화 관련 기술지원을 위해 설립된 UN 산하의 국제금융기구이다.
- 세계 3대 국제금융기구의 하나로 우리나라 인천에 사무국이 있다.

녹색인증제도

- 근거 : 〈저탄소녹색성장기본법〉에 의한 정부인증제도
- 녹색산업, 녹색기술에 대한 인센티브를 부여하기 위해 도입된 제도이며, 녹색금융상품 세제 혜택, 녹색기술사업화에 대한 지원

온실가스에너지 목표관리제

- 파리기후협정(Paris Agreement)과 관련 2030년 37% 온실가스 감축 목표 당성과 관련하여 저탄소녹색성장기본법에 근거하여 부문별·업종별 감축 목표를 설정, 관리하기 위함이다.

* 업체별·사업자별 감축 목표 기준을 정하고 목표 달성 여부를 관리한다.

2. 환경영향평가사 제도의 도입 배경과 환경영향평가사의 역할 (8점)

a. 도입 배경

- 환경영향평가제도가 본격적으로 추진되면서 전략환경영향평가, 환경영향평가, 소규모 환경영향평가 관련 환경영향평가업체의 기술적·체계적 관리가 필요했다.
- 이와 관련 전문기술인력에 대한 보다 체계적인 국가자격인증제도의 도입이 필요했다.

b. 역할

- 환경영향평가업의 기술 인력으로 등록된 환경영향평가사의 직무(환경영향평가법 제54조 제3항)
  ① 환경현장조사   ② 환경영향 예측·분석
  ③ 환경보전방안의 설정 및 대안 평가
  ④ 환경영향평가서(EIS, Env, Impact Statements) 등의 작성 및 관리

3. 환경의 경제적 가치 추정 방법(3가지 선택) (8점)

→ 환경의 경제적 가치 추정 방법으로는 여행비용법(TCM), 임의가치평가법(CVM), 대체비용법
  (RCM), 시장접근법, 해도닉평가법 등이 있다.
① 여행비용법(TCM)
  : 관광지를 방문하여 지출하는 비용을 분석, 자연환경 재화의 가치를 경제적으로 분석
② 임의가치평가법(CVM)
  : 설문조사를 통하여 자연자원의 경제적 가치를 분석·평가하는 방법
③ 대체비용법(RCM)
  : 자연자원이 갖는 공익적 기능·가치를 시장에서 거래되고 있는 가치로 대체, 평가하는 방법
  * 산소 공급, 수분 함량, 홍수 조정 기능 등
④ 시장접근법
  : 목재 등 자연자원의 가치를 시장가격을 통하여 분석·평가하는 방법
⑤ 해도닉평가법
  : 환경자원 등의 평가 대상을 가격 결정에 미치는 직·간접적인 요인들을 계량화

4. 생물다양성협약의 목적과 주요 내용 (8점)

a. 생물다양성협약(CBD, Convention on Biological Diversity)은 1992년 6월 5일 브라질 리우에서 개최
  된 유엔환경개발회의(United Nations Conference on Env. and Development), 리우지구정상회의(Rio
  Earth Summit)에서 채택되었다.
b. 현재, 우리나라를 포함하여 세계 200여 개국이 가입
c. 협약의 목적 : 생물다양성의 보존과 유전자원의 공유를 통하여 지속 가능한 발전 도모
d. 협약의 주요 내용
 ① 국가 간 생물자원의 공유 및 이익 배분
 ② 각종 개발사업으로 인한 생물자원의 악영향의 최소화
 ③ 유전자원 이용 관련 국가 간 상호협력
 ④ 생물다양성 관련 기술 접근 및 이전에 상호협력 등

5. 환경정책 수립·집행 시 일반적으로 적용되고 있는 주요 원칙 중 3가지를 선정하여 그 개념을 제시하고, 이러한 주요 원칙이 환경정책에 어떻게 적용되고 있는지를 설명하시오. (필수문제, 25점)

→ 환경정책 수립·집행의 3대 원칙은 오염자 부담의 원칙, 사전예방의 원칙, 협력의 원칙이다.

① 오염자 부담의 원칙(3P, Polluters Pay Principle)

- 환경정책기본법 제7조에 오염 원인자 책임 원칙이 명시되어 있다.

- 오염을 시킨 원인자가 비용을 부담하고, 처리에 역할을 하여야 한다는 뜻이다.

- 상대적 개념으로 수혜자 부담원칙(Users Pay Principle)이 있다.

- 적용 사례 : 배출부과금제도, 쓰레기종량제, EPR(Extended Producer Responsibility, 생산자책임 재활용제도) 등

② 사전예방의 원칙

- 환경정책기본법 제8조에 환경오염 등의 사전예방에 대해 명시되어 있다.

- 국가 및 지방자치단체 사업자는 환경오염물질 및 환경오염의 원칙적인 감소를 통한 사전예방에 노력하여야 한다고 명시되어 있다.

③ 협력의 원칙

- 환경정책기본법 제5조 및 제6조에는 사업자 및 모든 국민의 환경오염 및 환경훼손을 방지하기 위하여 국가 또는 지방자치단체의 환경보전 시책에 참여하고 협력하여야 할 책무가 있음을 명시하고 있다.

- 쓰레기종량제, 1회용품 덜 쓰기, 재활용운동에 사업자와 모든 국민은 적극 동참·협력하고 있다.

6. 환경영향평가제도가 환경정책 수단으로써 기여한 점과 미흡한 점에 대하여 사례를 들어 기술하고, 앞에서 제시한 미흡한 점에 대해 개선 방안을 제시하시오. (25점)

a. 기여한 점과 미흡한 점

기여한 점	미흡한 점
• 사전예방적 환경관리	• 환경영향평가기법의 과학적·체계적 관리 미흡
• 친환경적 국토관리	• 형식적 주민참여제도에 의한 통과의례식 주민 참여
• 난개발 방지 및 친환경적 토지 이용에 기여	• 사후환경관리제도 미흡

b. 개선 방안

구분	개선 방안
환경영향평가기법	계량화·과학화 등 정량적 평가기법의 도입 특히 자연생태계 분야의 피해에 대한 정량적 평가기법 개발 필요
주민참여제도	설명회, 공청회 제도의 체계적·합리적 관리 필요
사후환경관리제도	선택과 집중을 통한 사후환경관리 강화 필요 →모든 업종·시설에 대한 획일적 사후환경관리보다 주요 업종·시설에 대해 집중관리가 필요하다.

7. 최근개발사업에서 나타나고 있는 사회적 갈등의 원인과 이를 해소하기 위한 방안을 주민참여제도와 연계하여 설명하시오. (25점)

a. 갈등의 주요 원인
- 미흡한 정보 제공
- 지역이기주의
- 과도한 보상 요구 등

b. 해결 방안
- 충분한 정보 제공 : 주민설명회, 공청회 활성화 등
- 주민 참여 확대 : 형식적인 주민 참여에서 보다 내용 있고 실효성 있는 주민 참여 방안 강구
- 환경분쟁 조정위원회의 역할 강화

8. 폐기물관리와 온실가스의 상관관계를 설명하고, 우리나라가 추진하고 있는 폐기물 부문의 온실가스 감축을 위한 주요 대책 방안 4가지를 서술하시오. (25점)

a. 폐기물 관리와 온실가스의 상관관계

구분	온실가스 상관관계
소각	이산화탄소(CO_2) 발생
매립	이산화탄소(CO_2), 메탄(CH_4) 발생
퇴비화	이산화탄소(CO_2), 메탄(CH_4) 발생

b. 우리나라에서 추진하고 있는 온실가스 감축 주요 대책(4가지)

① 소각 : 소각 부문에서 이산화탄소 포집·흡착 기술 개발

② 매립가스 회수, 열 이용 : 매립지에서 발생되는 매립가스(LFG, Landfill Gas)의 회수, 열 이용

③ 열 분해(Pyro lysis) : 소각 물량을 줄이고, 플라스틱 폐기물의 열분해를 통해 이산화탄소 발생 저감

④ 재활용 활성화 : 폐기물 소각·매립을 최소화하고 재활용을 늘림으로써 간접적으로 온실가스 저감

9. 석면관리종합대책의 주요 내용 및 안전관리 방법 (25점)

1) 석면관리종합대책의 주요 내용

a. 비전 : 석면 위해로부터 국민건강 보호

b. 목표

• 석면 함유 가능 물질 등 석면의 원천적 차단

• 건축물 등 사용 석면의 전 과정(LCA) 안전관리

• 석면 건강 피해 감시 강화 및 피해 규제

c. 중점 추진 과제

• 석면 함유제품 관리 강화

• 석면 함유 가능물질의 석면 오염 차단

• 건축물의 전생애 석면 안전관리체계 구축(LCA, Life Cycle Assessment)

• 폐석면의 안전관리

• 자연발생 석면 관리

• 석면 건강 피해조사 및 예방, 석면질환자 관리

• 석면 피해의 효과적 규제

• 석면 위해도 소통 강화(Risk Communication)

2) 석면의 안전관리방법

• 석면 관련 법령 정비 및 안전기준 강화

• 석면 함유 제품의 제조·수입·유통·처분 관리의 강화

• 석면 함유 활석 관리강화

• 건축물 석면 해제·제거 시 주변 비산 방지 대책 강구 등

제2교시
국토환경계획

1. 전략환경평가와 국토계획평가(2012. 5. 22 시행, 국토교통부)의 차이점 (필수문제, 9점)

구분	전략환경영향평가	국토계획평가
법적 근거	환경영향평가법	국토기본법
대상	정책계획 개발기본계획	주요 국토계획(29개)
목적	환경보전·난개발 방지, 지속가능한 개발	국토균형발전
주민의견수렴	개발기본계획은 주민의견수렴 절차	없음
주관 부처	환경부	국토교통부

2. 국토환경성 평가지도의 주요 내용과 활용 분야 (8점)

　생략

3. 관광지 및 관광단지 조성계획 수립 시 자연지형 훼손 최소화를 위한 환경적 배려사항[입지 선정, 토지이용계획, 건축계획 등 각 단계별로 2개씩 제시] (8점)

→ 〈관광개발 관련 개발기본계획 환경성 제고 가이드라인〉에 의하면 입지 선정, 토지 이용, 건축계획
　단계별로 환경성 제고를 위하여 노력하도록 제시
① 입지선정 단계 : 주요 생태축 고려, 6부 능선 이상 개발 배제, 특이한 지형·지질 보전
② 토지이용계획 단계
　: 기존 지형 최대한 이용, 보존 가치가 있는 지형 보전, 절·성토면 최소화, 원형 지형 최대한 보전
③ 건축계획 단계 : 기존 지형을 이용한 건축물 배치, 주변경관과의 조화, 훼손지형 복구·복원

4. 자연환경이 우수한 지역을 보전하기 위한 보전·보호 지역(구역)의 종류 및 지정 요건 (8점)

보전·보호 지역	근거	지정 요건
생태·경관 보전지역	자연환경보전법	• 자연상태의 원시성을 유지, 생물다양성 풍부지역 • 지형·지질 특이하여 학술적 가치 풍부 • 생태계 표본지역 등

보전·보호 지역	근거	지정 요건
습지 보호지역	습지보전법	• 야생 동·식물의 서식·도래지 • 특이한 경관적·지형적·지질학적 가치가 풍부한 지역 등
야생생물 보호구역	야생생물 보호 및 관리에 관한 법률	• 멸종위기 야생생물의 보호 및 번식을 위하여 특별히 보전할 필요가 있는 지역
백두대간 보호지역	백두대간 보호에 관한 법률	• 핵심구역 : 백두대간 능선을 중심으로 특별히 보호하려는 지역 • 완충구역 : 핵심구역과 맞닿은 지역으로써 핵심구역 보호를 위하여 필요한 지역

5. 환경계획과 국토계획의 차이점을 서술하고, 두 계획의 연계 가능성을 각 계획의 내용에 근거하여 설명하시오. (25점)

구분	환경계획	국토계획
법적 근거	환경정책기본법	국토기본법
계획의 종류	국가환경종합계획, 시·도 및 시·군·구 환경보전계획	국토종합계획, 노 종합계획, 시·군 계획, 지역계획, 부문별계획
주요내용	환경정책기본법에 근거한 국가환경종합계획, 시·도 및 시·군·구 환경보전계획과 각종 환경 관련 법령에 근거한 부문별계획(자연환경보전 기본계획, 대기환경 개선 종합계획 등)이 있다.	국토를 이용·개발 및 보전함에 있어 미래의 경제적·사회적 변동에 대비하여 국토가 지향해야 할 기본 방향 설정
연계 가능성	환경계획과 국토종합계획의 기본적인 목표는 국토의 균형발전과 국토의 지속 가능한 개발이므로, 계획 수립의 주기(예를 들면 국토종합계획과 환경종합계획 20년 단위)와 계획의 내용을 상호협의한다. ※현재 제5차 국가환경종합계획(2020~2040)과 제5차 국토종합계획(2020~2040)은 상호 연계 수립하였다.	

6. 실제 공간계획에 적용하고 있는 그린(녹지), 블루(물), 화이트(바람), 네트워크와 최근 중요시되고 있는 골드(토양) 네트워크를 각각 설명하고, 위 4가지 네트워크를 통합적으로 운영할 때 얻을 수 있는 효과를 설명하시오. (25점)

생략

7. 저탄소도시화 기후변화적응도시의 개념을 제시하고, 우리나라 도시를 사례로 구체적 저감 및 적응 방법을 설명하시오. (25점)

구분	저탄소 도시	기후변화 적응 도시

개념	• 탄소발생제조도시, 탄소중립도시
	• 친환경토지이용 : 복합용도개발, 접근성제고 등
	• 녹생교통체계
	  : 대중교통중심개발, 녹색교통중심개발
	• 자연생태고려개발
	• 에너지 효율화 및 자원순환용 제고
		• 기후변화에 적응 가능한 도시
		• 기상요소변화에 대응
		  : 집중호우, 강우강도 등
		• 기후변화에 따른 물리적 취약성 대비
		• 재해의 효과적 예방체계 구축 등

사례	동탄, 검단, 아산시, 강릉시, 남양주시(별내지구), 세종시 등	부산광역시(남구, 연제구)

8. 개발행위에 따른 자연경관 훼손의 유형을 열거하고, 유형별로 적용할 수 있는 저감대책을 개발사업의 의사결정단계로 구분하여 설명하시오. (25점)

a. 자연경관의 정의

  : 자연환경적 측면에서 시각적·심미적 가치를 가지는 지역·지형 및 이에 부속된 자연요소 또는 사물이 복합적으로 어우러진 자연의 경치(자연환경보전법)

b. 자연경관 훼손의 유형

 ① 점(point) : 초고층건물, 연돌

 ② 선(line) : 송전선로, 교량, 도로, 하천

 ③ 면(space) : 택지개발, 골프장 건설, 산업단지개발, 관광단지개발 등

c. 저감 대책

경관 유형		저감 방안
스카이라인		건축물 고도 규제
산림녹지경관	자연녹지	조망축 확보
	도시복지	조망축 확보
수경관	하천경관	조망축 확보(하천 내부 조망점)
	해안·도서	건축물 고도 규제
	호수·습지	주변 건축물 고도 규제

경관 유형	저감 방안
농촌 경관	색채·형태·규모 등의 조화성
역사문화 경관	역사문화경관과 주변경관과의 조화
생태 경관	주변 건축물 고도 규제 등

9. 도시 기본계획 및 도시 관리계획의 차이를 계획의 주요 내용 내용을 중심으로 제시하고, 친환경적 개념의 적용 가능성을 계획별로 설명하시오. (25점)

구분	도시·군 기본계획	도시·군 관리계획
계획의 성격	• 당해 시·군의 기본적 공간구조와 장기 발전 방향을 제시하는 종합계획 • 20년 단위로 수립하며 5년마다 수정 • 도시·군 관리계획의 지침이 되며, 일반국민에게 법적 구속력 없음	• 시·군의 10년 단위로 수립하는 집행계획이며 법정계획임 • 5년마다 타당성 검토하고 수정 • 용도지역, 용도지구, 용도구역, 지구단위계획 등이 이 계획에 포함됨
법률 근거	• 국토의 계획 및 이용에 관한 법률	• 국토의 계획 및 이용에 관한 법률
계획의 주요 내용	• 지역 특성·계획의 방향, 목표 • 토지의 이용·개발에 관한 사항 • 환경보전·관리에 관한 사항 • 기반시설에 관한 사항 • 공원·녹지에 관한 사항 • 경관에 관한 사항 • 기후변화, 에너지 절약에 관한 사항	• 용도지역의 지정·관리에 관한 사항 • 용도지구의 지정·관리에 관한 사항 • 용도구역의 지정·관리에 관한 사항 • 지구단위계획의 수립에 관한 사항 등
친환경적 개념 적용 가능성	• 계획의 수립단계에서부터 친환경적 개념을 적용할 수 있다.	

제3교시
환경영향평가 실무

1. 개발사업에 따른 부정적 환경영향에 대한 4가지 저감 유형 (필수문제, 9점)

① 무행위(No Action) : 방치, 아무런 행위도 하지 않는다.

② 회피(Avoiding) : 핵심지역을 피하여 우회하거나 사업의 내용 중 일부를 실행하지 않는다.

③ 최소화(Minimization) : 환경악영향을 최소화시킨다.

④ 대체(Substitution) : 훼손된 환경(서식지 등)을 동일한 가치 수준으로 대체한다.

⑤ 복구·복원 : 원상 또는 원상에 가깝도록 복구·복원한다.

2. 환경영향평가의 평가준비서 작성 시 고려해야 할 환경영향평가 항목별 선정기준(제외항목, 현황조사항목, 평가항목) (8점)

*자료 : 환경영향평가 스코핑 가이드라인(2011.12)

구분	고려해야 할 평가항목별 선정기준
제외항목	• 사업에 따른 영향이 미미할 경우 • 영향을 받는 대상(지역)이 없는 경우
현황조사항목	• 영향을 받는 대상이 존재하나 사업에 의한 영향이 크지 않을 경우 • 유사사례에서 영향이 크지 않다고 증명된 경우 • 전략환경영향평가에서 충분히 검토되어 추가 조사가 필요 없는 경우
폐기항목	• 영향을 받는 대상이 존재하며 사업에 의한 영향이 예상되는 경우 • 전략환경영향평가에서 추가 조사가 필요한 것으로 인정되는 경우 • 전략환경영향평가에서 특히 중요한 항목으로 인정되는 경우 • 보호지역·보호대상 등 법령에 의한 지정이 있는 경우 • 유사사업에서 보완 사례가 많은 항목 • 지역의 특별한 이슈가 되는 경우 • 전문가의 의견이 예상되는 경우 • 분쟁 시 소지가 큰 경우

3. 완충녹지의 정의와 평가항목별 적용 사례 3가지 (8점)

a. 정의

: 공해 발생원이나 재해 우려 지역을 주거상업지역으로부터 분리할 목적으로 설치하는 녹지대

b. 평가항목별 적용 사례

- 대기 : 산업단지와 주거지역 사이
- 자연환경자산(문화재, 생태·경관 보호구역 등) : 개발지역과 보전지역의 사이

4. 환경기준, 배출허용기준(방류수 수질기준 포함), 환경영향평가 협의기준의 개념 및 연계성 (8점)

구분	환경기준	배출허용기준	환경영향평가 협의기준
법적근거	환경정책기본법	개별환경법 • 대기환경보전법 • 물환경보전법 • 소음·진동관리법 • 폐기물관리법 등	환경영향평가법
개념	• 대기, 수질, 소음·진동에 대한 국민건강 보호를 위한 목표 기준 • 일종의 환경 가이드라인	개별업체, 오염시설에서 배출이 허용되는 최소한의 규제 기준	환경기준, 배출허용기준만으로는 사업의 목표 달성이 어려워 협의기관에서 추가로 제시하는 기준
연계성	• 환경기준은 가장 기본적인 기준 • 배출허용기준은 환경기준 달성을 위한 1차 수단으로서의 기준		사업시행으로 인하여 지역의 환경기준, 재출 허용기준만으로는 지역의 환경보전, 국민건강보호에 부적합하다고 판단되어 협의기관이 추가로 제시하는 강화된 기준

5. 댐건설사업에 대한 환경영향평가를 수행하고자 한다. 아래 환경영향평가항목 중 4개를 선택하며, 중점적으로 고려해야 할 사항을 현황조사, 예측평가, 저감방안으로 구분하여 설명하시오. (필수문제, 25점)

- 평가항목 : 동·식물상, 기상, 수질, 수리·수문, 토지이용, 토양, 지형·지질, 위락, 경관

구분		주요 내용
동·식물성	현황조사	a. 조사항목 • 식물상(관속식물 등) • 육상동물상(포유류, 조류, 양서·파충류 등) • 육수생물상(어류, 저서성 무척추동물, 플랑크톤 및 부착조류) • 생태·자연도 및 생태계 현황 등 b. 조사범위

구분		주요 내용
동·식물성	현황조사	• 공간적 범위 : 사업시행으로 영향을 미칠 수 있는 지역 • 시간적 범위 : 동·식물의 출현·생육 등의 속성을 충분히 파악 가능한 기간 c. 조사방법 • 조사항목별로 현지조사, 문헌조사, 탐문조사 등 자연환경조사방법을 병행
	예측평가	유사사례를 참조하며, 해석 가능한 정량적 또는 정성적 방법을 사용
	저감방안	보호해야 할 동·식물과 생태계에 대해 저감방안을 수립 : 동·식물상과 생태계에 미치는 환경변화를 최소화 또는 보상할 수 있는 저감방안 제시
기상	현황조사	a. 조사항목 • 기온, 풍향·풍속, 습도 • 강수량, 일사량, 적설량, 운량 • 대기안정도, 대기혼합고(상층 기상을 측정할 경우) b. 조사범위 • 공간적 범위 : 사업지역이 위치한 지역과 지역 특성을 고려하여 설정 • 시간적 범위 : 최근 10년간 c. 조사방법 • 기존 자료에 대한 조사를 실시하되 미흡 시 현지조사 병행
	예측평가	사업시행으로 인한 영향 정도를 문헌조사 및 유사사례 조사 결과를 바탕으로 판단
	저감방안	평가결과를 토대로 지역의 환경 특성을 고려하여 지상 변화가 크게 발생될 것이 예상될 경우, 저감방안을 수립
수질	현황조사	a. 조사항목 • 수질 관련 지구·지역 지정 현황 • 하천, 호소, 지하수 수질 • 지하수 이용 현황 • 수문 현황, 수자원 이용 현황 등 b. 조사범위 • 공간적 범위 : 대상사업의 종류·규모 및 수역의 특성을 고려하여 결정 • 시간적 범위 : 오염도 현황을 파악할 수 있는 기간 c. 조사방법 • 기존 자료와 현지조사를 병행
	예측평가	예측모델을 이용한 수치해석, 수리모형시험, 유사사례를 이용하여 평가
	저감방안	저감시설 설치, 저영향개발(LID) 등 저감방안을 강구
수리·수문	현황조사	a. 조사항목 • 하천의 특성 • 호소 및 저수지 특성 • 수문 관측자료

구분		주요 내용
수리·수문	현황조사	• 하천 시설물 현황 b. 조사범위 • 공간적 범위 : 사업시행으로 직·간접 영향을 미치는 수역 • 시간적 범위 : 계절적 변화를 충분히 나타낼 수 있는 기간 c. 조사방법 • 기존 자료를 충분히 활용하되, 현지조사 실시
	예측평가	수리·수문에 미치는 영향을 하천유지용량, 환경용량 등을 고려하여 평가
	저감방안	수리·수문에 대한 영향의 저감방안을 제시
토지이용	현황조사	a. 조사항목 • 사업지구 및 주변지역의 토지지용 및 용도지역 현황 • 사업지구에 대한 입지개발 규모 규제 등 b. 조사범위 • 토지이용에 변화가 예상되는 지역 c. 조사방법 • 기존 자료를 위주로 하되, 필요 시 현지조사를 실시
	예측평가	예측항목별로 분석·정리하여 기술하고, 표나 그림으로 제시
	저감방안	토지이용계획 또는 시설물 배치에 대한 방안을 구체적으로 수립
토양	현황조사	a. 조사항목 • 오염현황, 토양의 특성 및 오염가능물질 등 b. 조사 범위 및 방법 • 사업으로 인해 토양오염에 영향을 미치는 범위 c. 조사방법 • 토양오염 개연성 조사는 기존 자료조사 및 현지 탐문조사 등으로 실시
	예측평가	토양오염원에 의한 지표·지하수 수질에 미치는 영향을 평가
	저감방안	저감방안을 구체적으로 수립
지형·지질	현황조사	a. 조사항목 • 지형형상, 지질 및 토양상황 • 광물자원 및 고생물 자원 • 지질 재해 • 동굴 및 특이지형·지질 등 b. 조사 범위 • 공간적 범위 : 대상사업지역 중심 • 시간적 범위 : 조사항목의 시간적 변동을 확인할 수 있는 기간 c. 조사방법 • 기존 자료와 현지조사를 병행
	예측평가	예측항목별로 서술하고, 표나 그림 등을 이용하여 정리

구분		주요 내용
	저감방안	지역의 환경적 특성을 고려하여 지형·지질을 평가 후 저감방안을 수립
위락	현황조사	a. 조사항목 • 사업지구 내·외 지역의 위락·여가와 관련 있는 사항 b. 조사 범위 • 공간적 범위 : 대상사업으로 인해 영향이 예상되는 지역 c. 조사방법 • 기존자료조사를 위주로 하되 필요 시 현지조사 수행
	예측평가	위락·여가시설의 이용 빈도 등에 미치는 영향 및 설치에 대한 배려 등을 참고하여 평가
	저감방안	영향을 최소화할 수 있는 대책을 수립
경관	현황조사	a. 조사항목 • 자연경관자원, 인문경관자원, 조망경관자원 등 b. 조사 범위 • 대상사업으로 인해 영향이 예상되는 지역 c. 조사방법 • 문헌조사, 현지조사, 컴퓨터 시뮬레이션을 활용하여 조사
	예측평가	경관자원에 대한 직접적 훼손 여부, 조망차폐, 시각적 접근성, 개방성 등 간접적 훼손 여부와 조화 여부 등 영향의 예측결과를 기술
	저감방안	평가결과를 토대로 최소화, 저감방안을 수립

6. 공유수면 매립사업의 시행에 따라 수반되는 공사 시 환경영향을 직접적 영향과 간접적 영향으로 구분하여 평가항목과 연관 지어 설명하시오. (25점)

평가항목		직접 영향	간접 영향
자연생태 환경 분야	동식물상	주변 동·식물에 악영향	매립 인근지역 주변의 동·식물상에게 간접피해
	자연환경자산	보호지역에 악영향	
대기환경 분야	기상	큰 영향 없음	영향 없음
	대기질	주변에 안개 발생, 대기질 악화 우려	주변피해 미미
	악취	피해 없음	피해 없음
	온실가스	피해 없음	피해 없음
수질환경 분야	수질	공유수면 매립으로 수질, 수리·수문 악화	매립 인근지역에 간접피해 야기
	수리·수문		

토지환경 분야	토지이용	매립사업으로 토지이용이 개선	간접피해 없음
	토양	토양, 지형·지질에 악영향 우려	매립사업 시행으로 주변지역 간접피해 우려
	지형·지질		
생활환경 분야	폐기물	폐기물 발생 없음	
	소음·진동	매립사업 시행으로 소음·진동 발생	인근지역에 소음·진동 피해 우려
사회·경제적 환경 분야		사회·경제적 환경 개선	

7. 환경영향평가 수행 시 최근 활용되고 있는 저영향개발(Low Impact Development) 기법의 정의, 도입 배경, 적용 목적을 설명하고, 적용 가능한 시설에 대하여 기술하시오. (25점)

a. 정의

　• 불투수층 감소를 통해 빗물의 표면 유출을 줄이고, 빗물의 토양 침투를 증가시켜, 물순화개선, 오염 저감을 동시에 달성하는 방법

　*전통적 빗물관리 → 새로운 빗물관리

b. 도입 배경 및 적용 목적

　• 도시지역 비점오염원의 효율적 관리

　• 도심 홍수, 기후 변화로 인한 집중강우 등 대비, 도시물 순환체계 개선

c. 적용 가능한 시설

　① 저류형 시설인 지류지 : 강우 유출수 집수, 저류, 배수를 조절하는 저류시설

　② 인공습지 : 비점오염원 저감시설(침전, 여과, 흡착 기능)

　③ 침투형 시설 : 투수블럭, 침투도랑 등

　④ 식생형 시설 : 식생여과대, 식생여과박스 등

　※ LID기법 적용 예시

구분	LID기법 적용 검토
자동차도로	침투형 도로 포장 침투트랜치, 수목여과 박스 등
보행자 및 자전거도로	투수성 포장, 투수 블럭
주차장	투수성 포장, 투수 블럭
공원	저류지, 침투저류지, 식생수도, 식생여과대 등

8. 환경영향평가 과정에서 정량적 예측기법으로 영향예측 모델을 이용할 때 모델링 수행절차(과정)에 대하여 설명하시오. (25점)

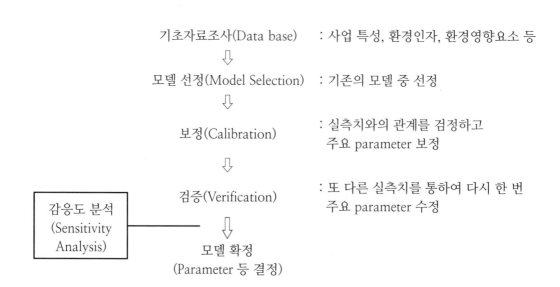

9. 도로건설에 따른 야생동물의 로드킬 사고를 방지하기 위하여 생태통로를 계획하고자 한다. 이를 효과적으로 설치하기 위한 기법을 입지 선정과 설계 요소로 구분하여 유형별 생태통로를 기술하시오. (25점)

생략

제4교시
환경영향평가제도

1. 환경영향평가 대상사업을 선별하는 스크리닝(Screening) 방식과 사전결정(Positive-list) 방식의 내용과 장·단점 (필수문제, 9점)

구분	스크리닝(Screening) 방식	사전결정(Positive-list) 방식
개념	• 사업·지역 특성에 따라 환경영향평가의 대상사업을 결정 *환경영향평가 실시 대상을 스크리닝 절차에서 결정	• 우리나라처럼 환경영향평가, 전략환경영향평가 대상사업을 법령으로 미리 결정
장·단점	• 장점 : 지역·사업 특성에 따라 탄력적으로 적용 가능하고, 소규모사업이라도 지역·사업 특성에 따라 대상에 포함 가능 • 단점 : 스크리닝 절차 대상 여부 결정에 주관적 요소가 있어 혼란 우려 *미국·독일 등 유럽국가에서 시행 중	• 장점 : 환경영향평가 대상사업과 대상규모를 법률로써 미리 정하여 시행이 용이 • 단점 : 소규모라도 지역·사업 특성에 따라 환경평가가 필요한 경우 시행 불가 *우리나라·일본 등에서 시행 중

2. 〈환경영향평가 평가범위 설정 가이드라인(환경부, 2013)〉에 제시된 대기질·악취 평가를 위한 공간적 범위 설정 시 고려사항 (8점)

고려사항	주요 내용
법적 규제지역	사업지역이 법적 규제지역에 포함되는지 여부(대기환경 규제지역, 특별대책지역 등)
지역 특성	인도밀도 높은 지역, 문화재가 포함되는지 여부(인구밀도, 문화재 등)
저감 대책	저감대책에 따라 평가범위가 현저하게 변화되는 경우, 평가범위 확대 가능
환경용량	환경용량을 고려하여 평가 범위 확대 가능

3. 전략환경영향평가의 평가항목 결정 시 고려사항 (8점)

→ 환경영향평가 법 제11조 4항에 의거
① 해당 계획의 성격
② 상위계획 등 관련 계획과의 부합성
③ 해당 지역 및 주변 지역의 입지 여건, 토지이용 현황 및 환경 특성

④ 계절적 특성 변화

⑤ 그 밖에 환경기준 유지 등과 관련된 사항

4. 〈환경영향평가법(2012.7.22. 시행)〉에서 제시하는 환경영향평가 등의 기본 원칙 (8점)

　생략

5. 〈환경영향평가법(2012.7.22. 시행)〉에 규정된 환경영향평가의 평가항목을 분야별로 열거하고, 현행 환경영향평가 항목의 활용 또는 새로운 평가항목의 개방을 통하여 환경부지, 사회적 약자 배려 등 시대적 요구를 반영할 수 있는 평가방안을 제시하시오. (필수문제, 25점)

a. 환경영향평가 항목

　생략(환경영향평가법 제7조 및 시행령 제2조 별표1)

b. 환경 복지, 사회적 약자 배려 등을 위한 평가 방안

① 건강영향평가 강화

• 환경보전법에 의한 건강영향평가 항목 추가 등

② 사회영향평가 강화

• 현행 환경영향평가가 자연환경(동·식물상 등), 생활환경(대기질, 수질, 폐기물, 소음·진동 등) 위주로 평가되고 있어, 사회적 영향에 대한 평가 미흡

• 사회적 영향평가 항목의 추가가 필요

6. 환경영향평가가 협의된 사업장의 사후환경관리 문제점을 사례를 들어 설명하고, 제도적·기술적 관점에서 개선방안을 제시하시오. (25점)

a. 사후환경관리의 문제점

① 협의내용 이행 미흡

• 인력 부족, 전문성 부족으로 사후환경관리가 잘 이루어지지 않는다.

• 특히, 협의내용 이행이 제대로 이루어지지 않는다.

* 형식적·요식 행위의 사후관리가 이루어지는 사례가 많다.

② 협의내용 이행에 대한 사후감독이 제대로 이루어지지 않는다.

　　• 사후환경관리 대상이 많고, 행정력이 미치지 못하여 효율적 관리가 이루어지지 못한다.

b. 개선방안

　① 사후관리책임의 전문화 및 벌칙 강화

　　• 사후관리에 대한 전문기관 위탁을 확대하고, 미이행에 대한 벌칙 강화

　② 사후관리에 대한 민간, NGO 등의 참여 확대

　　• 사후환경관리에 대한 민간, 시민단체의 참여를 활성화시킨다.

7. 환경영향평가 절차에서 사업자, 승인기관, 협의기관, 대행기관, 검토기관, 주민 각각의 역할을 설명하고, 이들 이해관계자들을 포함하는 환경영향평가 절차의 흐름도(flow chart)를 작성하시오. (25점)

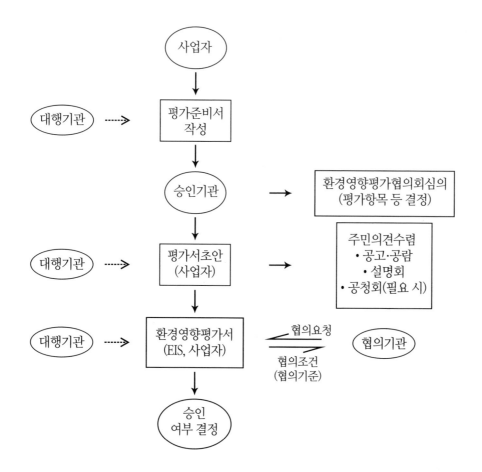

8. 산업단지 환경영향평가와 관련하여 다음 질문에 답하시오. (25점)

1) 〈산업입지 및 개발에 관한 법률〉에 따른 산업단지의 종류별 정의

2) 〈산업단지 환경영향평가 검토 가이드라인〉에 제시하고 있는 계획의 적정성 및 입지의 타당성을 평가하기 위한 주요 검토 사항

3) 〈산업단지 인·허가 절차 간소화를 위한 특례법〉 제정(2008.06.05)에 따른 환경영향평가(전력환경영향평가 포함) 절차 변경 사항

a. 산업단지의 종류별 정의

① 국가산업단지 : 국가기간산업, 첨단과학기술산업 등 육성하거나 둘 이상의 특별시·광역시 또는 도에 걸쳐 있는 지역을 산업단지로 개발하기 위하여 지정된 산업단지

② 일반산업단지 : 지역경제의 활성화를 위하여 지정된 산업단지

③ 도시첨단산업단지 : 지식산업, 문화산업, 정보통신산업, 그 밖에 첨단산업의 육성과 개발 촉진을 위하여 〈국토계획 및 이용에 관한 법률〉에 따른 도시지역에 지정된 산업단지

④ 농공단지 : 농·어촌 지역에 농어민의 소득 증대를 위해 지정된 산업단지

b. 주요 검토사항

① 상위계획 및 환경보전시책과의 연관성 고려

② 계획지구의 환경친화적 토지이용계획 및 환경관리계획 고려

③ 개별 법령, 고시, 지침 등에서 규정하고 있는 입지 제한 사항 저촉 여부

④ 생태계 및 녹지축, 자연경관 등 자연환경에 미치는 영향

⑤ 대기질, 소음, 악취, 상수원 오염 등 환경오염 요인의 공간적 차단 여부

⑥ 상수원, 취수원, 하천 수질에 미치는 영향 등

9. 평가대상사업 확대, 주민의견 수렴 및 스코핑제도 도입 등 환경영향평가제도는 지속적으로 발전해왔다. 이러한 환경영향평가제도의 주요 변천 과정을 환경영향평가 관련 법체계의 변화와 함께 설명하시오. (25점)

생략

제2회

환경영향평가사 필기시험

기출문제 및 풀이

제1교시
환경정책

1. 용어 설명 (필수문제, 9점)

– 온실가스 배출권 거래제, 저탄소차 협력금, 통합환경관리제도

온실가스배출권거래제

생략

저탄소차협력금

• 개념 : 이산환탄소(CO_2) 저배출 자동차 구매 시 보조금 지급 → 저탄소차 보급 확대 목적
• 적용 대상 : 승용차, 10인 이하 승합차에 대해 신차 구매 시 1회 적용

통합환경관리제도

생략

2. 건강영향평가제도 (8점)

a. 정의
 : 정책(policy), 계획(plan), 프로그램(program) 및 프로젝트(project)가 인체 건강에 미치는 영향과 그
 분포를 파악하는 도구, 절차, 방법 또는 그 조합

b. 건강영향평가의 기능
• 건강영향평가는 환경전문가, 건강전문가, 사업자, 지역주민, 승인기관, 기타 전문가들이 관여하고,
 의사 결정에 참여를 용이하게 한다.
• 당해 사업으로 인해 발생할 수 있는 긍적적·부정적 건강 영향을 확인한다.
• 사업으로 인한 건강 영향을 파악하고, 어떤 요인이 건강에 악영향을 미치는지 확인한다.
• 취약 집단의 건강 상태에 초점을 맞추는 데 기여한다.

c. 건강영향평가의 원칙
• 주민들에게 알 권리를 보장해 주고, 정책 결정자의 의사 결정에 도움을 준다.
• 긍정적 영향은 최대화하고, 부정적 악영향은 최소화한다.
• 합리적이고 과학적인 방법을 통한 정량적·정성적 분석을 바탕으로 한다.

- 건강영향평가는 다학제적이고 이해관계자의 참여적 접근을 통해 이루어진다.
- 건강결정요인의 변화에 기반을 둔다(건강결정요인은 개인 및 집단의 건강에 영향을 미치는 물리적 인자들이다).

d. 대상사업

① 산업단지 : 면적 15만㎡ 이상

② 에너지 개발 : 1만㎾ 이상의 화력발전소

③ 폐기물 처리시설, 분뇨 처리시설 및 축산폐수 공공처리시설의 설치

- 매립지 : 30만㎡ 이상
- 소각시설 : 1일 100톤 이상
- 지정폐기물 : 매립시설 5만㎡ 이상
- 가축분뇨공공처리시설 : 1일 100㎘ 이상

e. 건강결정요인별 정량적 평가 방법 및 기준

건강결정요인	구분	평가지표	평가기준	비고
대기질	비발암물질 발암물질	위해도지수 발암위해도	1 $10^{-4} \sim 10^{-6}$	– 10^{-6}이 원칙
악취	악취물질	위해도지수	1	–
수질	수질오염물질	국가환경기준		–
소음·진동	소음	국가환경기준		–

3. 생산자책임 재활용제도 (8점)

생략(환경정책 폐기물 부문 참조)

4. 환경영향평가와 경제성 분석의 개념과 관계 (8점)

⇨ 문제가 매우 애매하다. 출제자의 의도가 무엇인지 불분명하다.

- 현재 〈환경영향평가법〉에 의한 평가항목 중 사회·경제 환경 분야(인구, 산업, 주거)가 있으나, 직접적인 경제성 분석은 실시하지 않고 있다.
- 경제적 목적을 추구하는 개발사업이 환경에 미치는 영향을 분석하는 것이 환경영향평가이다. 환경을 고려한 경제성 분석은, 저감방안 강구에도 불구하고 불가피하게 일어나는 환경피해를 경제적 가

치(화폐화)로 분석·정량화하여, 개발로 인한 불가피한 경제적 손실을 분석할 수 있을 것이다.

5. 환경정책의 중요한 수단의 하나가 규제입니다. 환경규제의 수단에 대해 비교 설명하고 현행 우리나라 환경규제와 이에 대한 개혁 방향을 논술하시오. (필수문제, 25점)

⇨ 매우 포괄적 문제이며, 자세히 기술하려면 내용이 방대할 것이다. 환경정책 부문에 자세한 내용이 있다. 여기서는 간략하게 개념만 언급할 것이다.

a. 현황, 우리나라 환경 규제 수단

• 크게 직접 규제와 간접 규제(경제 규제)로 나뉜다.

• 현행 우리나라의 환경규제는 직접 규제 중심이며, 직접 규제에 간접 규제를 가미하고 있다.

• 시간적 개념에서는 사전적 규제와 사후적 규제로 나누어진다.

*사전적 규제의 대표적인 사례가 환경영향평가제도이다.

간접규제 (경제규제) ↑	벌칙금	오염유발부담금 폐기물 예치금제도 생산자 책임재활용제도(EPR) 배출부과금 제품부과금 오염배출권 거래제도
직접규제 (행정규제) ↓	법(시행령·시행규칙) 행정명령(개선명령, 조업정지, 시설이전, 배출시설규제)	쓰레기종량제 환경영향평가제도 전략환경영향평가(SEA) 환경영향평가(EIA) 소규모 환경영향평가

사후적 ←   → 사전적

b. 개혁(개선 방향)

• 늘어나는 오염원(점오염원, 비점오염원)의 효율적 관리를 위해서는 직접 규제만으로는 한계가 있다.

• 기업체·국민 스스로 오염물질 배출을 줄이려는 노력을 경주하도록 경제적 유인책(인센티브)을 부여하는 간접 규제 방식을 확대하는 게 바람직하다.

• 사후적 규제 중심에서 사전적 규제를 더욱 강화하는 노력이 필요할 것이다.

6. 정부는 기후변화 완화를 위해 '신재생에너지 도입확대정책'을 추진하고 있습니다. 그런데 풍력·조력 등이 발전사업 추진과정에서 사회적인 갈등이 심각하게 발생하고 있는 바, 이러한 갈등 해소 방안을 국가 정책적인 관점에서 기술하시오. (25점)

a. 갈등문제의 원인(신재생에너지 관련)

- 의사소통의 문제 : 지역주민과의 커뮤니케이션이 부재

- 신기술에 대한 불신 : 신기술에 대한 막연한 불신이 내재

- 재산상의 손실 우려 : 혐오시설 입지에 따른 인근지역의 지가하락 등 재산상 손실 우려

- 막연한 피해의식 : 혐오시설에 대한 막연한 피해의식이 잠재

b. 갈등 해소 방안(국가정책점 관점에서)

① 환경에 대한 영향의 철저한 검증

- 풍력 및 조력 발전에 의한 생태계 영향 철저히 검증

② 갈등 관리의 새로운 접근 방법 도입

- 환경전문가, 지역주민 등 이해관계자들이 참여한 공개토의를 통해 합의 유도

- 사회적 공감대를 형성하도록 주민과 협의 적극 유도

- 협상 등 ADR(Alternative Dispute Resolution) 기법 도입

③ 효율적인 에너지 관리정책 추진

- 에너지 사용 규제, 상시수요관리, 절전 인프라구축 등

④ 재생에너지 계획 입지제 도입

- 풍력·조력 입지에 대한 환경성·경제성 충돌을 완화하기 위하여 재생에너지 사업을 우선 입지, 계획 입지토록 유도한다.

- 수용성 및 환경성은 사전 확보하고, 개발 이익은 공유하도록 재생에너지 입지 절차 개선(산업부, 재생에너지 2030 이행계획(안) 2017.12.)

※ 절차

광역지자체가 부지 발굴 → 중앙정부 승인 → 민간사업자에게 부지 공급 → 민간사업자가 지구개발 실시계획 수립 → 중앙정부 승인 / 인·허가 의제 처리

7. 리우회의 이후 지속가능한 발전은 환경정책의 기본 이념이 되어왔습니다. 지속가능한 발전에 대한 국제적 논의 동향을 기술하고, 한국적 상황에서 지속가능한 발전의 구현 방안에 대하여 논술하시오. (25점)

    a. 지속가능한 발전의 원칙

     ① 공생의 원칙(Symbiosis) : 인간과 자연의 공생

     ② 조화의 원칙(Harmony) : 개발과 보전의 조화

     ③ 형평의 원칙(Eveness) : 현세대와 미래세대의 형평

    b. 국제적 동향

     생략

    c. 지속 가능 발전 구현 방안

     생략

8. 우리나라 2002년 4대강 특별법을 제정하면서 수질오염총량관리제도를 도입하였습니다. 현행 수질오염총량관리제도를 평가하고 이 제도와 환경영향평가제도 간의 발전적 관계 정립 방안을 제안해 보시오. (25점)

    생략

9. 수도권 대기환경개선 특별대책에도 불구하고 최근 대도시 지역에 미세먼지 농도가 높게 나타나고 있습니다. 대도시 지역의 대기환경 개선을 위한 정책과제와 방안에 대해 기술하시오. (25점)

    생략

제2교시

국토환경계획

1. 〈국토의 계획 및 이용에 관한 법률(2014. 8. 7 시행)〉에 따른 용도지역과 지정 취지 (필수문제, 9점)

　생략

2. 국토개발 밀도관리개념과 계획관리지역에서의 용적률·건폐율 기준 (8점)

1) 국토개발밀도관리의 개념

　생략

2) 계획관리지역에서의 용적률·건폐율 기준

　• 계획관리지역에서 용적용 기준 : 50% 이상 100% 이하

　• 계획관리지역에서 용적용 기준 : 40% 이하

3. 토지적성평가 (8점)

　생략

4. 도시지역의 지역에서 지구단위계획구역으로 지정할 수 있는 지역 (8점)

→ 도시지역 외 지역(관리지역, 농림지역, 자연환경보전지역)에서 지구단위계획구역으로 지정할 수 있
　는 지역은 아래와 같다.

구분	지구단위계획구역으로 지정할 수 있는 지역
계획관리지역 외 지구단위계획구역으로 포함할 수 있는 나머지 용도지역은 생산관리지역 또는 보전관리지역일 것	지구단위계획구역에 포함되는 보전관리지역의 면적은 다음 면적의 요건을 충족하여야 한다. ① 전체 지구단위계획구역 면적이 10만㎡ 이하인 경우, 전체 지구단위계획구역 면적의 20% 이내 ② 전체 지구단위계획구역 면적이 10만㎡를 초과하는 경우, 전체 지구단위계획구역 면적의 10% 이내

구분	지구단위계획구역으로 지정할 수 있는 지역
지구단위계획구역으로 지정하고자 하는 토지의 면적이 다음 하나에 해당할 것	① 지정하고자 하는 지역에 건축법시행령의 공동주택 중 아파트 또는 연립주택의 건설계획이 포함되는 경우 30만㎡ 이상일 것 ② 지정하고자 하는 지역에 건축법시행령에 따른 공동주택 중 아파트 또는 연립주택이 포함되는 경우로서 10만㎡ 이상일 것 • 〈수도권정비계획법〉에 따른 자연보전권역의 경우 • 지구단위계획구역 안에 추등학교 용지가 포함되는 경우

5. 택지개발사업 환경영향평가 등에 관한 사항입니다. 이 사업에 있어서 전략환경영향평가와 환경영향 평가 단계별로 생태면적률의 적용 방법을 기술하시오. (필수문제, 25점)

a. 개념

① 생태면적률 : 전체개발면적 중 생태적 기능이 있는 토양면적 비율을 말한다.

$$생태면적률(\%) = \frac{자연녹지면적 + \sum(인공녹지면적 \times 가중치)}{전체대상지면적} \times 100$$

② 현재 생태면적률 : 개발하기 전을 기준으로 산정

③ 목표 생태면적률 : 전략환경영향평가 시 개방 후 목표로 하는 생태면적률

④ 계획 생태면적률 : 목표 생태면적률을 근거로 구역별로 설정한 생태면적률

b. 적용 대상

① 도시 개발사업

② 산업입지 및 산업단지 조성사업

③ 관광단지 개발사업

④ 특정지역 개발사업

⑤ 체육시설 설치사업

⑥ 폐기물 및 분뇨 처리시설 설치사업

c. SEA 및 EIA 단계별 생태면적률 적용 방법

① SEA

• 관계 행정기관 및 사업시행자는 개발 공간의 자연환경을 고려하여 현재 상태의 생태면적률을 산정

하고 목표 생태면적률을 제시(협의 요청)

- 환경부장관은 관계 행정기관 및 사업시행자가 제시한 현재 생태면적률을 근거로 사업계획과 환경영향을 고려, 목표 생태면적률을 설정한다.
- 승인기관은 환경부에서 정한 목표 생태면적률을 반영하여 승인한다.

② EIA

- 행정기관 및 사업시행자는 전략환경영향평가 협의 시 제시된 목표 생태면적률을 바탕으로 계획 생태면적률을 설정하여 제시한다. → 이때 용도지구 또는 블록별 생태면적률을 세분하여 제시
- 환경부는 관계 행정기관 및 사업시행자가 제시한 목표 생태면적률을 바탕으로 계획 생태면적률을 협의·설정한다.
- 승인기관은 환경부가 설정한 계획 생태면적률을 사업계획에 반영하여 승인한다.

6. 환경계획과 국토계획의 연동성이 강조되고 있습니다. 개발사업의 단계별(계획수립단계, 개발사업단계) 환경계획과 국토계획의 연동 방안을 기술하시오. (25점)

a. 국토·환경계획 연동제의 개념

: 국토계획과 환경계획이 지속가능한 발전이라는 공동 목표 달성을 위하여 계획의 수립 과정, 개발사업단계에서 상호보완적으로 협력하는 것

*국토계획 및 환경보전계획의 통합관리에 관한 공동훈련제정(2018.3.28.)

b. 기본 방향

: 지속가능한 발전이라는 공동 목표를 달성하기 위하여 계획 수립 과정, 개발사업단계에서 상호보완적이며 협력체계를 구축하는 것이다.

c. 계획수립단계

- 국토계획은 도시·군 기본계획 등 계획수립 지침을 보완하여 연동의 근거를 구체적으로 명시하고 친환경성을 충분히 반영하여야 한다.
- 환경계획은 국토의 공간구조, 지역 내 기능 분담 방향 등을 고려하여 수립하도록 하는 등 공간환경 분야를 강화하여야 한다.

d. 개발사업단계

: 개발사업 유형별로 친환경개발 표준 프로세스를 마련하고, 사업단계별로 고려해야 할 환경 요소를

제시한다.

e. 국토계획수립협의회 운영
- 국토교통부차관과 환경부차관을 공동의장으로 한다.
- 위원은 공동의장과 국토교통부 및 환경부의 국가계획 담당국장을 포함한 20인 이내에서 구성한다.
- 협의회 구성의 다양성을 위해 시민단체, 학계, 관계전문가 등이 포함되도록 한다.
- 실무협의를 위해 10인 이내의 실무협의회를 구성·운영한다.

7. 환경성평가에 활용되는 의사결정 방법에는 여러 가지가 있습니다. 이중에서 선형개발사업에 적용할 수 있는 AHP 방법에 대하여 논술하시오. (25점)

a. 개념
: AHP(Analytic Hierachy Process) 방법은 의사결정 과정에서 여러 계층의 의사를 계층에 따라 중요도의 가중치를 적용하는 다기준 의사결정기법(Multi Criteria Analysis)이다.

b. AHP 기법의 장점
- 분석 결과의 해석이 용이하며, 다양한 효과에 대한 평가가 정량적 지표로 제시할 수 있다.
- 중요도에 대한 가중치를 부여해 종합평가가 가능하다.

8. 개발사업 등에 대한 자연경관심의지침(환경부 예규 제2012-468)에 관한 내용입니다. 국립공원 주변에서 환경영향평가협의 대상 개발사업이 진행될 경우, 자연경관 심의 대상사업의 판단기준과 주요 심의 내용을 기술하시오. (25점)

a. 근거
① 자연경관 심의지침은 자연환경보전법(제28조)에 근거한다.
② 적용 대상
- 전략환경영향평가 대상 중 개발기본계획
- 환경영향평가(소규모 환경영향평가) 대상사업

b. 자연경관 심의(협의) 대상
① 보호지역 주변 개발사업

*전략환경영향평가 대상 중 개발기분계획과 환경영향평가(소규모 포함) 대상사업이 적용 대상이다.

구분		경계로부터 거리
자연공원	최고봉 1200m 이상	2,000m
	최고봉 700m 이상	1,500m
	최고봉 700m 미만 또는 해상형	1,000m
습지보호구역		300m
생태·경관 보전지역	최고봉 700m 이상	1,000m
	최고봉 700m 미만	500m

② 보호지역 외 개발사업

• 환경영향평가 협의대상 개발사업 : 자연환경보전법에서 정하는 개발사업

• 소규모 환경영향평가 대상 개발사업

: 주요 보호지역에서 개발하는 사업으로 시행면적이 3만㎡ 이상인 개발사업

c. 심의 과정

구분	주요 내용
제1단계 (현황 분석)	• 사업유형 및 규모 분석 • 사업대상지 부근의 경관현황조사 • 조사범위결정 등
제2단계 (조망점 선정)	• 조망거리 및 방향 • 최종 조망점 선정 등
제3단계 (자연경관 훼손 여부 판단)	• 경관자원 분류 • 세부경관별 훼손유무 및 훼손유형 파악
제4단계 (자연경관 영향 예측)	• 소망점별 경관 시뮬레이션 • 경관변화 판단 및 저감 방안 검토
제5단계 (저감 방안 수립)	• 저감 방안 효과 분석 • 훼손 여부에 따른 저감 방안

d, 주요 심의 내용

• 자연경관 자원현황

• 조망점 및 조망점을 연결하는 경관축

• 보전가치가 있는 자연경관 훼손 여부

• 주변 자연경관과의 조화성

• 저감방안 및 예측평가

9. 도시개발사업에 대한 환경성 평가에 관한 사항입니다. 온실가스 항목의 환경성 평가 시 AFOLU(농림·산림 및 기타 토지 이용, Agriculture/Forestry and Other Land Use) 중 토지이용 분야(Land Use) 평가방법을 설명하시오. (25점)

a. 온실가스의 환경성 평가

① 기본 원칙

• 사업자는 온실가스 배출영향을 평가하고, 이를 최소화하는 방안 강구

• 배출량, 감축 목표, 저감 방안에 따른 감축 효과 등을 정량적 평가, 제시

• 방법, 인용자료, 참고문헌 등 제시

② 온실가스 항목 평가 여부 결성

: 대상사업의 판단기준을 참고하여 환경영향평가협의회에서 결정

b. 온실가스의 환경성 평가방법

구분	환경성 평가방법(온실가스)
현황조사	온실가스 배출현황, 흡수현황, 관련 법령·정책 등
배출영향예측	예측범위 : 에너지 사용, 토지이용 변화, 폐기물 발생 처리 등 예측방법 : IPCC 가이드라인, 지자체의 온실가스 배출량 산정지침 등 활용
온실가스 저감목표설정	저감목표는 사업특성별 저감잠재량 등을 고려하여 설정
저감 방안 수립	설정된 저감목표 달성을 위한 녹지확충, 자원순환, 에너지의 효율적 사용방안 등 강구

c. AFOLU 중 토지이용 분야 평가방법

① 온실가스 흡수량 산정방법

• 다목적 위주 산정방법(생체량방정식 등 활용)

$S = \sum (A+B+C)$

A : 식생의 CO_2 저장량, kg/주

B : 식생의 CO_2 저장량, kg/주/년

C : 식생의 CO_2 저장량, kg/㎡

- 광역 규모에서의 산정방법(녹지유형별, 영급별 계수 활용)

$Sij = \sum_{i,j} (Ai,j \times SFi,j)$

Sij = 녹지유형별 CO_2 저장량, tCO_2 / Yr

Aij = 녹지유형별 면적, ha

SFi,j = 녹지유형별 CO_2 저장계수, tCO_2 / ha

② 온실가스 저감효과 산정방법

구분		대용량 산정방법	
대분류	내용	사업시행 전(계획)	시행 후(사후, 운영 단계)
토지이용	공원 및 녹지 확충	녹지 계획면적×저장계수	녹지확충면적×저장계수
	건물녹화	건물녹화 계획면적×저장계수	건물녹화면적×저장계수

제3교시
환경영향평가 실무

1. 〈환경영향평가 등 작성 등에 관한 규정(환경부고시 제2013-171호)〉에 따른 환경영향평가서의 구성 (필수문제, 9점)

　생략

2. 송전선로 건설사업 환경영향평가 항목 설정 시 고려해야 하는 주요 환경영향 요소 (8점)

1) 환경영향 요소의 개념

　: 사업계획의 내용 중 환경에 미치는 영향의 원인이 되는 요소

2) 송전선로 건설사업 관련 환경영향요소

　a. 송전선로 건설사업의 주요 공정

　• 부지정지작업, 송전탑 및 진입도로 개설 등

　b. 사업시행 관련 영향

　• 공사 시 : 비산먼지, 소음·진동, 토사유출, 동·식물상 피해 등

　• 운영 시 : 송전선로 주변 코로나 소음, 전자파 발생 등

　c. 단계별 환경영향요소

　① 건설 단계

　• 자연지형의 변경 : 임야 편입, 지형 변화

　• 건설재료 채취 및 운반 : 토량의 확보 채취 및 운반, 공사장비 운영

　• 철탑 및 자재 운반로 개설 : 깎기, 쌓기, 공사장비 운영

　② 운영 단계

　• 송전선로 건설 : 코로나 소음 및 전파 장애, 경관 변화

3. 전략환경영향평가서 작성 시 설정해야 할 대안의 종류와 선정 방법 (8점)

종류	선정 방법
계획 비교	계획 미수립 시(No action)과 계획 수립 시의 상황 비교하여 대안 선정
수단 방법	수단·방법에 의해 대안 선정
수요 공급	수요·공급에 대한 조건을 변경하여 대안 선정
입지	대상지역의 조건에 따라 대안 선정

종류	선정 방법
시기 순서	시행 시기·순서도 대안이 될 것
기타	

4. 환경영향평가 관리 책임자의 업무 범위 및 지정기간 (8점)

생략

5. 산업단지 개발사업에 대해 환경영향평가를 수행하고자 합니다. 주요평가항목에 대하여 현황 및 영향 예측, 저감 방안, 사후환경영향조사 내용을 기술하시오. (필수문제, 25점)

평가항목		주요 내용
동·식물상	현황	a. 조사항목 • 식물상 • 육상동물상 • 육상생물상(어류, 저서성 대형무척추동물 등) • 생태·자연도 및 생태계 현황 b. 조사범위 • 공간적 범위 : 사업이 동·식물상에 영향을 미치는 지역 • 시간적 범위 : 조사 시기, 조사 횟수를 동·식물의 출현, 　　　　　　　 생육 속성을 고려하여 결정 c. 조사방법 : 현지조사, 문헌조사, 탐문조사 병행 실시
	영향예측	유사사례를 참조하며, 해석 가능한 정량적 또는 정성적 방법을 사용
	저감방안	보호해야 할 동·식물과 생태계에 대해 적정한 저감방안 수립
	사후환경영향조사	공사 시와 운영 시로 구분하여 주변 동·식물상에 미치는 영향을 확인 관리
대기질	현황	a. 조사항목 • 대기환경 기준항목의 현황 • 대기오염 총량 관리현황 등 b. 조사범위 • 공간적 범위 : 산업단지조성으로 영향을 미치는 지역 • 시간적 범위 : 계절적 특성 변화를 파악할 수 있도록 설정 c. 조사방법 • 기존 자료와 현지조사를 병행 실시 • 시료 채취 및 시험방법은 대기오염 공정시험법에 따른다

평가항목		주요 내용
	영향예측	적정모델을 사용하여 사업시행으로 인한 영향예측 실시
	저감방안	사업시행으로 인한 대기질 영향을 최소화하기 위한 방안 수립
	사후환경영향조사	사업시행으로 인한 대기질 영향 및 저감대책 적정시행 여부를 확인하고, 필요 시 추가적 대책을 수립할 수 있도록 조사계획을 수립
수질	현황	a. 조사항목 • 하천, 호수, 지하수 수질 • 오염원 및 처리시설 현황 • 수질오염 총량관리 현황 b. 조사범위 • 공간적 범위 : 산업단지 조성으로 인한 영향 지역 • 시각적 범위 : 오염도 변화를 충분히 파악할 수 있는 기간 c. 조사방법 • 기존 자료와 현지조사 병행 • 조사지점 및 측정방법은 수질오염 공정시험법에 의한다.
	영향예측	예측모델을 이용한 수치 해석, 유사 사례에 의한 방법을 활용
	저감방안	저감시설의 설치, 저영향개발(LID) 기법 적용 등 구체적 방안 제시
	사후환경영향조사	사업시행으로 환경영향 및 저감대책의 적정시행 여부를 확인하고, 필요 시 추가적 대책을 수립할 수 있도록 조사계획을 수립
친환경자원순환 (폐기물관리)	현황	a. 조사항목 • 발생 폐기물의 종류 및 발생량 • 폐기물 처리 현황 • 폐기물 처리시설 현황 등 b. 조사범위 • 공간적 범위 : 사업대상지역 및 주변인접지역 • 시간적 범위 : 폐기물 발생량, 처리 현황 등의 시간적 변동을 파악할 수 있는 기간 c. 조사방법 • 기존 자료와 필요 시 현지조사 실시 • 조사결과는 표나 그림을 이용하여 서술
	영향예측	예측결과는 항목별로 표나 그림을 이용, 서술
	저감방안	평가결과를 토대로 폐기물 처리 계획 수립
	사후환경영향조사	처리시설 설치 시 처리 기준, 목표 기준 달성 여부를 확인하고, 필요 시 추가 대책 수립하도록 한다.

6. 〈환경영향평가법〉에 따라 협의된 원형 보전지역에 대한 관리 방안을 제시하고, 원형 보전지역 활용 절차를 기술하시오. (25점)

a. 기본 방향

① 생태환경의 특성에 따라 핵심적인 사항을 중심으로 보전 가치 증대

- 습지의 경우 : 수리·수문학적 관계의 원형 유지가 중요

- 산림의 경우 : 표토 및 토양의 관계가 중요

② 생물종 공급원 역할을 할 수 있도록 우선 관리

- 원형 보전지역에 서식하는 주요생물종이 개발지역 등으로 확산될 수 있도록 유도·관리

③ 공원·녹지 등의 지역으로 활용할 경우, 자연생태환경의 훼손이 최소화되도록 관리

- 원형 보전지역 활용계획서를 작성, 생태적 영향을 조사

- 생태적 수용력 범위 내에서 이용계획 수립

④ 주기적 모니터링과 평가를 통해 최적의 서식환경이 유지될 수 있도록 관리

b. 습지생태계의 관리 방안

① 유입구와 유출구에 대한 관리가 최우선

- 수로 변경이나 유입구·유출구의 차단을 통해 육화 현상을 사전에 방지

② 원형 보전지역에서 구 규모에 따라 활용계획이 수립되도록 하고, 서식하는 생물종이 인간의 활동으로 간섭받지 않도록 유도

③ 민감한 생물종이 서식하거나 원형 보전지역의 면적이 좁을 경우에는 별도의 활용계획을 수립하지 않을 것

c. 산림생태계 관리 방안

- 산림생태계 원형보전지역은 표토층이 포함된 토양환경관리를 최우선한다.

- 식생의 천이상태를 고려하여 우리나라 환경에 적합한 수종으로 발달하도록 관리

- 공원·녹지 등으로 활용하고자 할 때에는 별도의 시설 도입은 하지 않고, 기존의 등산·산책로 등을 대상으로 훼손 정도를 고려하여 정비·복원한 후 활용

d. 하천생태계의 관리 방안

- 원형 보전시킬 경우, 해당 하천구간뿐만 아니라 상류와 하류 부분에서 수리·수문학적 구조를 변형·왜곡되지 않도록 한다.

- 원형 보전지역에서 제외되는 지역은 현상 유지를 최우선으로 하며, 제방 등 하천변 기존 보행로 등을 활용하도록 유도한다.
- 원형 보전 하천이 외래종 등으로 지나치게 교란되었을 경우에는 외래종 제거 등 적극적 관리 방안을 강구한다.

7. 화력발전소 건설사업에 대해 환경영향평가를 수행하고자 합니다. 대기환경 분야에서 고려하여야 할 사항을 평가단계별로 구분하여 설명하시오. (25점)

평가항목		주요 내용
기상	현황	a. 조사항목 • 기온, 풍향·풍속, 습도 • 강수량, 일시량, 적설량·운량 • 대기 안정도·대기 혼합고 등 b. 조사범위 • 공간적 범위 : 사업대상지역을 대상 • 시간적 범위 : 최근 10년간 c. 조사방법 • 기존 자료 및 유사사례 조사결과를 바탕으로 한다
	영향예측	문헌조사 및 유사사례 조사결과를 바탕으로 한다
	저감방안	기상변화가 크게 발생될 것이 예상될 경우 저감방안을 수립
	사후환경영향조사	사업으로 인한 기상변화를 조사하고, 필요 시 추가 대책을 수립
대기질	현황	a. 조사항목 • 대기기준항목의 현황 농도 • 대기오염 총량 관리 현황 등 b. 조사범위 • 공간적 범위 : 대상사업 시행으로 인해 대기질 농도가 변화될 것으로 예상되는 범위 지역 • 시간적 범위 : 계절적 특성 변화를 파악할 수 있도록 설정 c. 조사방법 • 기존 자료와 현지조사를 병행 • 시려 채취 및 시험 방법은 대기오염 공정시험법을 따른다
	영향예측	적정모델을 활용하여 영향예측
	저감방안	대기질 영향을 최소화하기 위한 방안 수립
	사후환경영향조사	사업시행으로 인한 대기질 영향 및 저감대책 시행 여부를 확인하고, 필요 시 추가적 대책 수립

평가항목		주요 내용
온실가스	현황	a. 조사항목 • 사업지구 내 온실가스 배출시설 및 에너지 이용시설 현황 • 온실가스 배출원 단위 현황 등 b. 조사범위 • 공간적·시간적 범위는 대기질의 조사 범위와 같다 c. 조사방법 • 기존 자료와 유사 사례를 수집하여 활용
	영향 예측	사업시행으로 인한 온실가스 배출 영향을 평가
	저감 방안	평가결과를 토대로 온실가스의 구체적 저감방안 수립
	사후환경영향조사	저감방안 시행 효과를 확인하고, 필요 시 추가적인 대책을 제시

8. 〈폐기물관리법〉에 따라 민간사업자가 지정폐기물 처리를 위한 매립용량 30만㎥ 매립시설을 조성하고자 합니다. 동 사업에 대한 다음 사항을 설명하시오. (25점)

1) 환경영향평가 실시 근거

2) 관련법에 따른 폐기물 처리 허가 및 환경영향평가 협의 절차 연계 검토

3) 상기 절차상 문제점 및 개선방안

1) 환경영향평가 실시 근거

• 환경영향평가법(시행령 별표3)

• 지정폐기물 매립시설로써 조성면적이 5만㎡ 이상

2) 관련법에 따른 폐기물 처리허가 및 환경영향평가 협의 절차 연계 검토

구분	폐기물 처리 허가	환경영향평가
계획서 작성	폐기물처리업허가(신청서)	환경영향평가서 초안 작성
인·허가 신청	인·허가 기관	승인기관
주민의견 수렴	공람·공고, 설명회(필요 시 공청회)	공람·공고, 설명회(필요 시 공청회)
승인(협의)	인·허가	협의

• 폐기물 처리 허가의 경우 일정 규모 이상은 주민의견 수렴이 필요하고, 환경영향평가의 경우도 주민의견 수렴 절차가 필요하다.

• 주민의견 수렴 절차의 연계 검토 필요

3) 상기 절차상 문제점 및 개선방안

- 〈폐기물관리법〉과 〈환경영향평가법〉의 관련 규정을 개정하여, 주민의견 수렴 절차 개선이 필요하다(1회의 주민의견 수렴으로 대체).

9. 큰 하천을 끼고 있는 산림지역을 통과하는 구간에 고속도로를 건설하고자 합니다. 이 사업에 대한 환경영향평가를 할 때 중점 평가 항목을 선정하여 평가 기법을 논술하기오. (25점)

중점 평가 항목	평가 기법
지형·지질 - 보전 가치가 있는 지형·지질 유산 보전	• 보전 가치가 있는 지형·지질에 대하여 고속도로 건설로 인한 영향 분석(터널 공사 포함) • SAP2000, SLOW/W, SEED/W 등 모델 활용
동·식물상 - 생태적·환경적 보전 가치가 있는 동·식물상을 중심으로	• 녹지자연도, 생태·자연도 등 분석 • 법정보호종, 희귀종, 보호수 등의 영향 유무 분석
토지 이용 - 상위계획과 연계성, 지역 특성 등 고려	• 지역사회 단절 및 기존도로 활용 방안 등 검토 • 불용 토지, 폐도 활용 방안 등 검토
대기질 - 환경기준 등 고려	• 도로 운영 시 대기질 영향예측 • 공사 시 Airmod 모델, 운영 시 Caline 모델 등 활용
수질 - 환경 기준 - 상수원 보호 구역, 수변구역 지정 현황 등	• 교량·터널 공사 시 수질오염, 지하수 유출량 예측 • 하천 Qual2e, Qual2k, 호소 WASP7, 지하수 MODFLOW 모델 활용
소음·진동	• 공사 시, 발파 시, 운영 시의 소음·진동의 영향예측, 평가 • SOUND-PLAN, HW-NOISE, KHIN 모델 등 활용
친환경자원순환(폐기물)	• 공사 시, 운영 시 폐기물 발생량 예측, 평가
위락·경관	• 공사 시, 절·성토사면, 교량, 터널공사로 인한 위락·경관 영향예측, 평가

제4교시
환경영향평가제도

1. 환경영향평가 등을 실시하기 위한 환경보전 목표 설정 시 고려사항 (필수문제, 9점)

　생략(환경영향평가법 제5조 참조)

2. 환경영향평가 스코핑(Scoping) 제도 (8점)

a. 개념

　: 사업자가 환경영향평가서를 작성할 때 평가해야 할 항목과 범위를 미리 정하는 절차

b. 스크리닝(Screening) 제도와 스코핑(Scoping) 제도 비교

구분	스크리닝제도	스코핑제도
개념	어떤 계획이나 개발사업이 환경영향평가 대상이 되는지 여부 등 결정하는 절차 *우리나라는 Positive List 방식 채택 *스크리닝제도는 미국, 캐나다 등에서 시행	환경영향평가서를 작성하기 전에 환경영향평가 협의회 심의를 거쳐 평가항목 및 범위를 미리 정하는 절차
절차	–	평가준비서 작성 → 환경영향평사협의회 심의 → 평가 항목 및 범위 결정 → 결정 내용 공개(14일 이상)

3. 제2종 환경영향평가업 도입 배경 및 의의 (8점)

　생략

4. 〈택지개발촉진법(2014.07.15. 시행)〉에 따른 택지개발사업의 수행절차(전략환경영향평가 및 환경영향평가의 협의시기와 연계하고 절차도를 포함하여 설명) (8점)

구분	전략환경영향평가(SEA)	환경영향평가(EIA)
대상계획(사업)의 종류	〈택지개발촉진법〉에 따른 택지개발지구의 지정 및 택지개발계획	〈택지개발촉진법〉에 따른 택지개발사업 면적이 30만㎡ 이상
협의요청 시기	지정권자가 중앙행정기관의 장과 협의 시	택지개발사업 실시계획의 승인권

5. 정책계획에 대한 전략환경영향평가서의 구성과 정책계획의 적정성을 판단할 수 있는 평가방법에 대하여 기술하시오. (필수문제, 25점)

1) 전략환경영향평가서의 구성

> ① 요약문(Summary)
>
> ② 정책계획의 개요
>
> ③ 대안
>
> ④ 대상지역
>
> ⑤ 지역개황
>
> ⑥ 환경영향평가협의회 심의 내용
>
> ⑦ 평가항목 등 결정 내용 및 조치 내용
>
> ⑧ 주민 의견 내용
>
> ⑨ 정책계획의 적정성
>
> • 환경보전계획과의 부합성
>
> • 계획의 연계성·일관성
>
> • 계획의 적정성·지속성
>
> ⑩ 입지의 타당성
>
> ⑪ 종합 평가 및 결론
>
> ⑫ 부록
>
> • 인용문헌
>
> • 참여 인력의 인적사항
>
> • 용어해설 등

2) 평가 방법

a. 환경보전계획과의 부합성

① 국가환경정책

• 국가환경종합계획 및 관련 시책과의 부합 여부

② 국제환경협약, 의정서, 협정과의 부합성 여부 등

b. 계획의 연계성·일관성

① 상위계획 및 관련계획과의 연계성

② 계획 목표와 내용과의 일관성 여부

c. 계획의 적정성, 지속성

① 공간계획의 적정성

• 국토의 생태적 건전성, 환경과 개발의 조화 등

② 수요·공급 등의 적정성

• 인구 증가, 자원 등 국가적 환경문제와 관련하여 타당성·적정성 여부

③ 환경용량의 지속성

• 대기오염·수질오염 등과 연계하여 지속성 여부 판단

6. 지방자치단체에서 시행하고 있는 환경영향평가제도의 목적 및 의의와 지역적 특성을 고려하여 운영되고 있는 사례를 기술하시오. (25점)

a. 근거

① 환경영향평가법 제42조

• 시·도의 조례에 따른 환경영향평가

"특별시, 광역시, 도, 특별자치도 또는 인구 50만 이상의 시는 환경영향평가 대상사업의 종류 및 범위에 해당하지 아니하는 사업으로서 대통령령이 전하는 사업에 대하여 지역 특성 등을 고려하여 환경영향평가를 실시하게 할 수 있다."

② 대통령령(시행령 제68조)

• 환경영향평가 대상사업의 50% 이상 100% 미만인 규모의 사업과 시·도지사가 환경부장관과 협의한 사업

b. 목적 및 의의

: 지역의 특수성 고려, 지속가능한 발전 도모 및 지역 주민의 어메니티(Amenity) 증대를 위하여 환경영향평가 대상 규모 이하의 사업에 대하여 지방자치단체의 조례에 따라 환경영향평가를 실시한다.

c. 서울특별시의 사례

① 근거 : 서울특별시 환경영향평가 조례

② 대상사업

- 11개 분야 26개 사업

: 도시의 개발, 산업단지 조성사업, 에너지 개발, 도로의 건설, 철도의 건설, 하천의 이용 및 개발, 관광단지의 개발, 산지의 개발, 체육시설의 설치, 폐기물 처리시설의 설치, 국방·군사 시설의 설치

- 대상 규모 : 환경영향평가 대상의 50~100% 사업

③ 평가항목 → 6개 분야 24항목

분야	평가 항목
대기환경	기상, 대기질, 악취, 온실가스
수환경	수질, 수리·수문
토지환경	토지이용, 토양, 지형·지질
생활환경	친환경자원순환(폐기물), 소음·진동, 위락·경관, 일조장해, 위생·공중보건, 전파 장애
자연생태환경	동·식물상, 자연환경자산
사회·경제	인구, 주거, 산업, 공공시설, 교육·교통, 문화재

7. 환경영향평가 협의내용 이행을 위한 사후환경영향 관리 진행단계별 관계자의 역할에 대하여 기술하시오. (25점)

→ 환경영향평가 협의내용 이행과 관련 사업자, 관리책임자, 승인기관은 사업진행 단계별로 역할을 하여야 한다.

구분	공사 착공 전	공사 단계	준공 후
사업자 역할	• 관리책임자의 지정(법제35조) • 협의내용 관련 예산 확보	• 협의내용 관련 공사 감독	• 협의 조건 적정 이행 여부·확인 • 관리책임자에 대한 감독 • 환경피해 발생 시 조치 (관계기관 통보 등)
관리책임자의 역할	• 협의 내용이 사업계획에 적정하게 반영되었는지 확인 • 협의내용 이행을 위한 환경오염 저감시설의 적정 설치 및 관리에 관한 사항 • 그 밖의 협의내용이 적정하게 이행되었는지를 확인하기 위하여 필요한 사항	• 협의 내용 이행을 위한 환경오염 저감시설의 적정 설치 및 관리에 관한 사항	• 협의 내용 이행 여부 확인, 점검 : 환경기준, 협의 기준, 달성 여부 등 • 환경피해 발생 시 조치 (응급조치 및 관계기관 통보 등) • 관리대장 기록 및 보전에 관한 사항

구분	공사 착공 전	공사 단계	준공 후
승인기관	• 관리 책임자 지정 여부 확인 • 협의 내용 관련 예산 확보 여부 확인	–	• 협의 내용 이행 여부 확인·점검 • 관리대장기록 및 보전에 대한 확인·점검

8. 환경영향평가에서 시행하고 있는 주민 동의 의견수렴 절차를 설명하고, 현 제도의 발전 방안에 대하여 논술하시오. (25점)

생략

9. 환경영향평가의 효율성 제고를 위한 환경입지 컨설팅제도의 도입 배경, 변천 과정 및 판단 기준에 대하여 기술하시오. (25점)

a. 개념
  • 개발사업으로 인한 토지 매입 관련 비용 손실을 방지하기 위하여 사전 입지에 대한 적격 여부를 심사하는 제도
  • 개발 예정 부지에 대해 '입지 적격', '부적격'을 통해 비용 손실을 방지하기 위한 제도
  *〈환경입지 컨설팅제도 운영지침〉에 따라 운영 중
b. 적용 범위 : 전략환경영향평가, 환경영향평가, 소규모 환경영향평가 대상사업
c. 효력 : 법적 효력은 없으며, 협의기관의 장은 이 사실을 사업자에게 충분히 알려야 한다.
d. 제도 도입 배경
  • 비용 손실과 시간 낭비 방지 : 환경적으로 부적당한 부지 매입으로 인한 비용 손실 사전 방지
  • 맞춤형 서비스 제공 : 지방환경청 현장 상담제 등 지역 현장과의 소통을 통해 맞춤형 서비스 제공
e. 제도의 변천 과정
 ① 2005년 〈사전입지상담제〉에 대한 기본 계획 수립
  *2006년부터 시범실시
 ② 2012년 〈환경입지컨설팅제도〉 시행을 위한 관련 지침 제·개정
  • 민간전문가 컨설팅 도입
  • 현장조사 강화 등

③ 2012년 8월 〈환경영향평가법〉 개정과 함께 〈환경입지컨설팅제도〉 개정

구분	기존(사전입지상담제)	개선(환경입지컨설팅제)
검토 주체	담당 공무원	민간 컨설턴트(선 검토 후 담당 공무원 판단)
검토 방법	자료(서류) 심사 위주	자료 심사 + 현장 확인
검토 방향	소극적 판단(애매한 경우 부정적 판단)	회적, 대체 입지 등 적극적 검토
판정	4단계 판정	기존4단계 + 컨설턴트 의견 첨부

f. 판단 기준

① 스크리닝(Screening)

- 환경영향평가 대상 여부 검토 : 전략·환경·소규모 환경영향평가 대상 여부 우선 검토

- 관계 법령상 입지제한사항 검토 : 타법 관련 사항까지 검토

- 규제적 행정계획과의 적정성 여부 검토

 : 오염총량관리 시행계획, 수질개선 사업계획 등 규제행정계획과의 연관성 검토

- 환경적 입지 적정성 검토 : 환경영향평가 시 예상되는 문제점 등 검토

② 스토핑(Scoping)

- 환경영향평가 시 중점적으로 검토하여야 할 항목 등을 검토

- 중점 검토항목을 선정할 경우, 필요 시 현지조사를 실시하고 관계 전문가 등의 의견수렴

- 필요 시, 현지 조사 및 관계 전문가 등의 의견 수렴을 실시

제3회

환경영향평가사 필기시험

기출문제 및 풀이

제1교시
환경정책

1. 〈환경정책 기본법〉에 명시된 환경기준의 정의와 환경기준 유지를 위해 고려할 사항 (필수문제, 9점)

a. 정의

: 국민의 건강을 보호하고 쾌적한 환경을 조성하기 위하여 국가가 달성하고 유지하는 것이 바람직한 환경상의 조건 또는 질적인 수준을 말한다.

b. 고려사항

• 환경 악화의 예방 및 그 요인의 제거

• 환경오염지역의 원상회복

• 새로운 과학 기술의 사용으로 인한 환경오염 및 환경훼손의 예방

• 환경오염 방지를 위한 재원의 적정 배분

2. 대기환경 규제지역과 대기보전 특별대책지역의 대상지역과 중 관리대상물질 (8점)

구분	대기환경 규제지역	대기보전 특별대책지역
대상 지역	• 부산권 : 부산광역시(기장군 제외), 김해시 (진영읍, 장유, 주촌, 진례, 한림, 생림, 상동 대동면 제외) • 대구권 : 대구광역시(달성군 제외) • 광양만권 : 경남 하동군 하동 화력발전소 부지, 전남 광양시, 순천시, 여수시	• 울산광역시 : 울산 미포 및 온산산업단지 • 전라남도 : 여천산업단지 및 확장단지
주요 관리 대상물질	• 오존(O_3) • 이산화질소(NO_2)	• 휘발성유기화합물(VOCs)

3. 람사르협약과 〈습지보전법〉에 따른 습지의 정의 및 지정 범위의 차이점 (8점)

구분	람사르협약	습지보전법
습지의 정의	• 수심 6m를 넘지 않는 곳을 포함하는 늪, 습원 등 물이 있는 지역	• 담수, 기수 또는 염수가 영구적 또는 일시적으로 표면을 덮고 있는 지역으로써 내륙습지 및 연안습지
지정 범위	• 6m를 넘지 않는 곳을 포함한 습지와 6m를 넘는 연안습지도 포함	• 내륙습지는 육지 또는 섬 안에 있는 호소·하구 등 지역 • 연안습지는 만조 시에 수위선과 지면이 접하는 경계선으로부터 간조 시에 수위선과 지면이 접하는 경계선 지역까지

4. 생태·경관 보전지역의 지정 기준과 주요 행위 제한 (8점)

　생략

5. 국가환경종합계획(2006~2015)의 국토환경관리 기본 구상에 대하여 5대 환경관리대권역(한강수도권, 금강충청권, 영산강호남권, 낙동강영남권, 태백강원권)을 중심으로 설명하시오. (필수문제, 25점)

　생략

6. 폐기물 에너지화 방식 및 종류에 대하여 설명하고, 최근 환경부에서 추진하고 있는 친환경 에너지타운(폐자원 에너지화 시설)에 대하여 환경적 측면에서의 긍정적 영향과 부정적 영향을 기술하시오. (25점)

1) 폐기물 에너지화 방식

a. 고형화 방식(RDF, Refuse Derived Fuel)

- 종이·나무·플라스틱 등 가연성 폐기물을 파쇄·분리·성형화한 고체 연료

b. 열분해(Pyrolysis)

- 플라스틱 폐기물을 고온에서 가스와 기름으로 전환

c. 폐기물 소각열

- 가연성 폐기물을 소각로에서 연소시켜 열원으로 이용

d. 폐유 정제유

- 자동차 폐윤활유 등의 폐유를 정제하여 재생된 기름

2) 친환경 에너지타운

a. 개념

: 축산분뇨 처리시설, 매립시설 등 환경혐오시설에서 신재생에너지를 생산하고, 주민편익시설(복지시설)을 함께 건설하여 님비문제도 해결하고, 지역민에게 이익이 제공되도록 하는 모델

b. 긍정적 영향과 부정적 영향

긍정적 영향	부정적 영향
- 환경과 에너지 문제 동시 해결 - 주민 수익 모델 창출 - 혐오시설 관련 갈등 완화 - 에너지원의 다양화 추진	- 에너지 시설의 규모가 작아 경제성 문제 - 충분한 주민 이견 수렴 미흡 시 사업 포기 등 발생 우려

7. 기후변화협약에 대하여 설명하고, 이와 관련하여 국내에서 시행 중인 제도를 2가지 이상 설명하시오. (25점)

생략

8. 4대강 수변구역의 지정기준과 주요 행위 제한에 대하여 기술하시오. (25점)

생략

9. 〈환경분쟁조정법〉에서 규정하고 있는 알선, 조정, 재정에 대하여 설명하시오. (25점)

생략

제2교시
국토환경계획

1. 환경생태계획의 기능과 수립 원칙과 기준 (필수문제, 9점)

　생략

2. 〈국토의 계획 및 이용에 관한 법률〉에 의한 용도지구의 종류와 지정 취지 (8점)

　생략

3. 지구단위계획수립 목적과 지구단위계획에 포함되어야 하는 사항 (8점)

　생략

4. 〈도시 계획의 환경성 제고를 위한 가이드라인〉에서 정하고 있는 야생생물보호 및 자연생태계 보전 측면에서 보전관리지역 지정기준 (8점)

a. 야생생물 보호 측면에서의 보전관리지역 지정기준
- 〈야생생물 보호 및 관리에 관한 법률〉에 의한 야생생물보호구역 또는 야생생물보호구역 예정지
- 야생생물호보구역 또는 예정지 경계로부터 1㎞ 이내 지역
- 〈야생생물보호 및 관리에 관한 법률〉에서 규정하고 있는 멸종 위기 야생생물(Ⅰ, Ⅱ급) 집단서식지

b. 자연생태계 보전 측면에서의 보전관리지역의 지정기준
- 생태·자연도 1등급지역
- 생태·자연도 2등급지역이면서 생태·경관적 보전 가치가 높은 지역
- 녹지자연도 8등급 이상 지역
- 녹지자연도 7등급 이상이면서 급경사지역(경사도 20도 이상)
- 장래 구체적인 개발계획(체육시설, 시가지 등)이 진행되는 곳 중 급경사지역(경사도 20도 이상)
- 〈자연공원법〉상 자연공원의 경계선으로부터 500m 이내 지역

5. 국토환경보전 측면에서 지속가능한 발전의 실행 수단을 환경용량에 기초한 환경계획, 토지적성평가제도, 환경성평가제도로 구분하여 기술하시오. (필수문제, 25점)

구분	환경용량에 기초한 환경계획	토지적성평가제도	환경성 평가지도
근거	환경정책기본법, 자연환경보전법 등	국토의 계획 및 이용에 관한 법률(토지적성평가제도)	국토의 계획 및 이용에 관한 법률(환경성 검토 제도)
개념	① 에너지분석 측면의 환경용량에 기초한 환경계획 • 주요 에너지원의 에너지 값을 계산 후 영속성 에너지원이 글수록 높을 지속 가능성 부여 ② 시설수용력 측면의 환경용량에 기초한 한경계획 • 대기, 수질, 폐기물 등 기반 환견시설 평가, 지속 가증성 평가 ③환경·생태적 측면의 환경용량에 기초한 환경계획 • 녹지의 면적, 생물 다양성 등을 고려하여 지속 가능성 평가 ④ 법, 제도, 행정적 측면의 환경 용량에 기초한 환경계획 • 토지 이용에 대해 토지 이용 제한, 녹지 확보용 등을 기초로 평가	① 목적 • 토지의 난개발을 방지하고 토지의 적성에 따라 개발과 보전으로 평가 → 토지의 효율적 이용 도모 (지속가능 개발) ② 시행 주체 및 등급 • 특별시장, 광역시장, 시장·군수가 평가 주체 • 평가 등급은 가·나·다·라·마의 5개 등급으로 평가 • 가·나 등급은 보전 적성으로 입안 제한하며, 다 등급은 유보, 라·마 등급은 개발 가능 ③ 주요 원칙 • 토지적성평가는 필지 단위로 평가하며, 이미 개발이 완료된 주거, 상업·공업 지역은 제외	① 목적 • 지속 가능한 발전, 개발 ② 대상 • 도시·군 관리 계획(다만, 전략 환경영향평가 대상 제외) ③ 주요 원칙 • 환경오염, 생태계 및 주민 생활에 미치는 영향의 원천적 해소 및 저감에 주력 • 자연환경과 생활환경으로 구분하여 평가 • 항목별로 환경영향, 저감 방안종합검토 • 입지 및 토지 이용 계획 중심으로 검토

6. 비오톱지도(도시생태현황지도)의 기능 및 활용과 그 구성에 대하여 기술하시오. (25점)

a. 근거

• 자연환경보전법(제34조)

 *도시생태현황지도 작성

• 도시생태현황지도 작성방법 등에 관한 지침(환경부고시, 2014.01.)

b. 작성 주체

• 시·도지사가 작성함을 원칙으로 한다.

 *필요 시 시장·군수·구청장이 도지사와 협의하여 작성 가능

c. 기능

• 도시의 생태적 가치를 하나의 지표로 나타내는 척도

• 도시의 생태적 특성에 따라 5개 등급(Ⅰ등급, Ⅱ등급, Ⅲ등급, Ⅳ등급, Ⅴ등급)으로 구분

등급	주요 내용
Ⅰ등급	절대 보존
Ⅱ등급	우수 비오톱, 생태적 가치가 높음
Ⅲ등급	재생이 필요한 비오톱
Ⅳ등급	재생 가능성이 낮은 비오톱
Ⅴ등급	재생 가능성이 없는 비오톱

d. 구성

• 기본 주제도

: 토지이용현황도, 토지 피복, 현황도, 식생도, 동·식물상 주제도 등

• 기타 주제도

: 철새 도래지 현황도, 습지 분포도, 침엽수 군락지 분포도 등

e. 작성 원칙

• 현장조사를 원칙으로 한다.

• 지리정보시스템(GIS)과 호환이 가능하도록 한다.

• 도시·군 관리계획 수립 축적(1:5000)에 준하도록 한다.

f. 평가 항목 및 지표

• 자연성, 다양성, 희귀성, 면적 및 규모, 복원 능력, 복구 능력, 생태적 기능성, 도시환경 기능성 등

g. 비오톱지도의 활용

• 도시계획 부문 활용 : 도시 기본계획, 도시 관리계획, 도시 개발사업 등

• 환경계획 부문 활용

: 전략환경영향평가 및 환경영향평가, 지자체환경보전 기본계획수립, 경관생태계획, 공원녹지계획 등

7. 개발 기본계획과 실시계획으로 구분하여 환경계획의 추진 체계와 환경계획에 포함되어야 할 주요
내용을 기술하시오. (25점)

a. 환경계획의 종류

① 법정계획과 비법정계획

• 〈환경관련법〉에 근거하여 수립하는 계획이 법정계획이며, 〈환경정책기본법〉에 의한 국가환경종합계획, 시·도 및 시·군·구 환경보전계획이 있다.

• 비법정계획은 행정기관의 고유권한으로 수립하는 계획을 말한다.

② 공간적 범위의 환경계획

전국을 단위로 하는 국가환경종합계획, 자연환경보전기본계획 등과 시·도 및 시·군·구 단위를 대상으로 하는 환경계획이 있다.

b. 환경계획의 추진 체계

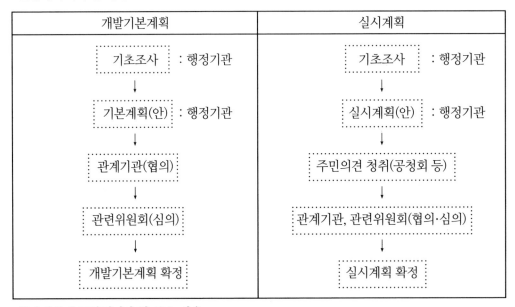

c. 환경계획에 포함되어야 할 주요 내용

→ 환경계획에는 다음 사항들이 포함되어야 한다(환경정책기본법 제15조)

• 인구, 산업, 경제, 토지 및 해양의 이용 등 환경 변화 여건에 관한 사항

• 환경오염원, 환경오염도 및 오염물질 배출량의 예측과 환경오염 및 환경훼손으로 인한 환경의 질의 변화 전망

• 환경의 현황 및 전망

• 환경 정의 실현을 위한 목표 설정과 이의 달성을 위한 대책

• 환경보전 목표의 설정과 이의 달성을 위한 대책 등

8. '생물다양성협약'의 주요 내용에 대하여 설명하고, '생태계서비스(Ecosystem Services)'를 4가지로 구분하여 기술하시오. (25점)

1) 생물다양성협약의 주요 내용

  a. 목적

    • 생물 다양성 보전

    • 생물유전자원의 이용으로부터 발생한 이익의 공평한 공유

  b. 협약의 주요 내용

  ① 생물다양성의 보전

    • 생물다양성 구성 요소의 조사 및 감시

    • 보호지역의 설정 등

  ② 생물자원의 지속가능한 이용

  ③ 유전자원의 이용에 따른 이익의 공평한 이용

    • 유전자원에 대한 접근

    • 기술 접근 및 기술 이전 등

  ④ 국가간 협력

2) 생태계서비스(4가지)

  ① 공급 서비스 : 식량, 먹는 물, 연료, 섬유, 유전자원 등

  ② 조절 서비스 : 기후 조절, 질병 조절, 홍수 조절, 수질 정화 등

  ③ 지원 서비스 : 서식처 제공, 1차 생산(광합성), 물질순환 등

  ④ 문화 서비스 : 생태 관광, 종교적 체험, 문화유산 등

9. 〈도시재생사업 환경영향평가 가이드라인〉에서 제시한 도시생태환경 복원의 주요 내용에 대하여 기술하시오. (25점)

a. 그린 네트워크 계획

 ① 비오톱 조성

  • 사업지 내 기존 비오톱은 보존하고, 필요 시 비오톱의 추가 조성

- 육·수생 비오톱이 조화롭게 구성되도록 한다.

② 연결 녹지 체계

- 주변의 핵심 생태계간 연계가 가능하도록 생태녹지축을 설정
- 공원, 비오톱, 생산녹지, 보행로, 커뮤니티공간 등 연결함

③ 공원녹지계획

- 공원, 녹지 네트워크 계획 수립 시 재정비지구 및 주변지역의 공원 입지와 이용 가능성을 조합적으로 고려

④ 기존 녹지 활용계획

- 녹지자연도, 생태자연도, 경사도 등 대상지의 조건에 따라 녹지계획을 수립

b. 수(水) 네트워트 복원 계획

- 수생 생태계 유지, 수질오염 방지 등을 위하여 주변 하천과의 연계 방안 마련
- 지표수, 우수, 지하수까지 고려한 종합적 수 네트워크 계획 수립

c. 토양오염 복원 계획

- 토양오염은 농작물뿐만 아니라 장기적으로는 동·식물 및 사람에게도 악영향을 끼친다.
- 오염된 토양은 제거하거나 회복할 수 있도록 정화계획을 수립한다.

제3교시
환경영향평가 실무

1. 〈환경영향평가서 등 작성 등에 관한 규정〉에 따른 소규모 환경영향평가서의 구성 내용 (필수문제, 9점)

생략

2. 고속도로 운영 시 적용 가능한 소음 영향 저감 방안 (8점)

구분	저감 방안
차폐시설에 의한 저감	• 방음벽 설치 : 방음벽은 주택, 학교, 병원, 도서관 등 소음의 영향을 크게 받는 지역에 설치 • 방음 터널 : 방음벽 설치로 환경 목표치를 달성하기 어려운 특수한 경우, 방음터널 설치 검토 • 방음둑 및 방음림 : 도로변에 충분한 여유 부지가 있는 경우 방음둑, 방음림을 설치
노면 개량을 통한 저감	• 도로의 포장면을 거칠게 개량하거나 요철의 차이 등을 통하는 등 포장기술 개량을 통해 도로 소음을 저감

3. 〈생태·자연도 작성 지침〉에 따른 생태·자연도 등급의 수정·보완 절차 (8점)

a. 근거

 : 생태·자연도 작성 지침(환경부 예규 제499호, 2014.01)

b. 등급의 수정·보완 신청

 : 생태·자연도의 등급에 대한 이의가 있는 자는 관계중앙행정기관의 장 또는 시·도지사를 경유하여 국립생태원장에게 생태·자연도 등급의 수정·보완을 신청할 수 있다.

c. 수정·보완 절차

① 현지조사

 : 국립생태원장은 신청서의 내용을 검토하여 정당한 사유가 있다고 판단되면 현지조사를 실시하여야 한다.

② 수정·보완

• 현지조사 결과 수정·보완이 필요하여 등급을 수정한 경우, 14일 이상 주민 열람을 거쳐야 한다.

• 환경부장관은 수정·보완된 생태·자연도를 고시하고, 해당 중앙행정기관장 또는 지방자치단체장에게 통보한다.

4. 〈수질오염 공정시험기준〉에 의한 하천유량 측정방법 중 유속·면적법을 이용한 유량 측정방법 (8점)

a. 유량 산출

: 유량 = 단면적(m^2) × 유속(m/s)

• 수심 0.4m 미만일 때 $V_m = V_{0.6}$

• 수심 0.4m 이상일 때 $V_m = (V_{0.2} + V_{0.8}) × 1/2$

* $V_{0.2}$, $V_{0.6}$, $V_{0.8}$은 수심 20%, 60%, 80%인 지점의 유속

b. 총유량 산출

$$Q = q_1 + q_2 + \cdots\cdots + q_m$$

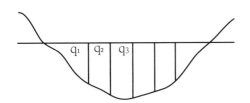

Q = 총유량

q_1 = 단면적 1 × V_1

q_m = 소구간 유량

V_m = 소구간 평균 유속

5. 도시·군 관리계획의 전략환경영향평가 시 주요 고려사항을 구체적으로 기술하시오. (필수문제, 25점)

1) 계획의 적정성

a. 상위계획 및 관련 계획과의 연계성

• 상위계획인 도시·군 기본계획과의 부합성

• 관련계획인 도시·군 환경보전계획과의 부합성

b. 대안 설정·분석의 적정성

대안 종류	주요 내용
계획 비교	계획 미수립(no action)과 계획 수립 시 비교 분석
수단 / 방법	다양한 수단·방법에 대해 분석
수요 / 공급	수요·공급의 조건을 변경하여 분석
입지	대상지역 또는 그 경계의 일부를 조종하여 검토
시기 / 순서	개발 시기 및 순서를 변경하여 검토
기타	–

2) 입지의 타당성

a. 자연환경의 보전

- 생물다양성 서식지의 보전

- 지형 및 생태축 보전

- 주변 자연경관에 미치는 영향 등

b. 생활환경의 안정성

① 환경기준 부합성

- 환경기준 유지, 달성 여부

- 환경기초시설의 적정성(하수처리장, 폐기물처리시설 등)

② 자원·에너지 순환의 효율성

c. 사회·경제 환경과의 조화성

- 해당계획이 인구·주거·산업 등에 미치는 영향 분석

6. 환경영향평가 시 온실가스 항목의 평가기법에 대하여 기술하시오(현황조사, 영향예측, 목표설정, 저감 방안 포함). (25점)

구분		주요 내용
현황조사	조사항목	• 온실가스 배출 시설 및 에너지 이용시설 현황 • 온실가스 배출원 단위 현황 • 온실가스 저감 관련 법령, 관련 계획 현황 등
	조사범위	• 공간적 범위 : 대상사업시행으로 온실가스 배출에 영향을 미치는 지역 • 시간적 범위 : 온실가스의 계절적 특성 변화를 파악할 수 있도록 설정
	조사방법	• 기존 자료와 유사 사례를 수집, 분석
영향예측	항목	• 현황 조사 항목을 중심으로 한다
	범위	• 공간적 범위 : 사업으로 영향을 미치는 예상 지역 • 시간적 범위 : 공사 시와 운영 시로 나누어 예측
	방법	• 연구 문헌과 유사 사례 참고, 분석
	영향 예측 및 평가	• 관련 평가 모델 등 사용하여 평가
목표설정 및 저감방안		평가결과를 토대로 감축 목표를 설정하고, 구체적 온실가스 저감방안을 수립
사후환경영향조사		저감 효과를 확인하고, 필요 시 추가 대책을 수립

7. 산지 지역의 육상풍력발전사업 환경영향평가 시 주요 평가 항목별 중점 검토 내용에 대하여 기술하시오. (25점)

주요 평가항목		중점 검토 내용
자연생태환경 분야	동·식물상	• 멸종위기 야생생물 현황 • 희귀 야생생물 분포 현황 및 주요 보호종의 서식 현황
	자연환경자산	• 야생생물 보호구역, 습지 보호지역, 백두대간 보호지역 등이 사업대상지역에 포함되는지 여부 • 생태·자연도·등급지역 및 자연·경관 보호지역이 포함되는지 여부
지형·지질 및 토양 분야		• 입지 여건(능선부·급경사지역 등) 검토 • 재해발생가능지역, 석회암, 현무암, 폐관지역에 해당되는지 여부
소음·진동 분야		• 공사 시, 운영 시 육상풍력발전사업으로 인한 소음·진동 영향 검토
경관 분야		• 풍력발전시설이 능선부의 자연경관을 훼손하는지 여부 • 랜드마크, 역사문화자원 등에 미치는 영향 검토
수질 분야		• 공사 시 토사 유출로 인하여 계곡·지하수 수질에 미치는 영향 등

8. 국내 하천사업의 환경영향평가에 적용하고 있는 어도의 종류별 장·단점, 문제점 및 개선 방안을 기술하시오. (25점)

a. 어도의 종류

① Pool형(Pool type) : 풀이 계단처럼 연속으로 이어져 있는 어도

• 계단식 : 수로 내 풀과 웨어가 이어짐

• 아이스하버식 : 격벽에 비월류부를 설치하고 월류부 바닥에 큰 잠공을 설치하는 어도

• 버티컬슬롯식 : 격벽에 수직으로 좁은 틈새를 만들어 어류가 통과하게 한다.

② 수로형(Channel type) : 낙차 없이 연속으로 이어지는 어도

• 데닐식(Denil) : 철판 등으로 된 조류공을 촘촘히 설치하여 유속을 줄인 어도

• 도벽식 : 경사진 평면형 수로

• 인공하도식 : 소하천을 인공적으로 조성하여 어도로 사용

③ 조작형식(Operation type) : 인위적으로 조작·작용하는 어도

• 갑문식(Lock gate) : 문을 개폐하여 상·하류로 어류가 통과하게 한다.

- 브랜드식(Boland) : 관수로를 통해 어류를 상류로 이동시키는 구조
- 엘리베이터(리프트)식 : 엘리베이터 하류에 계단식 어도를 설치하고 엘리베이터, 상자에 어류가 모이게 한 후 이를 상방으로 올리는 구조

b. 장·단점 비교

구분	장점	단점
계단식	• 구조가 간단 • 시공이 편리 • 유지·관리 용이	• 도약력·유영력이 약한 물고기는 이용 곤란 • 풀 내에 순환류 발생 우려
아이스하버식	• 어도 내 유황이 고르다 • 물고기가 쉴 휴식 공간을 따로 둘 필요가 없다	• 계단식보다 구조가 복잡하여 현장 시공이 어렵다
인공하도식	• 모든 어종의 어류에 적용 가능	• 설치할 장소의 제약이 많다 • 길이 길어 공사비가 많이 소요된다
도벽식	• 구조가 간편하여 시공 용이	• 유속이 빨라 적당한 수심 확보가 곤란 • 어도 내 유속이 고르지 못하다
버티컬슬롯식	• 좁은 장소에 설치 가능	• 구조가 매우 복잡하고 고가 • 다양한 물고기 이용 곤란 • 폭이 좁아 동시에 많은 물고기 이용 곤란

9. 〈대체 서식지 조성, 관리 환경영향평가 지침〉에 따른 대체 서식지 조성 관리의 기본 원칙, 조성 효과를 위한 평가 기준, 유지 관리 점검표의 주요 내용을 기술하시오. (25점)

a. 기본 원칙
- 훼손자 부담 원칙
- 참여와 협력의 원칙
- 과학적 접근의 원칙
- 순응적 관리의 원칙
- 생태 복원의 적용 원칙

b. 평가기준

평가기준	주요 내용
대체 서식지가 목표로 하는 생물종이 안정적으로 서식할 수 있는 환경 유지 여부	공사 이전·이후로 구분하여 항공사진, 위성영상, 식생군락지 등 평가

평가기준	주요 내용
목표종의 안정적 개체수와 번식률	대체 서식지 조성 후 최소 3년 이상 관찰
대체 서식지 내 자생종 평가	외래종이나 교란종 구성비율 분석
본래의 자연생태계로 회복할 수 있는지 여부	홍수·가뭄 등의 영향 분석
대체 서식지가 주변 환경과 조화 여부	주변 환경, 물질순환, 에너지 흐름 등 평가

c. 유지 관리 점검표

- 조성 목적과 목표에 적합하게 유지·관리되고 있는가?

- 조성 목적에 부합하는 유지·관리 계획이 수립되었는가?

- 유지·관리 계획에 따른 성과 평가가 주기적으로 이루어지고 있는가?

- 유지·관리 담당자의 기능과 역할이 명확하게 부여되었는가?

- 대체 서식지에 출현하는 야생동식물의 목록을 조사하고 있는가?

- 조성 목적에 적합한 유지·관리 방법이 적용되고 있는가?

- 지역주민, 민간단체 등이 적극적으로 참여하고 있는가(교육 프로그램, 사후 모니터링)?

제4교시
환경영향평가제도

1. 〈환경영향평가법〉에 명시된 약식평가대상 및 절차 (필수문제, 9점)

a. 대상

: 사업 대상 규모가 최소영향평가 대상의 200% 이하인 사업으로 환경영향이 크지 않은 사업

 (다만, 당해 사업지구에 다음 지역이 포함되지 않을 것)

 ① 〈자연환경보전법〉에 따른 생태·자연도 1등급지역

 ② 〈습지보전법〉에 따른 습지보호지역 및 습지주변관리지역

 ③ 〈자연공원법〉에 따른 자연공원

 ④ 〈야생생물보호 및 관리에 관한 법률〉에 따른 특별보호구역 및 야생생물보호구역

 ⑤ 〈문화재보호법〉에 따른 보호구역

 ⑥ 〈한강, 낙동강, 금강, 영산강 수계 물관리 및 주민지원 등에 관한 법률〉에 따른 수변구역

b. 절차

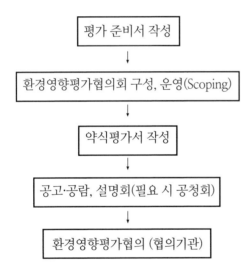

평가 준비서 작성
↓
환경영향평가협의회 구성, 운영(Scoping)
↓
약식평가서 작성
↓
공고·공람, 설명회(필요 시 공청회)
↓
환경영향평가협의 (협의기관)

2. 〈환경영향평가법〉에 공개하도록 규정되어 있는 문서의 종류와 공개 방법 (8점)

문서의 종류	공개 방법
환경영향평가협의회의 심의를 거친 전략환경영향평가 항목 등(법 제11조)	시·군·구의 정보통신망 및 정보지원시스템에 14일 이상 게시

문서의 종류	공개 방법
전략환경영향평가(개발 기본계획) 주민의견 수렴 결과 반영 여부(법 제13조)	시·군·구의 정보통신망 및 환경영향평가 정보지원시스템에 14일 이상 게시
환경영향평가협의회의 심의를 거친 환경영향평가 항목 등(법 제24조)	시·군·구의 정보통신망 및 환경영향평가 정보지원시스템에 14일 이상 게시
환경영향평가 시 주민의견수렴 결과 및 반영 여부(법 제25조)	시·군·구의 정보통신망 및 환경영향평가 정보지원시스템에 14일 이상 게시

3. '해역이용협의'와 '해역이용영향평가'의 대상사업과 협의절차 (8점)

a. 대상사업

해역이용협의	해역이용 영향평가
• 〈공유수면관리법〉상 공유수면 점용, 사용 • 〈공유수면관리법〉상 공유수면 매립 • 〈수산업법〉상 어업 면허 • 〈골재채취법〉상 바다골재 채취 허가 및 바다골재 채취 예정지 지정	• 〈공유수면 관리 및 매립에 관한 법률〉에 따른 공유수면 바닥준설 및 굴착 • 〈공유수면 및 관리에 관한 법률〉에 따른 흙·모래 채취 • 〈해저광물자원개발법〉에 따른 해저광물 채취 • 〈해양심층수의 개발 및 관리에 관한 법률〉에 따른 해양심층수 이용, 개발 행위 • 〈골지채취법〉에 따른 바다골재 채취

b. 협의 절차

해역이용협의	해역이용영향평가
협의요청 (사업자→처분기관→협의기관) ↓ 검토(협의기관) ↓ 협의의견 통보 (협의기관→처분기관) ↓ 사후관리 *근거 : 해양환경관리법	협의요청 (사업자→해수부장관 또는 지방해양항만처) ↓ 검토(검토기관) ↓ 종합의견 확정, 통보 *근거 : 해양환경관리법

4. 상수원 및 농어촌 용수 보호를 위한 공장 설립 제한기준 (8점)

상수원 보호를 위한 공장 설립 제한	농어촌용수보호를 위한 공장 설립 제한
• 상수원 보호구역의 경우, 상류로부터 10㎞ 이내 지역 • 상수원보호구역으로 지정되지 않은 경우, 취수시설로부터 15㎞ 이내 지역 • 〈지하수법〉에 따른 지하수를 원수로 취수하는 경우, 취수시설로부터 1㎞ 이내 지역	• 〈국토의 계획 및 이용에 관한 법률〉에 따른 도시지역, 계획관리지역으로써 저수지로부터 2㎞ 이내 지역 • 〈국토의 계획 및 이용에 관한 법률에 따른 도시지역, 계획관리지역 외 지역으로써 저수지 만수위로부터 유하거리 5㎞ 이내 지역

5. 환경영향평가(전략환경영향평가, 환경영향평가, 소규모 환경영향평가)의 역할, 대상, 절차, 평가항목에 대하여 기술하시오. (필수문제, 25점)

생략

6. 사후환경영행조사 계획 수립 시 고려사항과 사후환경영향조사 시행과정에서 예측치 못한 환경피해가 발생할 경우 후속조치에 대하여 설명하시오. (25점)

생략

7. 〈환경영향평가법령 및 지침〉에 규정된 갈등 관리 관련 내용을 서술하고, 그 한계 및 개선 방안을 논하시오. (25점)

1) 갈등관리 관련 내용
   • 환경영향평가서 등에 관한 협의 업무 처리 규정(환경부 예규 제620호, 2017.12) 제8조, 제10조 등
   • 〈환경영향갈등조정협의회〉의 구성, 운영 등
   a. 중점평가사업(제8조)
   • 전략환경영향평가, 환경영향평가, 소규모 환경영향평가에서 협의기관장은 환경문제로 인한 집단민원이 발생되어 환경갈등이 있는 경우, 환경에 미치는 영향을 중점적으로 검토하여야 한다(중점평가사업).
   b. 〈환경영향갈등조정협의회〉의 구성, 운영(제10조)

- 환경갈등이 야기된 중점평가사업의 경우, 협의기관장은 〈환경갈등조정협의회〉를 구성, 운영할 수 있다.
- 협의회의 위원장은 환경부 환경융합정책관 또는 유역(지방) 환경청장 등으로 하며, 한국환경정책평가원의 연구원, 지역주민, 전문가, 환경단체, 이해관계자 대표 등 10명 이내로 구성한다.
- 협의회 운영
  ① 쟁점사항에 대한 환경영향평가협의 및 사후관리 방향제시
  ② 쟁점해소방안 및 갈등예방대책 협의, 제시
  ③ 필요 시 민·관 합동조사단 구성, 운영
  ④ 환경갈등 조정안 또는 권고안 마련
  ⑤그 밖에 환경갈등예방, 조정, 해소를 위하여 필요한 사항

 c. 전문가 자문 등
- 협의기관장은 협의 내용을 결정함에 있어 전문가 자문을 받을 수 있다.
- 협의기관장은 자문단을 구성·운영할 수 있으며, 자문위원은 환경, 도시계획, 토지·건축·자연생태 등의 전문가를 80명 내외로 위촉할 수 있다.

 2) 그 한계 및 개선방안
　생략

8. 환경영향평가협의회와 관련하여 심의내용, 평가항목결정 시 고려사항, 운영상의 문제점 및 개선 방안에 대하여 논하시오. (25점)

 a. 주요 심의내용
　① 평가항목, 범위의 결정
　② 환경영향평가 협의내용의 조정
　③ 약식절차에 의한 환경영향평가 실시 여부 결정
　④ 설명회, 공청회의 생략 여부에 관한 사항
　⑤ 기타 필요사항
 b. 평가항목 결정 시 고려사항
　① 전략환경영향평가 항목

② 해당 지역 및 주변 지역의 입지 여건

③ 토지이용 상황

④ 사업의 성격

⑤ 환경 특성

⑥ 계절적 특성 변화

c. 운영상 문제점 및 개선방안

생략(본문 참조)

9. 환경영향평가 준비서 작성 시 공통적으로 고려해야 할 현황조사, 예측평가방법에 대하여 기술하시오. (25점)

a. 현황조사 : 사업지역의 환경 상황을 알기 쉽게 요약·정리한다.

① 사업지역 및 주변지역의 토지이용상황

② 법령·조례에 의해 지정된 보호지역 지정 현황

(자연환경보전지역, 생태·경관보전지역, 상수원보호구역, 수변구역, 특별대책지역 등)

③ 해당 지역 환경기준, 생태·자연도, 지역별오염 총량기준 등

④ 멸종생물 서식 현황 및 철새 도래 현황

⑤ 공장, 공항, 도로, 철도, 항만, 산업단지 등 환경피해 유발시설물 현황

⑥ 취·정수장, 천연기념물, 문화재 등 보호가 필요한 시설물 현황

⑦ 하수종말, 분뇨, 폐기물 등 환경기초시설 현황 등

b. 예측·평가 방법

① 환경영향요소 추출 : 공사중 및 사업완료 후 대기환경, 수환경, 토지환경, 자연생태환경, 생활환경, 사회·경제환경에 영향을 미치는 환경영향요소를 추출한다.

② 환경영향요소와 평가항목 간 행렬식 대조표

• 환경영향요소와 평가항목 간 상호 영향을 행렬식 대조표로 작성

• 이때, 영향 또는 관련성의 크기를 보호 또는 숫자 등을 이용하여 일목요연하게 표시한다.

③ 항목별 평가범위의 결정 : 평가항목별로 평가 범위 및 방법 등을 선정하고, 그 사유를 제시한다.

제4회

환경영향평가사 필기시험

기출문제 및 풀이

제1교시
환경정책

1. 용어 설명 (필수문제, 9점)

- 조류경보제, INDC(Intended Nationally Determined Contribution), RPS제도(Renewable Portfolio Standard)

조류경보제

a. 근거 : 수질 및 수생태계 보전에 관한 법률

b. 주요 내용

- 조류로 인한 정수장 기능 저하 및 일부 남조류의 독성 피해를 최소화하기 위하여 상수원으로 이용되는 주요 효소에 조류예보제를 도입·운영
- 조류경보제는 클로로필a, 남조류 등 2개 항목 측정 결과에 따라 경보 발령

*조류경보 내용

구분	예방 단계	경보 단계	
		조류경보	조류대발생
클로로필a(mg/m²)	15 이상	25 이상	100 이상
남조류 세포수(세포/㎖)	500 이상	5,000 이상	1,000,000 이상

INDC(Intended Nationally Determined Contribution)

- INDC : 국가별 자발적 온실가스 감축 목표
- 파리협정(Paris Climate Change Accord)에서 온실가스 규제의 참여를 높이기 위해 195개국 당사국 모두가 온실가스 감축 목표를 지켜야 한다고 합의
- 미국은 2030년까지 26~28% 감축을 약속했고, 유럽연합은 40% 감축 목표를 제시
- 우리나라는 2030년 감축 목표(BAU, 851백만 톤) 대비 37% 감축 목표를 제시

RPS제도(Renewable Portfolio Standard)

- 정의 : 일정 규모 이상의 발전 설비를 보유한 발전사업자에게 총 발전량이 일정량 이상을 신재생에너지로 대체하도록 의무화한 제도
- 인증기관 : 에너지관리공단, 신재생에너지센터, 한국전력거래소

2. 폐기물 재활용 제한행위 열거 방식(Negative방식) (8점)

→ 폐기물재활용에 대한 규제방식에는 크게 Negative방식과 Positive방식이 있다.

Positive방식	Negative방식
• 법에서 정한 용도, 방법만 허용(Positive방식). 그 외는 재활용 불가. • 현재 우리나라는 Positive방식을 채택 → 캔, 종이, 플라스틱 등 재활용 가능 쓰레기와 재활용 불가 쓰레기 구분	• 모든 쓰레기에 대한 원칙적으로 재활용을 허용. 다만 재활용이 불가능한 쓰레기의 종류, 방법을 법에서 명시(Negative방식) • 자원순환 활성화에 도움이 되고, 보다 적극적인 재활용 촉진 방식이다.

3. 토양환경평가의 목적과 시행 주체 (8점)

① 근거 : 토양환경보전법(제10조의 2)

② 목적 : 토양오염의 우려가 있는 부동산 거래 시 평가기관으로부터 대상 부지의 토양오염 여부를 사전에 평가, 토양오염으로 인한 재상상 손해 방지를 위함이다.

③ 시행 주체 : 양도인 또는 양수인, 임대인 또는 임차인

④ 평가 대상 : 토양오염의 우려가 있는 토지

• 토양오염 관리대상시설이 있는 인근 부지

• 〈산업집적활성화 및 공장 설립에 관한 법률〉에 따른 공장 인근 부지

• 국방·군사 시설 인근 부지

⑤ 평가기관 : 〈토양환경보전법〉에 따른 토양환경평가기관에서 실시

4. 국내 규제 영향평가(RIA, Regulatory Impact Analysis) (8점)

① 근거 : 환경규제기본법

*기술규제영향평가지침

② 주요 내용

• 새로운 규제를 도입하거나 개정할 때 규제가 미치는 영향을 평가하거나, 기존 규제의 영향을 사후적으로 평가하는 제도

• 각 부처의 기술 규제 도입으로 인해 기업의 경영이 위축되지 않도록 규제의 비용, 편익, 파급 효과, 규제의 합리성을 종합적으로 평가

5. 환경 행정의 지방 이양 확대가 환경정책에 미치는 긍정적 영향과 부정적 영향을 각각 3개 이상 서술하고 발전 방향을 제시하시오. (필수문제, 25점)

생략

6. 화학물질관리법에 따른 장외영향평가(Off-site Consequence Analysis)와 위해관리계획(Risk Management Plan)을 서술하시오. (25점)

	장외영향평가	위해관리계획
근거	화학물질관리법(제23조, 화학사고 장외영향평가서 작성 등)	화학물질관리법(제41조)
주요 내용	• 구미 불산 유출사고를 계기로 화학물질의 안전관리 문제가 대두 • 사업장 밖의 제3자에게 인적·물적, 2중·3중의 안전개념에 따라 시설의 안전성을 평가한다.	• 사고대비물질에 대해서는 취급시설의 위험관리를 종합적으로 통제하고 있다. • 사고대비물질(69종)을 일정 수량 이상으로 취급하는 자는 위해관리계획서를 5년마다 작성하여 환경부장관에게 제출하여야 한다. • 사고대비물질을 취급하는 자는 위해관리계획서 내용을 성실히 이행하여야 한다. • 위해관리계획서의 내용을 지역사회에 고지하여야 한다.

7. 현행 〈생태계보전협력금〉 제도의 주요 내용을 서술하고, 발전 방향을 제시하시오. (25점)

a. 근거 : 자연환경보전법 제46조

b. 개념 : 환경부장관이 자연환경을 체계적으로 보전하고, 자연자산을 관리·활용하기 위하여 자연환경 또는 생태계에 미치는 영향이 현저하거나 감소 우려가 있는 경우 금전적으로 부과한다.

c. 부과 대상

• 전략환경영향평가(SEA) 대상계획 중 개발면적이 3만㎡ 이상인 사업계획

• 환경영향평가 대상사업(17개 분야)

- 소규모 환경영향평가 대상사업 중 사업면적 3만㎡ 이상인 사업

- 10만㎡ 이상의 노천탐사 및 채굴사업

d. 부과 기준

- 부과 기준 : 훼손면적(㎡), 훼손면적당 부과 금액, 지역계수

* 생태계보전협력금 = 훼손면적(㎡) × 단위면적당 부과금액(300원/㎡) × 지역계수

e. 부과상한액 : 50억 원

f. 발전 방향

- 반환금 지급 방식의 개선

- 반환 대상사업의 확대

- 지역계수에 대한 보완 : 동일한 용도지역이라도 도시지역과 농·어촌지역 차등 적용

- 부과 대상에 대한 추가 검토 등

8. 〈제2차 수도권 대기환경관리 기본계획(2015~2024)〉의 수립 배경, 관리지역 및 관리대상 오염물질, 대기질 개선 목표, 주요 추진 과제를 서술하시오. (25점)

a. 수립 근거 : 수도권 대기환경개선에 관한 특별법(제8조)

→ 이 법은 〈대기관리권역의 대기환경개선에 관한 특별법〉으로 바뀌었다.

b. 수립 배경 : 미세먼지 등 수도권 지역의 대기오염이 심각해지면서 이에 대한 특별법을 제정

c. 관리지역(대기관리권역)

- 수도권 전역(서울, 인천, 경기)

- 1차 대책에서 제외되었던 7개 시·군(포천시, 공주시, 안성시, 여주시, 연천군, 양평군, 가평군)을 대기 관리권역에 포함시킴

d. 관리대상오염물질

1차 계획	2차 계획
PM_{10}, NO_x, SO_x, VOCs	PM_{10}, $PM_{2.5}$, NO_x, SO_x, VOCs, O_3

e. 수도권 대기질의 개선 목표

구분	PM10($\mu g/m^3$)	PM2.5($\mu g/m^3$)	NO₂ (ppb)	O₃ (ppb)
서울	30	20	21	60
인천	36	20	20	60
경기	37	20	20	70

9. 멸종위기에 처한 야생동·식물종의 국제거래에 관한 협약(CITES)의 목적, 국제적 멸종위기종(CITES종) 및 국내 멸종위기종의 분류 기준을 비교 설명하시오. (25점)

CITES	목적	• 남획 및 국제교역을 통한 과도한 개발로부터 멸종위기 야생동·식물의 보호
	국제적 멸종위기종 (CITES종)	• 부속서 Ⅰ Ⅱ Ⅲ : 현재 멸종위기에 처해 있어 특별히 엄격한 규제를 요하는 야생 동·식물 • 부속서 Ⅱ : 현재 멸종위기에 처해 있지는 않으나 엄격한 규제를 요하는 야생 동·식물 • 부속서 Ⅲ : 개별 당사국이 자국 관할권 내의 야생동·식물 중 규제 대상으로 요청한 종
국내 멸종위기종	근거	• 야생생물보호 및 관리에 관한 법률
	국내 멸종위기종의 분류 기준	• 멸종위기 야생생물 Ⅰ급 : 자연적 또는 인위적 요인으로 개체수가 크게 줄어들어 멸종 위기에 처한 야생생물 • 멸종위기 야생생물 Ⅱ급 : 자연적 또는 인위적 요인으로 개체수가 크게 줄어들고, 현재 위협 요인이 있거나 가까운 장래에 멸종이 우려되는 야생생물

제2교시
국토환경계획

1. 국토환경계획에서 환경친화성 제고를 위한 어메니티 계획(Amenity plan) (필수문제, 9점)

a. Amenity의 개념

  : 인간의 생태적·문화적·역사적 가치를 지닌 환경을 고려할 때 느끼는 종합적인 삶의 쾌적함

b. Amenity 계획

 ① 사회적 측면 : 양질의 주거환경 조성, 매력 있는 삶의 터전 구축

 ② 문화적 측면 : 문화적 환경의 정체성, 역동성, 미래지행성을 제고

 ③ 경제적 측면 : 자원의 경제적 가치를 높이기 위한 계획을 수립

 ④ 환경적 측면 : 자연환경의 보전, 주변경관과의 조화, 녹지 및 공간(open space) 확충 등

2. 도시관리계획에 있어 환경용량을 증가시키기 위한 생태 및 수질의 고려사항 (8점)

1) 환경용량(Env, capacity)의 개념

  : 일정지역에서 환경오염, 환경훼손에 대하여 스스로 수용, 정화, 복원할 수 있는 능력, 한계

2) 생태, 수질의 고려사항

 a. 생태적 고려사항

 ① 환경친화적, 합리적 토지이용계획 수립

  • 보전축과 개발축이 상충되지 않는 계획 수립

  • 녹지축 주변으로 가능한 개발을 억제하고, 완충지대 혹은 저밀도 개발 유도

  • 녹지지역의 용도지역 변경 억제 등

 ② 인간과 자연의 공존

  • 도시 내 녹지 및 습지는 생물의 서식 기반으로써 계획, 수립

  • 녹지와 수변 공간을 중심으로 통합, 연계 계획 수립

 b. 수질 고려사항 : 물질순환체계 구축(LID기법 도입 등)

  • 우수유출량 최소화를 위해 저류지 조성

  • 우수저장탱크 설치

  • 녹지율 확보 및 투수성 재료의 도입 등

3. 훼손된 생태계를 회복하기 위한 복원력(resilience) 개념과 생태 복원의 유형 (8점)

a. 복원력(resilience)의 개념

• 이전의 상태나 위치로 되돌리는 능력

• 훼손되지 않거나 완전한 상태로 되돌리는 능력

b. 생태 복원의 유형(type)

유형	주요 내용
복원	• 훼손되기 이전의 상태로 되돌리는 것(가장 완벽한 생태 복원)
복구(회복)	• 원래보다는 못하지만, 원래의 자연 상태와 유사하게 회복시키는 것 • 현재 시행되는 대부분의 생태 복원이 복구에 가깝다
대체	• 다른 유사한 생태계로 대체하는 것 • 다양한 구조의 생태계 창출 가능
소극적 복원기법 (방치 등)	• 훼손된 생태계를 그대로 두는 것(방치) • 생태계의 자생력에 의해 서서히 원래대로 회복되도록 유도

4. 환경정책기본법에 명시된 기본 이념의 주요 내용 (8점)

생략(환경정책기본법 참조)

5. 〈제5차 환경보전 중기 종합계획(2013~2017)〉의 비전, 목표, 추진 전략을 제시하고, 이전 계획과의 차이점 및 변화를 분야별로 비교, 설명하시오. (필수문제, 25점)

생략

6. 도시지역 내 개발제한구역 해제 대상 선정을 위한 환경부의 검토기준 및 제척기준과 환경적 우수지역 보전을 위한 주요 고려사항을 설명하시오. (25점)

a. 개발제한구역 해제 대상지 선정 및 제척기준

① 해제 대상지 선정 기준

• 도시관리계획 입안일 기준으로 3년 내 착공 가능지역

• 기존 시가지, 공단, 항만 등과 인접하여 대규모 기반시설 소요가 적은 지역

- 식물상, 수질 등 보전가치가 낮은 지역
- 20만㎡ 이상 규모로서 정형화된 개발이 가능한 지역

② 해제 대상지 제척 기준

- 연담화 방지를 위해 보전이 필요한 지역
- 개발 과정에서 대규모 환경훼손을 수반하는 지역
- 수질 등 환경보전의 필요성이 큰 지역 및 용수 확보가 곤란한 지역
- 개발 시 인접 시·군과 갈등 초래 및 인접지역 쇠퇴 유발지역
- 지가급등 등 토지관리 실패 지역
- 개발 시 인접지의 재개발 곤란 및 교통·도시 문제 악화 유려 지역

b. 환경적 우수지역 보전을 위한 주요 고려사항

① 환경적 민감지역 제척 또는 보전

② 환경적 우수지역 보전관리 유도, 환경영향을 중점 검토하여 최소화 방안 마련

　※ 환경적 우수지역

- 멸종위기 야생생물(Ⅰ, Ⅱ급) 집단서식지, 주요 철새도래지
- 녹지자연도 7등급 이상이거나 급경사지역
- 산림지역 5~6부 능선 이상 지역 등

③ 인근 개발제한구역 존치지역에 미치는 환경영향 최소화

④ 훼손지 복구계획의 적정성

7. 기존 녹지자연도의 문제점 개선을 위한 〈자연환경조사 방법 및 등급 분류기준 등에 관한 규정(환경부훈령 제1161호)〉에 따른 식생보전등급의 평가항목 및 등급 분류기준을 서술하시오. (25점)

1) 평가항목

평가항목	주요 내용
분포의 희귀성(rarity)	분포 면적이 국지적으로 좁으면 높게, 전국적으로 분포하면 낮게 평가
식생복원잠재성(potentiality)	오랜 시간이 요구되면 높게, 짧은 시간에 형성되는 식물군락은 낮게 평가
구성식물종의 온전성 (integrity)	평가 대상이 되는 식물군락이 해당 입지에 잠재적으로 형성되는 구성식물종인가를 평가

평가 항목	주요 내용
식생구조의 온전성 (integrity)	평가대상이 되는 식물군락이 해당 입지에 전형적으로 발달하는 식생구조가 얼마나 원형에 가까운가를 가지고 판정
주요종 서식	멸종위기 야생생물(Ⅰ, Ⅱ급) 등 주요종의 서식 상태
식재림 흉고직경(DBH)	개체의 흉고직경(DBH)

2) 식생보전등급 분류기준

구분	등급 분류기준
Ⅰ등급	• 극상림 또는 그와 유사한 자연림(아고산대 침엽수림, 산지계곡림 등) • 자연성이 우수한 식생이나 특이식생 중 인위적 간섭의 영향을 거의 받지 않아 자연성이 우수한 식생(자연호소, 하천습지, 해안사구 등)
Ⅱ등급	• 자연식생이 교란된 후 2차 천이에 의해 다시 자연식생에 가까운 정도로 회복된 삼림식생 • 특이식생 중 인위적 간섭 영향을 약하게 받고 있는 식생
Ⅲ등급	• 자연식생이 교란된 후 2차 천이의 진행에 의해 회복단계에 들어섰거나 인위적 교란이 지속되고 있는 삼림식생 • 특이식생 중 인위적 간섭 영향을 약하게 받고 있는 식생
Ⅳ등급	• 인위적으로 조림된 식재림
Ⅴ등급	• 2차적으로 형성된 키 낮은 초원식생(골프장, 공원묘지, 목장 등) • 논·밭 등의 경작지 • 주거지 또는 시가지 등

8. 〈수변지역관리를 위한 친수구역 활용에 관한 특별법〉에 근거하여 수립된 수계영향권별 수질 및 생태보전계획을 서술하시오. (25점)

a. 친수구역활용에 관한 특별법
 • 국가 하천의 주변지역을 체계적·계획적으로 조성·이용
 • 난개발을 방지하고 지속가능한 발전을 도모하고자, 국가 하천의 하천구역 경계로부터 2㎞ 범위 내의 지역을 친수구역으로 지정, 합리적 공공복리를 위한 개발을 도모

b. 수질 및 생태계 보전 계획
 ① 친수구역 지정 제외지역 : 상수원보호구역, 수변구역, 생태·경관 보전지역, 생태자연도 1등급지역, 습지보호지역 및 습지주변관리지역 등은 원칙적으로 친수구역 지정에서 제외된다.

② 입지 선정 시 중점 검토사항

- 상수원, 하천수질 보전에 미치는 영향
- 동·식물의 서식환경 등 자연생태계에 미치는 영향 등

③ 물환경관리 방안 마련

- 친수구역 조성사업 시행 시 수질 및 수생태계 영향 최소화를 위한 대책 마련
- 친수구역 지정 시 오염총량관리 기본계획 변경에 필요한 사항을 병행 검토하여 총량 범위 내에서 가능한 지정을 우선적으로 추진

9. 환경생태계획 수립 대상사업과 자연환경요소 및 생태적 기능 작성내용에 대하여 서술하시오. (25점)

a. 대상사업

대상사업	규모
도시 개발사업	• 〈택지개발촉진법〉에 따른 택지개발사업 중 면적 200만㎡ 이상 • 보금자리 주택사업 중 100만㎡ 이상 • 도시개발사업 중 면적 100만㎡ 이상 • 기업도시개발사업 중 면적 200만㎡ 이상
산업단지 개발사업	• 면적 200만㎡ 이상
관광지 및 관광단지 개발사업	• 면적 200만㎡ 이상

b. 자연환경요소 및 생태적 기능 작성 내용

구분	주요 내용
자연환경 요소	토지환경 분야 : 토지이용, 토양, 지형·지질
	자연생태환경 분야 : 동·식물상, 녹지자연도, 생태자연도, 생태녹지축, 생태네트워크, 공원·녹지
	자연경관 분야 : 자연경관 요소, 조망점
	대기환경 분야 : 기상, 대기질, 악취, 바람통로
	수환경 분야 : 수질, 수리·수문, 해양환경
생태적 기능	공급 기능 : 음식, 먹이, 물, 연료, 섬유 등
	조절 기능 : 기후, 온도, 질병, 홍수 등 조절
	문화적 기능 : 생태탐방, 휴양, 종교, 예술 등
	지원 기능

제3교시
환경영향평가 실무

1. 전략환경영향평가 준비서와 환경영향평가 준비서에 포함되어야 할 사항 (필수문제, 9점)

전략환경영향평가 준비서	환경영향평가 준비서
→ 〈평가준비서〉에는 다음 사항이 포함되어야 한다	
전략환경영향평가 대상계획의 목적 및 개요	대상사업의 목적 및 개요
전략환경영향평가의 대상지역의 설정	대상 지역의 설정
토지이용 구상안(구체적 입지가 있는 경우)	토지이용 계획안
지역개황	지역개황
평가항목, 범위, 방법의 설정 방안	평가항목, 범위, 방법의 설정 방안

2. 환경영향평가법에 따른 공청회 개최 요건 및 진행 절차 (8점)

a. 공청회 개최 요건
- 공청회 개회가 필요하다고 의견을 제출한 주민이 30명 이상인 경우
- 공청회 개최가 필요하다고 의견을 제출한 주민이 5명 이상이고, 환경영향평가서 초안에 대한 의견을 제출한 주민 총수의 50% 이상인 경우
- 기타(관계전문가 및 주민의 의견을 폭넓게 수렴할 필요가 있다고 인정되는 경우)

b. 공청회 진행 절차
① 공고 : 공청회 개최 14일 전까지 일간신문, 지역신문에 각각 1회 이상 공고
② 공청회 진행
  : 공청회 주재자는 공청회의 원활한 진행을 위하여 의견진술시간 등 필요한 조치를 할 수 있다.
③ 공청회 개최 및 결과 통지
  : 공청회가 끝난 후 7일 이내 공청회 개최 결과를 관계 시장·군수·구청장에게 통지하여야 한다.

3. 〈자연환경조사방법 및 등급 분류기준 등에 관한 규정(환경부훈령 제 1161회)〉에 의한 지형보전 1등급의 분류기준 (8점)

① 절대적으로 보전해야 하는 대상지형 또는 보전대상지형 분포지역
② 8가지 지형보전등급 평가항목에 대한 표준점수가 90점 이상인 경우

③ 위 항에 해당하지 않으나 조사자가 지형의 특수성을 인정하여 '기타 항목'에 의해 Ⅱ등급을 상향조정하고 '기타의견'란에 상세한 의견을 기재한 경우

④ 〈야생생물 보호 및 관리에 관한 법률〉에 따른 멸종위기 야생생물 Ⅰ급과 Ⅱ급처럼 생태서식처 기능의 측면에서 단일 지형만으로도 절대적으로 보전되어야 할 가치가 있는 경우

⑤ Ⅰ등급 지형요소가 인접한 지역에서 집중적으로 분포할 경우 '특정지형' 지정과 정밀조사 건의를 검토

4. 환경영향평가 대상사업 중 관광단지 재발사업의 종류 및 범위 (8점)

종류	범위
〈관광진흥법〉에 따른 관광사업	면적 30만㎡ 이상
〈관광진흥법〉에 따른 관광지 및 관광단지 조성	면적 30만㎡ 이상
〈온천법〉에 따른 온천 개발사업	면적 30만㎡ 이상
〈자연공원법〉에 따른 공원사업	면적 10만㎡ 이상
〈국토의 계획 및 이용에 관한 법률〉에 따른 도시·군 계획사업	유원지에 설치되는 시설면적이 10만㎡ 이상
〈도시공원 및 녹지 등에 관한 법률〉에 따른 공원시설 설치사업	면적 10만㎡ 이상

5. 〈대체서식지 조성관리 환경영향평가 지침(환경부, 2013.01.01.)〉에 의한 대체서식지 조성의 고려사항 중 유형 분류, 목표종 선정, 대체서식지 구조와 기능, 현황조사 및 위치 선정에 대하여 서술하시오. (필수문제, 25점)

a. 유형 분류
• 신규 서식지의 창출
• 훼손된 서식지의 복원
• 기능이 저하된 서식지의 개선(향상)

b. 목표종 선정
• 대체서식지의 목표종은 원칙적으로 단일 생물종을 선정
• 목표종은 문헌, 현장조사, 지역주민, 전문가의 의견 수렴을 통해 선정

c. 대체서식지의 구조와 기능

- 개발사업으로 인하여 훼손된 서식지의 구조와 기능을 정확히 파악하여야 한다.
- 대체서식지 조성 시 고려해야 할 주요 기능 : 먹이 공급, 커버 자원, 번식, 월동기능 등

d. 현황 조사

- 현황조사에서는 개발사업 전후 서식하는 생물종 및 개체수 파악
- 개발사업 전후 서식지 총량변화 파악

e. 위치 선정

- 개발사업으로 훼손된 서식지와 동일한 유역이나 행정구역의 범위 내에 대체서식지 후보지 제시
- 목표생물종을 중심으로 한 대상지역 현지조사 및 서식 환경평가 결과를 토대로 대체서식지 후보지 선정
- 개발계획이나 토지이용 등 주변 여건을 감안, 현재 및 향후 개발 압력에서 자유로운 후보지를 선정
- 대체 서식지 조성 후보지에 대한 대안별 장·단점 비교·검토를 통해 적정한 입지를 선정

6. 〈개발사업 등에 대한 자연경관 심의지침(환경부 예규 제468호)〉에 의한 보호지역 주변 외 지역의 일반 기준 및 특별 기준을 서술하시오. (25점)

1) 일반 기준 : 다음의 3가지 요건에 해당하면 자연경관 영향심의 대상이다.

a. 다음의 개발사업

① 〈국토의 계획 및 이용에 관한 법률〉에 따른 관리지역, 농림지역 또는 자연환경보전지역 안에서의 개발사업

② 〈개발제한구역의 지정 및 관리에 관한 특별조치법〉에 따른 개발제한구역에서의 개발사업

③ 〈야생동·식물보호법〉에 따른 야생동·식물 특별보호구역에서의 개발사업

④ 〈산지관리법〉에 따른 공익용산지 및 공익용산지 외의 산지에서의 개발사업

⑤ 〈수도법〉에 따른 광역상수도가 설치된 호소의 경계면으로부터 상류 1㎞ 이내 지역에서의 개발사업

⑥ 〈하천법〉에 따른 하천구역에서의 개발사업

⑦ 소하천구역에서의 개발사업

b. 다음의 조건에 해당하는 개발사업

① 높이 15m 이상의 건축물이 입지하는 경우

② 높이 20m 이상의 전신주, 송신탑 또는 굴뚝 등 수직 구조물을 설치하는 경우

③ 길이 50m 이상의 교량을 설치하는 경우

④ 길이 2㎞ 이상의 도로나 철도 건설

c. 시행면적이 3만㎡ 이상인 개발사업

2) 특별 기준

• 송전선로의 경우 : 송전탑에 편입되는 토지면적들의 합이 3만㎡ 이상인 154㎸ 이상의 지상송전선로

• 지하자원 개발사업의 경우 : 〈산지관리법〉에 따른 공익용산지에서 면적 3만㎡ 이상 또는 공익용산지 외의 지역에서 면적 5만㎡ 이상인 경우

7. 〈생태·자연도 작성지침(환경부 예규 제547호)〉에 의한 생태·자연도 Ⅰ등급권역 작성기준의 식생, 멸종위기, 습지, 지형에 대하여 서술하시오. (25점)

구분		주요 내용
식생		• 식생보전등급 Ⅰ등급 지역 • 식생보전등급 Ⅱ등급 지역
멸종위기 야생동물	포유류	• 멸종위기 야생생물 Ⅰ급종이 식생 Ⅰ등급~Ⅳ등급 또는 임상 2영급 이상 지역에서 서식하는 경우 • 멸종위기 야생생물 Ⅱ급종이 식생 Ⅰ등급~Ⅲ등급, 또는 임상 3영급 이상 지역에 서식하는 경우
	조류	• 멸종위기 야생생물 Ⅰ급종이 식생 Ⅰ등급~Ⅳ등급 또는 임상 2영급 이상 지역에서 서식하는 경우 • 멸종위기 야생생물 Ⅱ급종이 식생 Ⅰ등급~Ⅲ등급, 또는 임상 3영급 이상 지역에 서식하는 경우
	양서·파충류	• 멸종위기 야생생물 Ⅰ급종이 식생보전등급 Ⅰ등급~Ⅳ등급 또는 임상 3영급 이상 지역에서 서식하는 경우 • 멸종위기 야생생물 Ⅱ급종이 식생 Ⅰ등급~Ⅳ등급, 또는 임상 3영급 이상 지역에 서식하는 경우
	곤충류 등	• 멸종위기 곤충류, 멸종위기 식물, 국제협약 보호지역 등
습지		• 멸종위기 야생동물이 2종 이상 번식하거나 생육장으로 중요한 자연습지 • 멸종위기 야생생물이 6종 이상 서식하고 있는 습지 • 최근 5년간 물새가 2만 마리 이상 매년 도래하면서 멸종위기 야생동물인 조류가 평균 4종 이상 도래하거나 최근 5년간 물새 1종의 개체수의 1% 이상이 매년 도래하는 습지 • 어류 20종 이상 서식하는 자연호소 등

구분	주요 내용
지형	• 지형 보전등급 Ⅰ등급인 지역 • 취락지는 제외

8. 사후환경조사계획수립을 위한 일반 사항과 환경영향조사 및 환경관리계획을 서술하시오. (25점)

   생략

9. 〈항만법〉에 의한 항만재개발사업 중 준설토투기장 건설을 위한 전략환경영향평가 시 평가항목 및 평가방법에 대하여 설명하시오. (25점)

a. 계획의 적정성

평가항목	평가방법
상위계획 및 관련 계획과의 연계성	항만기본계획, 연안통합관리계획, 공유수면매립 기본계획과의 연계성 분석
대안 설정·분석의 적정성	대안의 종류 및 선정 방법의 적정성

b. 입지의 타당성

평가 항목 및 범위		평가방법
자연환경의 보전	생물다양성, 서식지 보전	법정보호지역 포함 여부 보호야생생물의 서식공간 훼손 여부
	지형 및 생태축 보전	하구언·갯벌 및 습지 포함 여부 등
	주변 자연경관에 미치는 영향	자연환경자산, 위락·경관, 조망점 등
	수환경의 보전	수질, 수리·수문, 해양수질 등
생활환경의 안정성	환경기준 부합성	대기질, 토양, 소음·진동 등
	환경 기초시설의 적정성	주변 환경 기초시설 현황 분석
	자원, 에너지 순환 효율성	기상, 온실가스, 폐기물 처리계획 등
사회·경제 환경과의 조화	토지이용	효율적 토지이용 검토
	인구	통계자료 분석
	산업	어업 피해 영향예측 등

제4교시
환경영향평가제도

1. 〈환경영향평가법〉에서 규정하고 있는 환경영향평가사 등의 거짓·부실 작성 판단기준 (필수문제, 9점)

생략

2. 누적 영향평가의 필요성과 주요 내용 (8점)

a. 필요성
- 환경영향평가법 제4조의 규정에는 환경영향평가를 강조하고 있다.
- 평가대상사업과 관련하여 시간적·공간적으로 누적영향이 일어나며, 이에 대한 종합적 평가가 필요하다.

b. 주요 내용
- 시간적·공간적 평가 범위의 설정 : 스코핑단계에서 평가대상사업의 시간적·공간적 범위 설정
- 사업지역 인근개발 및 계획 조사 : 현재 또는 가까운·미래에 인근 지역의 개발행위를 파악
- 환경영향 예측, 분석 : 사업시행으로 인한 시간적·공간적 영향 분석과 함께 인근지역의 개발행위로 인한 영향의 누적 평가, 분석

3. 〈환경영향평가법〉에서 규정하고 있는 환경영향평가 대상사업의 공사 시 사업자의 사후환경관리 의무사항 (8점)

a. 관리책임자의 지정(법제35조)
- 사업자는 사업계획을 시행할 때, 협의 내용을 이행하여야 한다.
- 사업자는 협의 내용이 적정하게 이행되는지를 관리하기 위하여 관리책임자를 지정하여야 한다.

> *관리책임자의 업무 범위
> ① 협의내용이 사업계획에 적정하게 반영되었는지 확인
> ② 협의내용 이행 여부 확인 및 관리대장 비치, 관리
> ③ 협의내용 이행을 위한 환경오염저감시설의 적정설치 및 관리
> ④ 사후환경영향조사(조사항목 등)

b. 관리책임자 지정 통보
- 사업자는 관리책임자 지정내용을 환경부장관과 승인기관의 장에게 통보하여야 한다.

c. 협의내용의 이행

- 사업자는 사업계획 시행할 때 협의내용을 이행하여야 한다.
- 사업자는 협의내용을 적은 관리대장을 공사현장의 주된 사무실(공사현장이 둘 이상인 경우, 공사현장별 주된 사무실)에 갖추어 두어야 한다.

d. 사후환경영향조사

- 사업자는 공사 시(착공 후) 그 사업이 주변 환경에 미치는 영향을 조사하고, 그 결과를 환경부장관과 승인기관의 장에게 통보하여야 한다.
- 사업자는 사후환경영향조사 결과 주변 환경에 피해를 방지하기 위하여 조치가 필요한 경우에는 지체 없이 환경부장관과 승인기관의 장에게 통보하고 필요한 조치를 하여야 한다.

4. 환경영향평가법에서 규정한 재평가 실시의 경우와 재평가서 구성 방안 (8점)

a. 재평가 실시 경우

① 환경영향평가법

: 사업을 착공 후 환경영향평가 당시 예측하지 못한 사정이 발생하여 주변 환경에 중대한 영향을 미치는 경우로서, 사후 환경영향 조사 결과에 따른 조치나 조치 명령으로 환경보전 방안을 마련하기 곤란한 경우

② 환경영향평가서 등에 관한 협의업무 처리 규정 → 2가지의 경우

- 환경영향평가 협의 당시 예측하지 못한, 환경적으로 해로운 영향이 발생한 경우
- 지역주민의 중대한 건강상·재산상 피해 또는 생태계의 심각한 훼손 등 환경에 중대한 영향을 미친다고 인정되는 경우

b. 재평가서 구성 방안

① 재평가의 사유 및 목적

② 재평가 대사사업의 개요

③ 재평가 대상지역

④ 재평가 항목

⑤ 재평가 일정 및 수행방법

⑥ 재평가 수행 인력

5. 환경영향평가의 협의내용 관리 절차 및 협의내용 관리 책임자의 업무 범위를 서술하시오. (필수 문제, 25점)

a. 협의내용 관리 절차

① 관리대장의 비치(법제35조)

: 사업자는 협의 내용을 성실히 이행하기 위하여 공사현장 사무실에 관리대장을 비치하여야 한다.

② 관리책임자의 지정(법제35조)

: 사업자는 협의 내용의 적정관리를 위하여 협의내용 관리책임자를 지정하고, 지정내용을 환경부장관과 승인기관장에게 통보하여야 한다.

③ 사후환경영향조사(법제36조)

: 사업자는 해당 사업을 착공 후 사후환경 영향조사를 실시하고, 그 결과를 환경부장관과 승인기관의 장에게 통보하여야 한다.

b. 협의내용 관리 책임자의 업무 범위

① 협의내용이 사업계획에 적정하게 반영되었는지 확인

② 협의내용 이행 여부 확인 및 관리대장 기록, 보존에 관한 사항

③ 협의내용 이행을 위한 환경오염 저감시설의 적정 설치 및 관리에 관한 사항

④ 그 밖에 협의내용이 적정하게 이행되었는지를 관리하기 위하여 필요한 사항

6. 전략환경영향평가의 정책계획과 개발기본계획을 구분하여 주요 내용 및 평가 절차를 비교설명하시오. (25점)

a. 주요 내용 비교

구분	정책계획	개발기본계획
대상	8개 분야 16개 정책계획	17개 분야 78개 개발기본계획
성격	국토의 전 지역이나 일부 지역을 대상으로, 개발과 보전 등에 관한 기본 방향이나 지침의 성격	국토의 일부 지역을 대상으로 구체적인 개발계획의 성격
중점 검토내용	정책계획의 적정성 여부가 중점 검토 사항	입지의 타당성이 중점 검토 사항

구분	정책계획	개발기본계획
중점 검토내용	환경보전계획과의 부합성 • 국가환경정책 • 국제환경동향, 협약, 규범 등	자연환경의 보전 • 생물다양성, 서식지 보전 • 생태축 보전 • 자연환경자산 보호 등 • 수환경의 보전
	계획의 연계성, 일관성 • 상위계획 및 관련 계획과의 연계성 • 계획목표와 내용과의 일관성	생활환경의 안전성 • 환경기준의 달성 여부 • 환경기초시설의 적정성 • 자원·에너지순환의 효율성
	계획의 적정성, 지속성	사회·경제 환경과의 조화성 • 인구, 주거, 산업
	입지의 타당성은 구체적 입지가 있는 경우에 검토	개발기본계획의 적정성 검토

b. 평가 절차 → 개발기본계획은 주민의견수렴이 필요

정책계획	개발기본계획
평가준비서 작성 ↓ 환경영향평가협의회 심의 (평가항목, 범위 등 결정) ↓ 평가서 작성 ↓ 협의	평가준비서 작성 ↓ 환경영향평가협의회 심의 (평가항목, 범위 등 결정) ↓ 평가서 초안 작성 ↓ 주민의견수렴(주민설명회, 공청회) ↓ 평가서 작성 ↓ 협의

7. 환경영향평가 등 협의 이전 및 사후관리단계에서 운영되는 '환경영향갈등조정협의회'의 기능과 구성 운영에 대하여 서술하시오. (25점)

a. 환경영향갈등조정협의회의 기능

① 협의, 조정

• 환경적 쟁점사항에 대한 사업자의 환경영향평가 등 협의 및 사후관리 방향 제시

• 환경문제가 사회적 갈등으로 확대되지 않도록 쟁점해소 방안 및 갈등 예방대책 협의, 제시

② 민·관 합동현지조사단 구성, 운영 : 지역주민의견 청취

③ 환경갈등조정안, 권고안 마련

④ 그 밖에 환경갈등예방·조정에 필요한 사항

b. 협의회 구성

①. 구성·운영 주최 : 협의기관의 장(환경부 본부 및 유역, 지방환경청)

② 구성 요건, 구성 시기 : 협의기관장이 협의회 운영이 필요하다고 판단 시(10일 이내)

③ 위원 구성

• 위원장 포함 11인 내외로 구성

• 위원은 협의, 사후관리 소관 부서장, 승인기관 소관 부서장, 사업자 대표, 관계지자체 소관 부서장, 한국환경정책 평가연구원(연구위원급 이상), 지역주민, 전문가, 환경단체 등

④ 협의회 운영

• 협의회는 갈등 조정을 위해 필요한 경우 관계공무원, 이해관계자를 출석하게 하거나 관계 기관·단체에 대하여 자료 제출을 요구할 수 있다.

• 새로운 분야, 보다 세부적이고 전문적인 내용에 대하여 협의가 필요한 경우는 전문가(국립환경과학원, 한국환경정책, 평가연구원 등)를 협위회에 참석하도록 할 수있다.

⑤ 회의 결과 조치 : 위원장은 협의·의결 사항(조정안·권고안) 등 회의 결과를 빠른 시일 내에 사업자, 승인기관 등에 통보하여야 한다.

8. 〈환경영향평가 등의 대행비용 산정기준(환경부고시 제2014-86호)〉을 서술하시오. (25점)

a. 고시 목적 : 환경영향평가 등의 대행비용 산정기준은 환경영향평가 등을 대행할 때 필요한 비용의

산정기준을 정한 것이다.

b. 적용 범위 : 환경영향평가업 등록자에게 환경영향평가서 등의 작성을 대행하게 하였을 때 관련 비용 산정 시 적용한다.

c. 산정 방식

- 대행비용의 산정은 엔지니어링산업진흥법에 따른다. 엔지니어링 사업 대가의 기준 중 실비정액가 산방식을 적용한다.

- 직접인건비와 직접경비는 〈환경영향평가서 등 작성 등에 관한 규정〉에서 정한 평가 항목 및 평가 내용에 근거하여 산정한다.

d. 대행 비용의 산정

① 직접 인건비(환경영향평가서 등의 업무에 직접 종사하는 기술인력의 급료, 제수당, 상여금 등)

- 한국엔지니어링협회의 임금실태조사보고서의 노임단가 중 건설 및 기타 분야의 노임단가를 적용

② 직접 경비

- 평가항목별 조사비 : 관계법령에 고시된 비용이 있는 경우 그에 따라 적용, 없는 경우 실비 적용

- 출장비 : 사업자의 연비 기준을 적용, 사업자의 예비 규정이 없는 경우 '공무원 예비 규정' 적용

③ 제경비

- 직접인건비 및 직접경비에 포함되지 않은 비용

- 직접인건비의 110% 내지 120%를 적용

9. 개발기본계획 전략환경영향평가 시 평가항목인 '입지의 타당성'을 서술하시오. (25점)

생략

제5회

환경영향평가사 필기시험

기출문제 및 풀이

제1교시
환경정책

1. 용어 설명 (필수문제, 9점)

- 지속가능개발목표(SDGs, Sustainable Development Goals), 바이오브릿지이니셔티브(Bio-Bridge Initiative), 기후변화에 간한 정부 간 협의체(IPCC, Intergovernmental Panel on Climate Change)

  생략

2. 환경기준의 설정 목적과 지방자치단체의 역할 (8점)

  생략

3. 2016년 〈빈 용기보증금제도〉 개선의 배경과 개선 전·후의 차이점 (8점)

a. 〈빈 용기 보증금제도〉의 법적 근거

- 자원의 절약과 재활용 촉진에 관한 법률
- 보증금 제품에 사용된 용기의 회수·재사용을 촉진하기 위하여 제품가와는 별도로 가격에 포함시키는 금액

b. 〈빈 용기 보증금제도〉 개선의 배경

- 보증금과 취급수수료가 주류 제조사와 도매상 및 공병상 간에 불투명한 거래 문제 대두(직거래 문제)
- 소비자의 권리 회복 : 소비자 반환율 상승 및 보증금 회수 등

c. 제도 개선 전·후의 차이점

구분	개선 전	개선 후
보증금	소주 40원, 맥주 50원	소주 100원, 맥주 130원
재사용 표시 의무화	없음	의무화(표시)
신고보상제	없음	빈 용기 보증금 상담센터에 신고(과태료 300만 원 이하)
업무 담당	주류 제조사, 도매상, 공병상 간 직거래	한국순환자원유통지원센터

4. 〈환경오염피해 구제제도〉의 기대 효과 (8점)

a. 〈환경오염피해 구제제도〉의 의의

: 환경오염사고는 피해의 규모가 크고 광범위하기 때문에 사고를 일으킨 기업은 그 배상책임을 감당

하지 못하므로, 피해 배상을 받지 못하는 피해자를 구하기 위한 제도

b. 〈환경오염 피해배상책임 및 구제에 관한 법률〉 제정(2015년)

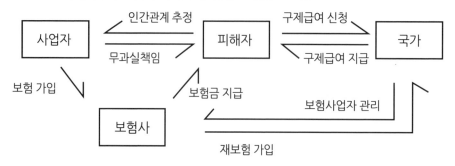

5. 〈환경오염시설의 통합관리에 관한 법률〉에 따른 사업자의 통합환경관리제도의 주요 내용을 허가 운영, 사후관리 측면에서 설명하고, 도입에 따른 기대 효과와 개선 방향에 대하여 논하시오. (필수문제, 25점)

1) 통합환경관리제도의 개념

 a. 허가통합

 : 현재 대기, 수질, 소음·진동 등 매체별로 분산된 10여 개의 허가를 하나로 통합(통합허가로 단일화)

 b. 최적가용기법(BAT) 적용

 • 배출시설과 방지시설의 설계, 운영관리에 관한 환경관리기법

 • 오염물질 배출을 줄이고, 기술적·경제적으로 적용 가능한 기법

2) 주요 내용

 a. 허가 측면

 • 대기, 수질, 폐기물, 소음·진동 등 환경오염 배출시설 설치 시 각 시설별로 받던 것을 하나로 통합

 b. 운영 측면

 ① 과학 기반 관리

 • 최적가용기법(BAT) 활용

 • 기술 발전, 제조업 경쟁력 강화

 ② 수용체 중심의 관리

 • 배출영향분석 등

 ③ 환경관리 최적화

- 오염물질 저감, 환경 안전사고 예방
- 자원, 에너지 이용 효율화

c. 사후 관리 측면
- 정기점검 실시 용이
- 기술 진단 및 지원

3) 기대 효과 및 개선 방향

a. 기대 효과
- 사업장 관리의 효율화
- 환경 관리의 선진화 및 신기술 발전

b. 개선 방향
- 제도적 유연성 확보 필요
- 허가권자와 운영자의 협력체계 구축 필요
- 허가 후 사후 모니터링 체계 필요 등

6. 2015년 12월 기후변화협약 21차 당사국 총회에서 타결된 신(新)기후체제합의문인 '파리협정(Paris Agreement)'의 주요 내용 중 장기 목표, 감축, 이행 점검의 측면에서 서술하시오. (25점)

생략

7. 화학물질 안전관리를 위하여 국가가 제공해야 할 서비스에 대하여 화학물질이 제조·생산 단계, 유통 단계, 사용 단계로 구분하여 설명하시오. (25점)

a. 화학물질관리법상 국가 및 지방자치단체 책무
- 국가 및 지방자치단체는 화학물질의 유해성·위해성으로부터 국민 건강과 환경상의 위해를 예방하기 위하여 필요한 시책을 수립, 시행하여야 한다.

b. 제조, 생산, 유통, 사용 단계별 서비스
① 제조·생산 단계
- 등록 대상 기존 화학물질 등록 지원
- 중소기업 등록지원

② 유통 단계

• 화학물질 통관 검사 대상 확대

• 제한물질 지정 확대(사용용도 제한) 등

③ 사용 단계

• 위해 우려 제품 지정 확대 및 안전·표시 기준 마련

• 사업장별 화학물질의 취급, 사용 현황 공개

• 대·중소기업 화학안전관리 공동체 구성, 운영 지원 등

8. 1995년 쓰레기종량제 도입 이후 , 20여 년 동안 폐기물 관리를 위한 정책 기조가 변모해 왔다. 이러한 변화 과정을 개략적으로 설명하고, 이를 폐기물관리의 주요 성과지표(1인당 1일 쓰레기 발생량, 재활용틀 등)와 연계하여 정책 일관성과 지속성 측면에서 논하시오. (25점)

a. 쓰레기종량제의 성과

• 1인당 쓰레기 발생량 감소 : 1.5kg/인·일 → 1.0kg/인·일

• 재활용쓰레기 증가 : 종이·플라스틱·캔 등 재활용쓰레기 분리배출 증가 (약30%)

b. 정책 변화

• 소각·매립 위주의 처리 중심에서 재활용을 높이고, 친환경 자원순환을 기조로 하는 정책 변화

• EPR(Extended Producer Responsibility)을 통한 포장쓰레기, 1회용품에 대한 재활용정책 활성화

• 음식물쓰레기 재활용 의무화 : 쓰레기종량제에서 제외되었던 음식물쓰레기 재활용 추가

• 폐기물 부담금제도 활성화

• 〈자원의 절약과 재활용 촉진에 관한 법률〉에 근거한 폐기물 부담제도 활성화

• 〈폐기물 처분 부담금제도〉 도입 : 〈자원순환기본법〉에 근거하여 폐기물을 소각·매립 처리 시 폐기물 처분 부담금을 부과하여 폐기물의 재활용을 촉진시킨다.

• 빈용기보증금제 활성화

9. 〈환경분쟁조정법〉에 따른 피해 인정 및 피해 배상 절차를 설명하고, 최근 결정 사례를 통하여 나타난 피해 인정 및 피해 배상의 특징적 변화에 대하여 논하시오. (25점)

생략

제2교시
국토환경계획

1. 〈국토의 계획 및 이용에 관한 법률〉에 따른 용도구역의 지정 취지 및 종류 (필수문제, 9점)

a. 용도구역 지정 취지

 : 시가지의 무질서한 확산 방지. 계획적이고 단계적 토지 이용을 도모하기 위함이다.

b. 용도구역의 종류

구분	주요 내용
개발 제한 구역	• 무질서한 도시 확산 방지, 도시 주변의 자연환경 보전 및 도시민의 건강한 환경 확보
도시 자연공원 구역	• 〈도시공원 및 녹지 등에 관한 법률〉 적용 • 도시·군 관리계획으로 결정, 도시민의 여가·휴식 공간 제공
시가화 조정 구역	• 국토교통부장관이 도시·군 관리계획으로 결정 • 일정기간 시가화 유보
수산자원 보호 구역	• 농림수산식품부장관이 도시·군 관리계획으로 결정 • 수산자원의 보호, 육성 목적
입지 규제 최소 구역	• 도시지역에서 복합적인 토지이용을 증진시켜 도시 정비를 촉진하고, 지역 거점을 육성할 필요가 있다고 인정되는 지역

2. 용어 설명 (8점)

– 생태 발자국(Ecological Footprint), 탄소 발자국(Carbon Footprint), 물 발자국(Water Footprint)

생태 발자국(Ecological Footprint)

• 인간이 지구상에서 살아가기 위해 필요한 의·식·주, 에너지·자원·폐기물 등 자원을 생산하고 소비하는 데 필요한 토지의 소요 면적을 말한다(단위 ha).

• 환경 용량의 중요성을 나타내는 지표이다.

탄소 발자국(Carbon Footprint)

• 사람이 살아가면서 상품을 생산, 유통, 사용, 폐기하는 전 과정에서 발생하는 온실가스인 이산화탄소(CO_2) 총배출량(단위 kg).

• 인간의 온실가스 배출지수이다.

물 발자국(Water Footprint)

- 사람이 살아가면서 제품의 생산, 유통, 사용, 폐기 전 과정에서 사용되는 물의 총량을 말한다(단위 ㎥).
- 인간의 물 이용지표를 말한다.

3. 그린인프라(Green Infrastructure)의 개념과 필요성 (8점)

a. 그린인프라의 개념

- 공원, 녹지 등 자연 생태적 요소를 뜻하는 그린(Green)과 생활 기반시설의 구조물을 뜻하는 인프라(Infra)의 합성어
- 자연·생태적 요소 + 인간 삶의 영위 공간

b. 그린인프라의 필요성

① 환경적 측면 : 탄소 저감, 대기질 향상, 홍수 예방, 레크리에이션 공간 제공 등
② 경제적 측면 : 기반시설 건설비용 감소, 에너지 소비저감, 토지이용 가치 증진
③ 사회적 측면 : 보행자 및 자전거 통로, 도시열섬 완화 등

4. 〈도시 공원 및 녹지 등에 관한 법률〉에 따른 녹지의 종류와 정의 (8점)

a. 녹지의 정의

- 도시지역에서 자연환경을 보전·개선하고, 도시경관 향상을 도모한다.
- 녹지는 도시·군 관리계획으로 결정한다.

b. 녹지의 종류

① 완충 녹지 : 대기오염, 소음·진동, 악취, 재해 예방 목적으로 설치하는 녹지
② 경관 녹지 : 도시의 자연환경을 보전·개선하고, 도시경관 향상을 목적으로 설치하는 녹지
③ 연결 녹지 : 도시 내의 공원, 하천, 산지 등을 유기적으로 연결하는 선형(線型) 녹지

5. 국토환경성평가와 토지적성평가의 개념과 차이점에 대해 비교, 설명하시오. (필수문제, 25점)

구분	국토환경성평가	토지적성평가
법적 근거	환경정책기본법	국토의 계획 및 이용에 관한 법률
시행 주최	환경부장관	특별시장, 광역시장, 특별자치시장, 특별자치도지사, 시장·군수
대상	전 국토	관리지역 및 도시관리계획 입안지역
목적, 정의, 주요 내용	국토의 환경적 가치를 종합적으로 평가	토지의 친환경, 지속가능 개발을 목적으로 토지의 개발, 보전 적성을 평가
평가 지표	법적 지표, 환경·생태적 지표	개발 적성과 보전 적성에 따라 필수지표와 선택지표군으로 구분
평가 단위	10m 격자 단위	필지 단위 여건에 따라 격자(100m×100m) 단위
적용	환경영향평가, 도기계획 수립 시 활용	도시·군 관리계획 입안 시 기초 자료로 활용
등급 구분	5등급(1~5)	5등급(가~마)

6. 〈제4차 국가환경종합계획(2016~2035)〉의 비전, 목표, 전략 및 핵심전략별 주요 과제를 기술하시오. (25점)

생략

7. 백두대간 및 정맥에 입지하는 개발계획 및 개발사업 추진 시 환경평가 방안을 제시하시오. (25점)

a. 개념
• 백두대간
 : 백두산에서 시작하여 금강산, 설악산, 태백산, 소백산을 거쳐 지리산으로 이어지는 큰 산줄기
• 정맥 : 백두대간에서 분기하여 주요 하천 수계를 이루는 산줄기
b. 환경영향평가 방안
• 백두대간, 정맥의 자연성 및 연결 특성을 유지하고 정상부 보호에 역점
• 백두대간, 정맥의 능선축 중심으로부터의 거리에 따라 환경평가 내용 차별화 적용
 ① 핵심구역과 완충구역으로 구분 적용
 • 핵심구역은 백두대간의 능선을 중심으로 일정한 구역을 특별히 보호하고자 하는 지역이며, 완충구

역은 핵심구역의 연접지역으로써 핵심구역의 보호상 필요한 지역이다.

- 핵심구역 및 완충구역은 관련 법령에서 허용하는 행위에 한해, 원형을 최대한 유지·보전할 수 있도록 개발을 유도한다.
- 핵심구역은 가급적 보전되어져야 할 것이다.

② 평가등급별로 지형 변형 규모의 차등화 적용

- 불가피한 사업으로 평가등급지역에 지형 변형이 일어날 경우, 평가등급별로 지형 변형 규모 차등화 적용
- 평가등급별 지형 변형 규모

구분	평가 등급	지형 변형 규모
백두대간	핵심구역	절토고 / 절토사면고 : 1m/3m 성토고 / 성토사면고 : 1m/3m
	완충구역	절토고 / 절토사면고 : 2m/5m 성토고 / 성토사면고 : 2m/5m
정맥	핵심 구	절토고 / 절토사면고 : 2m/5m 성토고 / 성토사면고 : 2m/5m
	완충구역	절토고 / 절토사면고 : 4m/8m 성토고 / 성토사면고 : 4m/8m

8. 다양한 개발사업에 따른 환경 갈등을 해소하기 위한 환경 거버넌스에 대하여 논하시오. (25점)

a. 환경 갈등 발생 원인

① 행정적 : 의사결정 과정의 주민참여 기회 부족, 행정 절차상의 문제, 사전 협의·조정기구의 미흡

② 경제적 : 비용과 편익의 불균형 및 보상제도의 부재

③ 환경적 : 언론에 의한 환경문제의 사회적 증폭, 환경 위해에 대한 막연한 불안감, 정책 불신 등

④ 인지적 : 환경 위해에 대한 막연한 거부감, 불안감, 환경 보전과 개발에 대한 가치 갈등의 대립 등

b. 환경 갈등의 유형

① 환경 갈등의 원인에 따른 유형

- 이해관계 갈등, 가치관 갈등, 사실관계 갈등, 구조적 갈등 등

② 갈등 당사자 주체에 따른 유형

- 개인과 집단, 정부와 집단, 정부부처 간 갈등 등

③ 업무 내용별 유형

- 지방 행·재정 분야, 지역 개발 분야

④ 환경오염 매체에 따른 유형

- 수질, 대기, 폐기물, 소음·진동, 자연생태 등

c. 환경 갈등 해소를 위한 환경거버넌스 구축 방안

① 거버넌스의 제도적 측면

- 법률적 근거 마련 : 복합센터(정부, 기업, 시민) 운영
- 인사제도 구축 : 사무국 운영 인력 확보(공무원, 민간 등)
- 예산제도 구축 : 정부예산지원 방안

② 구조로써 환경거버넌스 구축 방안

- 정부, 기업, 시민의 수평적 네트워크 구축
- 민간 참여 활성화 및 지방 거버넌스 강화

③ 과정으로써 환경 거버넌스 구축 방안

- 정부, 기업, 시민의 협력적 의사결정과 상호신뢰 구축
- 지방자치단체의 적극적인 관심과 지방의회 역할 재정립
- 지역 주민들의 관심과 참여 확대 등

9. 습지 총량제의 개념, 필요성 및 환경영향평가에서의 활동 방안에 관하여 논하시오. (25점)

a. 습지총량제의 개념

: 습지를 개발하려는 자가 개발로 인하여 상실되는 습지면적 이상의 습지를 조성하여 습지의 총량을 보전하는 제도

b. 습지총량제의 필요성

① 습지의 기능

- 서식환경 제공(생태계와 생물다양성 증진)
- 수리·수문학적 기능(홍수 조절, 수원 함양)
- 기후 조절 기능(온도, 습도, 이산화탄소 조절 등)
- 수질 정화 기능(미생물에 의한 오·폐수 처리)

- 경관적 가치

② 습지총량제의 필요성

- 원인자부담원칙에 따른 습지총량보전

- 개발사업으로 인한 무분별한 습지 훼손·축소 방지

- 전문가를 통한 습지 훼손면적 및 창출면적 산정

c. 환경영향평가에서의 활용 방안

① 제도적 방안

- 환경영향평가법 및 환경영향평가 관련 규정 제·개정

- 환경영향평가 항목에 포함 : 자연환경자산 항목에 습지 총량 포함

- 습지 총량 협의

② 기술적 방안

- 습지 현황 파악(전국 습지 정밀조사 등)

- 습지 복원, 기술 개발 및 전문가 양성

- 습지 복원, 대체 습지 조성 후 모니터링 실시

- 습지 지리정보시스템 구축 등

③ 구체적 방안

- 습지 총량 예산 확보

- 습지 은행 제도, 대체 납부금 제도 도입

- 습지 총량제 교육, 홍보

제3교시
환경영향평가 실무

1. 전략환경영향평가 또는 환경영향평가 준비서의 평가항목 선정을 위한 행렬식 대조표 작성 방법 (필수문제, 9점)

a. 환경영향 요소 추출

: 공사 중, 운영 시 대기환경, 수환경, 토지환경, 자연생태환경, 생활환경, 사회·경제환경에 미칠 것으로 예상되는 환경영향 요소를 추출한다.

b. 환경영향 요소와 평가항목 간 행렬식 대조표 작성

• 환경영향 요소와 평가항목 간, 공사 시·운영 시 상호관계를 행렬식 대조표로 작성

• 영향 또는 관련성의 크기를 보호 또는 숫자로 표기

평가항목	환경영향요소	공사단계			운영단계	
		공사차량	부지조성	자연지형변화	지역 간 연결	지역 발전
대기환경	기상					
	대기질	△	△	△		
	온실가스					
수환경	수질	△	△	△		
	수리·수문				◎	◎
토지환경	토지이용				◎	◎
	토양					
	지형·지질					
자연생태환경	동·식물상	△	△	△		
	자연환경자산	△	△	△		
생활환경	친환경자원순환					
	소음·진동					
사회·경제환경	인구, 주거					
	산업					

◎ 개발되면 좋은 영향 ○ 비교적 긍정 영향 △ 악영향 ▲ 심한 악영향

2. 자연경관심의서 작성 과정의 조망점 선정 방법 (8점)

a. 조망점의 의의

- 주요 자연경관 자원을 조망하는 조망점은 자연경관 관리의 핵심 요소
- 거리별 고려, 진입부 및 이용량 고려, 가시권 분석, 조망점을 선정
  → 최소 3개 이상의 조망점을 선정하여야 한다.

b 조망점 선정기준

구분		조망점 선정 거리
근경	점, 면적 사업	사업 대상지를 중심으로 반경 500m
	선적 사업	하천·도로 중심에서 500m
중경	점, 면적 개발 사업	사업 대상지로부터 1km
	선적 개발 사업	하천·도로 중심에서 반경 1km
원경	점, 면적 개발 사업	사업 대상지로부터 반경 2km
	선적 개발 사업	하천·도로 중심에서 반경 2km

c. 조망점 선정 절차 → 예비 조망점을 선정하고, 가시권 분석을 거쳐 최종 조망점을 선정한다.

예비조망점 선정 ⇨ 가시권 분석 ⇨ 최종 조망점 선정 ⇨ 확인, 점검

3. 일조장해 분석의 필요성, 분석 방법 및 장해 판단 기준 (8점)

a. 필요성
- 건축법 및 지방자치단체 조례(예, 서울시) 등에 일조권 규정
- 국민의 쾌적한 삶의 질 확보 차원에서 일조권 필요(보건 위생, 실내 쾌적성 등)
- 경제적 손실 예방 : 과수의 결실 장애 예방, 난방·조명에 의한 전력 사용량 감소 등

b. 분석 방법
- 이론식, 일영 차트, 모형실험 및 전문프로그램(Sunlight)을 사용하여 예측
- 건물 높이에 따른 동지일, 진태양시의 태양고도각에 의한 일영시간도 작성

c. 장해 판단 기준
- 일조권고치에 따라 동지일 기준으로 판단
- 오전 9시부터 오후 3시 사이 연속 2시간 이상 일조시간 확보 여부 검토
- 오전 8시부터 오후 4시 사이 총 4시간 이상 일조시간 확보 여부 검토

4. 도로건설에 따른 생태 통로 설계 시 양서·파충류를 위한 고려사항 (8점)

→ 양서·파충류를 위한 생태 통로 설계 시 생태적 특성과 도로 폭·형태 등을 고려하여야 한다.

a. 생태적 특성을 고려한 위치 선정

- 목표종의 생활사, 행동권 등을 고려하여야 한다(서식지, 산란지, 은신처 등 고려).
- 집단 산란지의 왕래가 단절된 곳, 로드 킬로 피해 우려가 있는지 여부 등

b. 도로 폭

- 왕복 2차선 도로에서 너비 50㎝ 이상, 왕복 4차선 도로의 경우 1m 이상

*도로 폭이 넓을수록 넓게 설계한다.

c. 형태

- 가급적 사각형 통로로 조성한다.
- 통로의 너비가 2m 이상의 경우 통로 진입부와 내부에 그루터기와 돌무더기 배치
- 물이 고이지 않도록 배수 문제를 고려한다.

5. 개발사업에 적용되는 저영향개발(Low Impact Development) 기법 중 5개를 선정하고, 기법별로 시설 설치가 가능한 지역에 대하여 설명하시오. (필수문제, 25점)

① 저류형 시설 ②인공습지 ③ 투수성 포장 ④ 침투저류지 ⑤ 수목여과박스(침투화분) 등이 있다.

* 세부내용 생략

6. 고속도로 건설공사의 환경영향평가를 수행할 때 도로 운영 시 운행 차량으로 인하여 발생할 수 있는 소음을 예측하고, 저감하기 위한 소음 예측식(국내에서 통용되는 모델을 중심으로)의 개요 및 특징, 적용 사례를 설명하시오. (25점)

구분	주요 모델			
	HW-NOISE	KHIN	국립환경과학원 모델	3D 모델
주요 특징, 개요	• 고속도로 소음도 예측 모델로 적합 • 교통소음 분석 자료를 통해 개발된 모델	• 한국도로공사의 음향파워식을 기초한 교통소음 예측 프로그램	• 소음영향인자의 상관성을 분석하려 도로교통 소음 예측모델로 개발	• 교통소음 및 방음시설의 효과 분석 예측에 적합한 모델

구분	주요 모델			
	HW-NOISE	KHIN	국립환경과학원 모델	3D 모델
장·단점	• 국내 적용 실적이 매우 많다(장점) • 소형·대형 차량 구분 시 국내 차종 적용 가능 • 도로 표면의 재질은 콘크리트의 경우 적용 가능(단점) • 방음시설 연장 산정을 위한 관측각 미고려(단점)	• 소음 전달 시 확산 감쇠, 공기 흡음, 회절 감쇠 고려 가능(장점) • 국내 차종 분류 방법 적용 가능(장점) • 국내 환경영향평가 적용 사례 실적이 없다(단점)	• 거리 감쇠 및 방음시설에 의한 회절 감쇠 고려 가능(장점) • 도로 조건 등 다양한 변수 고려 미흡하고, 국내 적용 실적이 적다(단점)	• 이론식, 경험식으로 예측한 소음도를 GIS와 연계하여 시각적으로 분석 가능 • 소음도 분포 및 방음시설의 효과를 판독하기가 용이 • 예측방법이 복잡하고, 분석에 소요시간이 길다(단점)

7. 폐기물 처리시설 입지 선정 시 수행하는 전략환경영향평가에서 중요 검토 항목 및 고려사항에 대하여 계획의 적정성과 입지의 타당성 측면에서 설명하시오. (25점)

a. 전략환경영향평가 대상 폐기물 처리시설
- 폐기물 매립시설 : 매립량 300톤/일 이상으로써 조성면적 15만㎡ 이상
- 폐기물 소각시설 : 소각처리능력 50톤/일 이상

b. 입지 선정 시 주요 검토 내용
- 처리 대상 폐기물의 종류, 발생량
- 대상 지역, 폐기물처리시설의 종류와 규모
- 입지 선정 기준 및 방법

c. 계획의 적정성과 입지의 타당성 측면에서 고려 사항

구분	계획 적정성 측면	입지의 타당성 측면

처리대상 폐기물 종류 및 발생량	• 처리대상 폐기물 종류별 처리방법의 적정성
	• 처리 규모의 적정성(발생량 대비)
	• 환경기준의 부합성 (환경기준 유지의 가능성)
		• 처리대상 폐기물의 종류 및 발생량에 따른 환경영향 분석
		  - 자연생태 환경영향
		  - 대기환경, 수환경
		  - 생활환경 및 사회·경제 환경 영향 등

구분	계획 적정성 측면	입지의 타당성 측면
입지 선정과 방법	• 처리 대상 폐기물의 종류 및 발생량에 따른 입지 선정의 적정성 등 검토	• 처리대상폐기물의 종류 및 발생량에 따른 입지의 타당성 검토 −자연생태환경영향 　(동·식물상, 자연환경자산) −대기환경, 수환경 −생활환경(친환경자원순환, 소음·진동) −사회·경제 환경(인구·주거·산업)

8. 신도시개발사업에서 바람길 조성방법 및 조성 효과에 대하여 설명하시오. (25점)

→ 신도시개발사업에서 바람길 조성은 대기질 개선, 도시열섬 완화, 에너지 절감 등의 효과를 이루어 지속가능한 신도시 조성에 기여할 것이다.

a. 바람길 조성방법

① 바람통로 선정

• 풍향·풍속, 대기안정도, 도시열수지 등 고려

• 광역 바람장, 국지 바람장, 산곡풍, ㅁ사면풍 등 바람 패턴 고려

② 구조물의 배열 및 형태 선정

• 바람의 생성과 풍향·풍속 고려

• 건축물의 방향, 높이, 배치 등 고려

③ 녹지 확보

• 핵·거점·점 및 그린 네트워크 조성

④ 도로 및 가로수 확보

• 도로변에 가로수 등 녹지 조성

⑤ 수계를 이용한 바람길 확보

• Blue network 조성

• 하천, 호소, 실개천 등 연결

b. 바람길 조성 효과

① 환경적 효과

- 대기환경개선, 도시열섬 완화, 열대야현상 귀감, 기후변화 대응, 악취저감 등

② 경제적 효과

- 에너지 절약, 대기오염 저감응 통한 경제적 효과

③ 심리적 효과

- 도시의 쾌적성, 환경성 제고로 심리적 2차 효과 기대

9. 국가 하천에 보설치와 체육공원 등 친수공간을 조성하는 개발사업에 대한 환경영향평가를 할 때, 수질, 동·식물상, 기상 항목에 대한 현황조사, 예측평가 및 저감 방안에 대하여 논하시오. (25점)

구분			주요 내용
수질	현황조사	조사항목	• 하천, 호소, 지하수 수질 • 수자원 이용 현황 • 오염원, 처리시설 현황
		조사범위	• 공간적 범위 : 보설치와 체육공원 조성으로 인해 영향을 미치는 지역 • 시간적 범위 : 오염도 변화를 충분히 파악할 수 있는 시간
		조사방법	• 수질현황조사는 기존 자료와 현지 조사 병행 • 측정방법은 수질오염 공정시험방법을 따른다
	영향예측	조사항목	• 현황조사 항목과 동일
		조사범위	• 공간적 범위 : 현황조사와 동일 • 시간적 범위 : 공사 시와 운영 시로 구분하여 영향을 미치는 시간대
		영향예측	• 예측 모델과 유사 사례를 참고하여 분석
	저감방안		• 평가결과를 토대로 저감시설 설치, LID기법 도입 등 검토 • 사후환경영향조사도 검토
동·식물상	현황조사	조사항목	• 식물상 • 육수생물상(어류, 저서성무척추동물, 플랑크톤 및 부착조류)
		조사범위	• 공간적 범위 : 보설치로 영향을 미치는 범위 • 시간적 범위 : 동·식물의 속성을 파악할 수 있는 시간
		조사방법	• 현지 조사, 문헌 조사, 탐문 조사
	영향예측	조사항목	• 육수생물상을 중심으로 분석
		조사범위	• 공간적 범위 : 보설치로 영향을 미치는 지역 • 시간적 범위 : 공사 시와 운영 시로 구분
		예측, 평가	• 유사 사례를 참고, 정성적·정량적으로 분석

구분			주요 내용
	저감방안		• 보호해야 할 어류, 육수 생물에 대한 여도 설치 등 검토
기상	현황조사	조사항목	• 강수량, 일사량, 적설량, 기온, 습도 등
		조사범위	• 공간적 범위 : 보설치로 영향 미치는 지역 • 시간적 범위 : 조사 항목 설치가 가능한 시간
		조사방법	• 기존 자료를 바탕으로 현지 조사 병행
	영향예측		• 문헌조사와 유사 사례를 바탕으로 평가, 예측
	저감방안		• 평가결과를 토대로 저감방안을 수립

제4교시
환경영향평가제도

1. 지역 주민 외 관계 전문가의 의견수렴을 거쳐 전략환경영향평가를 시행해야 하는 생태적으로 중요한 지역 (필수문제, 9점)

→ 관계 전문가 등의 의견 수렴이 필요한 지역은 4개(시행령 제17조)
① 자연환경보전지역 ② 자연공원지역 ③ 습지보호지역 및 습지주변관리지역 ④ 특별대책지역
*세부 내용 생략

2. 특수한 개발사업으로서 해양수산부장관의 의견을 들어야 하는 환경영향평가 대상사업 (8점)

→ 해양수산부장관의 의견을 들어야 하는 환경영향평가 대상사업은 4개(시행령 49조)
 ① 항만의 건설사업
 ② 해안매립 및 간척사업
 ③ 연안유역이 포함되는 사업
 ④ 기타 해양환경에 중대한 영향을 미친다고 환경부장관이 인정하는 사업
 *세부 내용 생략

3. 환경영향평가 재협의와 변경 협의의 개념 (8점)

• 당초 협의기관의 장과 협의한 내용의 변경이 생긴 경우, 변경 정도에 따라 재협의 또는 변경 협의 절차를 거쳐야 한다.
• 변경 정도가 큰 경우 재협의, 경미한 변경의 경우 변경 협의를 받아야 한다.

재협의	변경 협의
• 사업계획 확정 후 5년 이내 사업을 착공하지 아니한 경우 • 대상사업의 면적, 길이 등 사업 규모가 30% 이상 증가한 경우 • 원형대로 보전하거나 제외하도록 한 지역을 최소환경영향평가 대상 규모의 30% 이상 증가시킨 경우 • 공사가 7년 이상 중단된 후 재개되는 경우	• 협의 기준을 변경하는 경우 • 협의된 시설 규모의 10% 이상 증가되는 경우 • 협의된 사업 규모의 증가가 소규모 환경영향평가 대상사업에 해당하는 경우 • 원형대로 보전하거나 제외하도록 한 지역의 5%를 초과하여 토지이용계획을 변경하거나 해당 지역 중 변경되는 면적이 1만㎡ 이상인 경우

4. 환경영향평가 등에 관한 특례의 종류 및 내용 (8점)

→ 환경영향평가의 특례는 2가지

① 개발기본계획과 사업계획의 통합 수립 시 전략환경영향평가와 환경영향평가 중 하나만 실시할 수 있다.(법제 50조)

② 환경에 미치는 영향이 적은 사업 중 일부는 약식 절차에 의해 환경영향평가를 실시할 수 있다. (법 지51조)

*세부 내용 생략

5. 전략환경영향평가(SEA, Strategic Enviroment Assessment)제도의 국내 도입 배경 및 과정, 의의를 서술하고, 현재 시행되고 있는 동 제도의 발전 방안에 대하여 논하시오. (필수문제, 25점)

생략

6. 2015년에 개정된 사후환경영향조사의 개념과 변경 내용을 서술하고, 향후 발전 방향에 대하여 논하시오. (25점)

a. 사후 환경영향조사의 의의

• 환경 피해 방지 : 해당 사업의 건설, 운영 과정에서 일어나는 환경 피해를 막고, 지속적으로 환경 관리를 하기 위함이다(법 제36조).

• 협의 내용 이행 관리 : 환경영향평가 협의 내용의 이행 여부를 지속적으로 모니터링하기 위함이다.

b. 2015년 사후 환경영향조사 관련 변경 내용

① 사후 환경영향조사 결과에 대한 관리 강화

• 환경부장관으로 하여금 사후 환경영향 조사 결과 및 조치 내용을 검토하도록 함

• 검토 전문기관 지정

: 국립환경과학원, 생물자원관, 한국환경정책 평가연구원, 한국환경공단, 국립생태원

② 제출 시기 개선 : 조사 기간이 만료된 후 60일 이내

③ 조사 주기의 탄력적 조정 : 조사 주기는 사업의 특성, 주변 환경 등을 고려, 탄력적으로 조정할 수 있으며, 변경 협의를 통해 조사기준을 완화할 수 있다.

c. 발전 방향

생략

7. 환경영향평가서 초안에 대한 주민의견 수렴과정에서 개최하는 설명회와 공청회에 대하여 설명하고, 조안 공고, 공람 과정 시행의 의의를 논하시오. (25점)

a. 설명회, 공청회

• 주민의견 수렴의 효율성, 실효성을 높이기 위해 설명회, 공청회를 개최

* 세부 내용 생략

b. 초안 공고, 공람

① 환경영향평가의 주민의견 수렴의 첫 번째 단계가 초안 공고, 공람

• 공고는 일간신문, 지역신문을 통하여 시행하며(10일 이내에 각각 1회 이상)

• 공람은 20일 이상 60일 이내의 범위에서 환경영향평가 대상 지역의 주민을 대상으로 실시

② 공고, 공람은 환경영향평가서 초안에 대하여 지역 주민에게 일방적으로 알리는 절차

c. 설명회·공청회와 공고·공람과의 관계

설명회 / 공청회	공고 / 공람
• 주민 대표, 전문가 중심의 입체적인 평가, 분석 • 사업자와 지역민 간의 상호 소통, 의사 전달 기능 • 공고·공람의 주민의견 수렴 절차 보완 수단	• 다중을 대상으로 한 일방적인 의사 전달

8. 환경영향평가 협의 종료 이전의 사전 공사와 관련된 규정 및 위반사항에 대하여 승인기관장, 환경부 장관이 취할 수 있는 조치와 사전공사 관련된 예외적 사항을 설명하시오. (25점)

a. 사전 공사 관련 규정(법 제34조)

① 환경영향평가

• 사업자는 협의, 재협의 또는 변경 협의의 절차가 끝나기 전에 환경영향평가 대상사업의 공사를 하여서는 안 된다.

• 승인기관의 장은 협의, 재협의 또는 변경 협의 절차가 끝나기 전에 사업계획 등을 승인해서는 안

된다.

② 소규모 환경영향평가(법 제47조)

· 사업자는 협의 절차가 끝나기 전에 공사를 착공하여서는 안 된다.

· 승인기관장은 소규모 환경영향평가의 협의 절차가 끝나기 전 사업 승인을 하여서는 안 된다.

b. 위반 시 조치

① 승인기관의 장

 : 승인기관의 장은 사업자가 협의 완료 전 공사를 시행했을 때는 공사 중지를 명해야 한다.

② 환경부장관

 : 환경부장관은 협의 완료 전 공사를 시행하였을 경우 사업자에게 공사 중지를 명하거나, 승인기관

  장에게 공사 중지 등 필요한 조치를 취하도록 한다.

c. 사전공사 예외적 사항

 : 환경부령으로 정하는 경미한 공사는 예외로 한다.

① 착공 준비를 위한 공사

  → 안전 펜스, 현장사무소 및 그 부대시설을 설치하기 위한 공사

② 문화재 발굴 조사

③ 해당 사업의 성토(盛土)를 위해 사업장 부지 내에 토사적치장을 설치하는 공사

④ 〈재난 및 안전관리기본법〉에 따른 안전관리공사

9. 현행 환경영향평가제도의 근간을 마련한 〈환경영향평가법(2011. 7. 21 전부 개정, 2012. 7. 22 시행)〉의 개정 사유 및 주요 개정 내용에 대하여 기술하시오. (25점)

a. 개정 사유

· 환경정책기본법과 환경영향평가법으로 2원화된 환경영향평가제도와 사전환경성검토제도의 일원화

· 환경영향평가제도의 체계성 및 효율성을 제고

b. 주요 개정 내용

구분	기존	개정
법률 명칭	· 환경정책기본법 · 환경영향평가법	→ 환경영향평가법

구분	기존	개정
주요 개정 내용	• 2원화 ① 환경영향평가(17개 분야 78개 사업) ② 사전환경성검토 - 행정계획(17개 분야 93개 계획) - 개발사업(21개 보전계획)	→	• 전략환경영향평가 • 환경영향평가 • 소규모 환경영향평가
	• 환경성검토협의회, 환경영향평가계획서 심의위원회 등	→ 환경영향평가 협의회로 통합
	• 환경영향평가사(없음)	→ 환경영향평가사(신설)

제6회

환경영향평가사 필기시험

기출문제 및 풀이

제1교시
환경정책

1. 용어 설명 (필수문제, 9점)

- 최적가용기법(BAT, Best Available Technique), 연안오염총량제, 전과정평가(LCA, Life Cycle Assessment)

최적가용기법(BAT : Best Available Technique)

- 원료 투입에서 오염물질 배출까지 전 과정에서 기술적으로, 경제적으로 우수한 환경관리 기법

  * BAT기술의 특정(고려사항)

  ① 현장적용가능성

  ② 오염물질 발생량 및 배출량 저감효과

  ③ 에너지 효율성이 높고, 폐기물 발생, 재활용 효과가 클 것

  ④ 경제적 비용

- 통합환경관리제도 적용 시에 최적가용기법을 도입함

연안오염총량제

- 대상해역에 유입되는 오염물질 배출량을 총량 범위 내에서 허용하는 제도
- 대상해역

  ① 특별관리 해역 중 오염이 심하거나 우려되는 해역

  ② 마산만, 시화호, 부산연안, 울산연안, 광양만 지역에 연안오염 총량관리제 시행 중

전과정평가(LCA, Life Cycle Assessment)

- 상품의 원료, 생산, 유통, 폐기까지 전 주기적으로 오염물질 배출에 대하여 평가하는 기법
- 요람에서 무덤까지 상품에 대하여 평가하여 사전 환경관리, 총체적 환경관리를 이룰 수 있다.

2. 〈제2차 국가 기후변화 적응대책(2016~2020)〉의 비전 및 목표 (8점)

- 비전 : 기후변화 적응으로 국민이 행복하고 안전한 사회구축
- 목표 : 기후변화로 인한 위험감소 및 기회의 현실화
- 4대 정책

  ① 과학적 위험관리 ② 안전한 사회건설 ③ 산업계 경쟁력 확보 ④ 지속가능한 자연자원관리

3. 〈자원순환기본법〉의 목적과 주요 내용

a. 목적

 : 자원을 폐기해버리는 매립이나 단순 소각 대신 아이디어와 기술을 최대한 동원해 재사용, 재활용을

  극대화하여 지속가능한 자원순환 사회를 만드는 것

b. 주요 내용

 ① 자원순환 성과관리제

 : 폐기물의 발생을 억제하고 순환 이용을 촉진하기 위해 폐기물을 다량으로 배출하는 사업장 등에 대

  해 자원순환 목표를 부여하고, 이 이행 실적을 평가, 관리한다.

 ② 폐기물 처분 부담금제

 : 폐기물을 소각, 또는 매립처리 시 재활용 비용에 버금가는 폐기물 처분 부담을 부과

 ③ 순환자원인정제

 : 폐지, 고철과 같은 폐기물을 순환자원으로 인정받을 수 있고, 인정을 받으면 폐기물 규제에서 배제

 ④ 자원순환 기반 구축

 : 순환자원 품질표지 도입 등 폐기물의 순환 이용을 촉진하기 위한 기술과 재정 지원 시책 마련

4. 물이용부담금제도 (8점)

a. 근거 : 4대강 수계 물 관리 및 주민지원 등에 관한 법률

b. 목적

 • 원인자부담원칙(3P, Polluters Pay Principle)의 적용의 일환으로 4대강 수계에서 상류지역에는 상수

  우언 수질관리를 엄격히 규제하고(수변구역 지정관리 등), 하류지역 주민에게는 물이용부담금을 부

  과시킨다.

 • 물이용부담금은 수질개선사업에 투자, 상류지역주민지원사업 등에 이용

c. 물이용부담금의 용도

 • 환경기초시설 설치, 운영비 지원

 • 상수원관리지역의 주민사원비

 • 토지매입, 수변녹지조성사업비 지원 등

5. 사전예방적 자연환경관리정책의 수단을 설명하시오. (필수문제, 25점)

a. 개요
- 사전예방적 자연환경관리정책은 가장 이상적인 환경정책이다.
- 환경오염이 발생된 후 훼손된 자연환경을 복원, 복구하는 것보다 사전예방적 수단을 동원하는 것

b. 주요 정책수단

① 보호지역의 지정, 규제관리
- 생태·경관 보전지역 : 자연생태, 자연경관을 특별히 보전할 필요가 있는 지역
- 자연공원 : 자연생태계와 자연, 지질 및 문화경관 보전을 목적으로 지정
- 습지보호지역 : 〈습지보전법〉에 근거하여 습지보호지역, 습지주변관리지역 지정, 보호
- 야생생물보호구역 : 멸종위기 야생생물을 보호하기 위함이다.
- 백두대간 보호지구, 수변구역 지정 등

② 자연환경조사 및 정보망 구축
- 자연환경조사 : 전국 자연환경조사, 우수생태계 정밀조사, 야생생물 전국분포조사 등
- 자연환경 종합 GIS, DB 구축 : 국토환경성평가지도, 생태·자연도, 식생도, 지형현황도 등
- 토지적성평가 : 토지 등 개발적성, 농업적성, 보전전성으로 구분, 관리

③ 주요제도
- 환경영향평가제도 : 전략환경영향평가, 환경영향평가, 소규모 환경영향평가
- 환경생태계획 : 주요 개발사업에 대해 사전에 환경생태계획을 수립하도록 한다.
- 생태면적률 : 주요 개발사업과 관련 녹지공간 확보 추진
- 국토, 환경계획 연동제 : 국토계획의 환경성과 환경계획의 공간성을 상호 보완하기 위함이다.
- 국토계획 평가 : 국토의 지속가능한 발전을 지향하기 위함이다.

6. 〈자연환경보전법〉제8조에 근거하여 수립된 〈제3차 자연환경보전 기본계획(2016~2025)〉의 성격, 역할 및 주요 목표를 기술하시오. (25점)

a. 성격
- 〈자연환경보전법〉에 근거한 10년 단위의 자연환경보전 기본계획

- 〈환경정책기본법〉에 근거한 국가환경종합계획의 자연환경 분야의 부분계획

b. 역할
- 향후 10년간 우리나라 자연환경 여건 전망
- 정책적 대응 방향 및 추진과제 제시
- 권역별 시책과 협력과제 추진방안 제시
- 지구환경보전에 기여할 수 있는 추진과제 제시

c. 주요 목표

① 자연생태계 서식지 보호
- 한반도 생태네트워크 구현
- 국제기준에 부합한 보호지역 지정, 확대

② 양생생물 보호, 복원
- 멸종위기 야생생물 지정
- 위해우려종 확대 지정 및 생태계 교란종 퇴치

③ 자연과 인간이 더불어 사는 생활공간
- 도시생태현황지도 작성 의무화 등 도시생태 휴식공간 확충

④ 자연혜택의 현명한 이용
- 새로운 유형의 국립공원 지정, 생태관광 활성화
- 생태계 서비스 지불제 확대 등

⑤ 자연환경보전기반 선진화

⑥ 자연환경보전 협력 강화

7. 〈표토보전종합계획(2013~2017, 환경부)〉에 따른 표토침식방지 및 복원대책을 설명하시오. (25점)

a. 표토의 기능
 ① 일반적으로 지표면으로부터 30cm까지를 표토라고 한다.
 ② 표토의 기능
- 생태기반(생활터전, 양분, 수분 제공)
- 물질순환(물질, 수자원순환, 탄소순환)

- 환경기능(오염물질 정화, 대기, 수질 조절)

b. 표토침식 방지 및 복원 대책

① 취약지역 침식방지 대책

- 전국 표토침식현황 조사결과에 따라 침식취약지역에 대한 침식방지 대책 추진

- 연간 침식정도에 따라 단계별 방지대책 추진

② 대규모 개발사업 시 표토유실 관리 강화

- 골프장, 산업단지 등표토의 대량손실을 수반하는 개발사업의 인위적 침식에 따른 표토유실 방지

③ 표토보존지역 지정 및 복원대책 추진

- 우선적으로 관리해야 할 대상지역 선정 및 특별관리

- 대상지역 : 침식위험등급이 심각한 지역과 생태학적으로 중요한 비옥토, 특수식생서식지 등 토양의 질적 가치가 높은 지역

8. 〈국토의 계획 및 이용에 관한 법률〉에 다른 용도지역별 행위규제에도 불구하고, 환경영향평가를 실시하는 것이 이중규제라는 지적도 있다. 용도지역별 행위규제와 별도로 환경영향평가를 실시해야 하는 필요성을 설명하시오. (25점)

구분	용도지역 지정	환경영향평가제도
근거법	국토의 계획 및 이용에 관한 법률	환경영향평가법
주요 규제 내용	• 용도지역별 건폐율, 용적률 규제 • 용도지역별 행위 제한	• 주요개발사업(17개 분야)에 대하여 사전에 개발로 인한 환경영향 검토 -전략환경영향평가 -소규모 환경영향평가 -환경영향평가
환경영향평가 필요성	-	• 지역특성 및 사업특성에 맞는 환경영향평가 항목 및 범위 설정 • 누적 및 복합평가를 통한 통합적 평가 :시간적·공간적으로 미치는 영향 분석, 평가 • 관계 주민의견 수렴 및 정보 공개
결론	-	• 용도지역에 따른 토지이용 규제만으로는 사업시행에 따른 환경영향을 예측, 분석하기 어렵다

9. 최근 관계 부처에 의해 합동 발표된 〈미세먼지관리특별대책(2016.6)〉을 서술하시오. (25점)

a. 비전

- 미세먼지 걱정 없는 건강한 푸른 하늘 만들기

b. 추진 방향

- 국내 배출원의 집중 감축
- 미세먼지, CO_2를 함께 줄이는 신산업 육성
- 주변국과의 환경 협력
- 예 : 경보제 혁신

c. 특별대책의 주요 내용

① 수송부문

종전	금번 특별대책
• 실내 인증기준 적용 • 경유차, 저공해차 인증 • 제작사 리콜 명령 • 노후차 저공해화 및 운행 제한 • 친환경차 보급 • 노후건설기계 저공해화	• 경유차 저공해차 기준 강화 • 매연기준 강화(NOx 기준 신설) • 친환경차 보급 확대

② 발전, 산업부문

종전	금번 특별대책
• 노후 석탄발전소 규제 • 신설 석탄발전소 배출허용기준 • 수도권 총량사업장 지정	• 노후 화력발전소 폐기, 대체 • NOx, SOx 단계별 기준 강화

③ 생활주변

- 도로먼지 청소차 보급 확충
- 도로먼지 지도제작
- 대형 건설사 비산먼지 저감 자발적 협약 추진 등

제2교시
국토환경계획

1. 〈자연환경보전〉에 따른 자연환경 보전의 기본 원칙 (필수문제, 9점)

a. 근거 : 자연환경보전법

b. 자연환경 보전의 기본 원칙

① 자연환경은 모든 국민의 자산으로서 공익에 적합하게 보전되고, 현재와 장래의 세대를 위하여 지속
  가능하게 이용되어야 한다.

② 자연환경 보전은 국토의 이용과 조화, 균형을 이루어야 한다.

③ 자연생태와 자연경관은 인간 활동과 자연의 기능 및 생태적 순환이 촉진되도록 보전, 관리되어야
  한다.

④ 모든 국민이 자연환경 보전에 참여하고 자연환경을 건전하게 이용할 수 있는 기회가 증진되어야 한다.

⑤ 자연환경을 이용하거나 개발하는 때에는 생태적 균형이 파괴되거나 그 가치가 저하되지 않도록 해
  야 한다. 다만, 자연생태와 자연경관이 파괴, 훼손되거나 침해되는 때에는 최대한 복원·복구되도록
  노력하여야 한다.

⑥ 자연환경 보전에 따르는 부담은 공평하게 분담되어야 하며, 자연환경으로부터 얻어지는 혜택은 지
  역주민과 이해관계인이 우선하여 누릴 수 있도록 해야 한다.

⑦ 자연환경 보전과 자연환경의 지속가능한 이용을 위한 국제협력은 증진되어야 한다.

2. 용어 설명 (8점)
– 불투수토양포장도(Soil Sealing Map), 통합대기환경지수(CAI ; Comprehensive Air-quality Index)

불투수토양포장도(Soil Sealing Map)

a. 정의 : 현재 토지가 건물과 불투수성 포장재(아스팔트, 콘크리트, 보도블록 등)로 덮여 있는 면적비
    율을 나타내는 도면

b. 면적비율에 따라 6개 등급으로 표현 : 0~10%, 10~30%, 30~50%, 50~70%, 70~90%, 90% 이상

c. 불투수토양포장에 따른 영향

  • 건물과 아스팔트 포장도로로 대기온도 상승

  • 우수관이 분리되어 있지 않은 경우, 홍수 시 하수관 범람 우려

  • 불투수토양포장은 생물서식공간 손실의 원인이 되기도 함

a. 정의 : 대기오염 물질별로 인체에 미치는 영향과 체감 오염도를 고려해서 일반인이 쉽게 이해할 수
있도록 개발한 지수

b. 방법

: 대기환경 기준이 설정된 6개 대기오염물질(아황산가스, 일산화탄소, 이산화질소, 오존, 미세먼지
PM₁₀, 미세먼지 PM₂.₅)에 대하여 대기오염물질별 인체 영향과 체감 오염도를 반영하여 계산한다.

c. 표현 방식

• 0에서 500까지의 지수를 6단계로 나눈다. → 점수가 커질수록 대기상태가 좋지 않음

• 좋음(0~50), 보통(51~100), 나쁨(101~250), 매우 나쁨(251~)으로 구분하여 표시

• 색상이나 지수 구간별 픽토그램(pictogram)을 사용하여 일반인이 이해하기 쉽도록 제공

: '좋음'은 파랑, '보통'은 초록, '나쁨'은 노랑, '매우 나쁨'은 빨강으로 표시

3. 도시 기후변화 재해 취약성 분석의 의의와 분석 범위 (8점)

a. 근거 : 국토의 계획 및 이용에 관한 법률

b. 분석 범위

① 공간적 범위 : 도시·군 기본계획을 수립, 변경 시 및 도시·군 관리계획을 입안 시

② 시간적 범위

• 현재 취약성 : 현재 기후 노출 및 도시민감도 중첩

• 미래 취약성 : 미래 기후 노출 및 도시민감도 중첩

• 종합 취약성 : 현재 취약성과 미래 취약성 고려

c. 분석 대상 재해 유형 : 폭우, 폭염, 폭설, 가뭄, 강풍, 해수면 상승

4. 자연훼손(침해) 조정의 개념과 4단계 메카니즘 (8점)

a. 근거

• 1976년 독일연방자연보호법

• 개발에 의한 자연훼손을 사전에 예방, 훼손 정도를 평가하여 구체적 복원 또는 대체 방법 강구

b. 메카니즘

① 회피(Avoiding) : 개발에 따른 자연훼손과 경관의 사전예방 조치

② 균형 : 훼손 대상지 또는 주변지역의 복원, 복구 등 강구

③ 대체 : 균형 조치가 불가능한 경우 동일 가치의 비오톱으로 대체

④ 보상 : 대체 조치가 불가능한 경우, 훼손되는 가치를 금전적으로 계산하여 지불

5. 개발사업과 관련한 경관 영향을 검토하는 〈자연환경보전법〉의 자연경관 심의, 〈경관법〉의 경관 심의, 〈산지관리법〉의 산지경관 검토, 〈환경영향평가법〉의 경관 항목 검토 등에 대해서 심의(검토) 목적, 심의(협의) 시기 및 평가기준에 대해서 비교 설명하시오. (필수문제, 25점)

a. 심의 목적 및 시기

구분	근거법	목적	시기
자연경관 심의	자연환경보전법	개발사업이 자연경관에 미치는 영향 검토	환경역량평가 협의 시
경관 심의	경관법	사회기반시설, 개발사업 관련 경관 영향 검토	지구지정이나 사업계획 승인 전
산지경관 검토	산지관리법	산지전용 및 토석채취 등으로 인한 훼손 방지	산지전용 또는 토석채취 허가 전
경관항목 검토	환경영향평가법	개발사업으로 인한 자연경관에 미치는 영향 검토 및 저감방안 마련	실시계획 승인 전

b. 평가기준

① 자연경관심의(자연환경보전법)

• 조망점 : 이용 특성, 조망점, 가시권 분석, 경관 특성, 경관 변화, 위치도 등

• 훼손 여부 : 스카이라인, 절·성토 규모, 경관 유형별 훼손 여부 등

• 자연경관 영향예측 : 시뮬레이션 등을 활용하여 영향예측

② 경관심의(경관법)

• 경관현황 조사 및 분석

• 경관계획의 기본방향 및 목표

• 주요 경관요소의 계획 방향 등

③ 산지경관 검토

• 스카이라인 훼손 정도, 임상의 훼손 정도 등

④ 경관항목 검토

• 자연경관자원, 인문경관자원, 조망경관자원 등 검토

6. 〈제2차 백두대간보호기본계획(2016~2025)〉에서 제시하는 백두대간 훼손지 생태복원의 개념, 원칙과 목표, 모니터링 방안을 설명하시오. (25점)

a. 백두대간 훼손지 생태복원의 개념

: 백두대간 훼손지에 대하여 훼손 이전의 구조와 기능을 지닌 원래의 생태계로 회복하도록 하는 과정을 의미

b. 원칙(5가지)

① 지속가능성 : 지속가능 발전 개념에 따라 백두대간 산림과 생태계 복원

② 친환경성 : 자생식물종을 선정하고, 복원에 사용되는 재료는 가급적 주변환경과 유사한 재료를 사용

③ 지역연계성 : 지역특성과 지역주민의 의견을 존중하여 복원을 추진

④ 역사성(상징성) : 백두대간의 역사성, 상징성 회복

⑤ 국민수용성 : 백두대간 보호를 위한 국민의식 제고에 노력

c. 목표(3가지)

① 역사적 산림복원 : 현지 자생종 위주의 복원을 목표

② 복합적 산림복원 : 자생종뿐만 아니라 임산물 등 소득증대 관련 수종도 함께 복원

③ 새로운 산림복원 : 지역별 훼손 유형별 활용 방안을 고려하여 새로운 복원 목표 제시

d. 모니터링 방안

① 모니터링 기준과 지표 마련 : 복원 과정이 제대로 진행되는지 여부 평가

② 사후관리 지속 실시 : 활착 여부, 토사 유출 등을 지속적으로 모니터링

③ 추가 복원 전략 수립 : 침식, 고사 등을 확인하고 추가 복원 추진

7. 환경보전계획의 전망(Forecasting)과 후망(Backcasting) 접근 방법에 대한 개념과 장·단점을 비교 설명하시오. (25점)

a. 기본 개념

① 전망기법(Forecasting)

• 과거의 추세를 분석하고, 이를 토대로 미래를 예측하는 기법

• 다양한 모델(수질, 대기, 소음·진동 등)은 과거의 추세를 토대로 미래를 정량적으로 예측

② 후망기법(Backcasting)

• 특정 시점의 미래의 원하는 목표를 설정하고, 이와 연관된 현재의 정책 프로그램을 분석하는 방법

• 델파이기법, 시나리오 워크숍 등 주로 정성적 기법

② 장·단점 비교 분석

구분	전망기법(Forecasting)	후망기법(Backcasting)
장점	• 현재의 추세를 토대로 미래예측, 전방 (정확성, 정량적 평가 가능) • 단기적 연구과제에 적합 • 수질, 대기, 하천, 호수 오염도의 예측기법으로 적합	• 장기적 문제, 근본적 문제 해결 과제에 적합 • 광범위하고 다양한 이해 당사자의 의견수렴이 용이
단점	• 새로운 전략방향 수립이 어렵다 • 복잡하고 장기적 과제에 대해서는 한계가 있다 • 창의적, 미래지향적 분석의 어렵다	• 정량적 분석이 어렵다 • 다소 기간이 오래 걸리고, 예산이 소요

8. 도시관리계획과 지구단위계획을 통한 토지이용 형태(용도지역, 용적율, 관리지역) 변경으로 인한 각종 환경영향을 논하시오. (25점)

a. 기본 개념

① 도시관리계획

• 〈국토의 계획 및 이용에 관한 법률〉에 근거하여 도시·군 관리계획을 수립

• 획일적 용도지역, 용적률, 건폐율을 적용

② 지구단위계획

• 개별개발 수요의 집단화와 기반시설의 설치로 난개발을 방지하고, 보다 체계적 개발 추진

• 당해 계획구역의 난개발 방지 및 경관, 미관, 환경개선을 추진하며 체계적·계획적 개발 추진

• 지구단위계획에 포함시켜야 할 사항 : 기반시설, 교통, 경관 및 건폐율, 용적률 등

b. 각종 환경영향 비교

구분	도시관리계획	지구단위계획
토지이용 형태	• 획일적 용도 지역, 용적률, 건폐율 적용 • 난개발이 우려되고, 체계적·계획적 개발이 이루어지지 못한다	• 당해 계획구역의 토지이용 합리화 • 난개발 방지 • 체계적·계획적 개발 추진
각종 환경영향	• 획일적 용도지역 적용에 따라 지역에 따라서는 난개발, 환경문제 발생 우려	• 체계적·계획적 개발에 따라 교통, 경관, 미관, 환경개선에 용이 • 특정지역에 한하여 합리적 토지이용을 통한 기반시설, 환경기초시설의 효율적 관리가 가능

9. 〈제4차 국가환경종합계획(2016~2035)〉에서 표방하는 한반도 생태용량 확충방안을 실현하기 위한 〈제3차 자연환경보전기본계획(2016~2035)〉 중 추진계획의 주요 내용을 설명하시오. (25점)

a. 계획의 성격

• 〈자연환경보전법〉에 근거한 장기종합계획

• 국가환경종합계획의 자연환경 분야 부문 계획, 우리나라 자연환경 분야의 최상위 계획

b. 계획의 주요 내용

① 자연생태계 서식지 보호 : 국가 핵심 생태축을 점검하고, 한반도 생태 네트워크 구현

② 야생생물 보호, 복원 : 멸종위기 야생생물 종합관리 전담기관 신설 등 관리기반 확립 등

③ 자연과 인간이 더불어 사는 생활공간

• 도시생태 현황지도 작성 의무화 등

• 도시생태 휴식공간 확충 등

• 생물다양성 직불제 도입 등 생태복원 전문성 강화

④ 자연혜택의 현명한 이용 : 생태계 서비스 직불제 확대 및 생태계 서비스 인식 증진 등

⑤ 자연환경보전 기반 선진화 : 국토, 환경계획 연동제 본격 추진 및 환경영향평가제도 개선

⑥ 자연환경보전 협력 강화 : 한반도 환경공동체 기금 조성, 남북·동북아 환경 협력 강화 등

제3교시
환경영향평가 실무

1. 〈폐기물 처리시설 설치 촉진 및 주변지역 지원 등에 관한 법률〉에서 정하고 있는 매립시설 및 소각시설의 주변 영향지역 구분 및 범위 (필수문제, 9점)

  a. 개념
  • 매립시설과 소각시설의 주변 영향지역을 2개 영향권 지역으로 구분
  b. 2개의 영향지역
  ① 직접 영향권 지역
  • 인체, 동물의 활동, 농·축산물, 임산물 또는 수산물에 직접적으로 환경상 영향을 미칠 것으로 예상되어 지역주민을 이주시킬 필요가 있다고 인정되는 지역
  ② 간접 영향권 지역
  • 환경상 영향이 미칠 것으로 예상되는 직접 영향권 외의 지역
  • 다만, 특히 필요하다고 인정되는 경우에는 대통령령으로 정하는 범위 밖의 지역도 포함시킬 수 있다.

2. 〈악취방지법〉에서 정하고 있는 복합악취의 정의와 복합악취 배출허용기준 및 엄격한 배출허용기준의 설정 범위 (8점)

  ① 복합악취의 정의
  : 2가지 이상의 악취물질이 함께 작용하여 사람의 후각을 자극하여 불쾌감과 혐오감을 주는 냄새
  ② 복합 악취 배출허용기준 및 엄격한 배출허용기준의 설정 범위

구분	배출허용기준(희석배수)		엄격한 배출허용기준 범위(희석배수)	
	공업지역	기타지역	공업지역	기타지역
배출구	1000 이하	500 이하	500~1000	300~500
부지 경계선	20 이하	15 이하	15~20	10~15

3. 대기 모델(스크리닝 모델, 권장 모델, 대안 모델, 정밀 모델)의 적용 조건 (8점)

구분	적용 조건	대표 모델
스크리닝 모델	• 평가 초기단계에서 환경기준의 초과여부 판단	

구분	적용 조건	대표 모델
권장 모델	• 스크리닝 모델 적용결과 환경기준 초과 시 • 주변에 대기민감 지역이 다수 포함	AERMOD, CALINE3, CAL3QHC 등
대안 모델	• 권장 모델이 사업특성(오염물질 배출 특성, 지형 조건 등)과 맞지 아니하는 경우	CALINE4, ISC3-PRIME 등
정밀 모델	• 권장 모델 / 대안 모델 수행결과 환경기준 초과 시 적용	CAMX, CMAQ 등

4. 〈환경영향경가서 등 작성에 관한 규정(환경부고시 제2016-131호)〉에 따른 지역개황 내용 (8점)

→ 지역개황이란 지역의 일반적인 현황으로, 동 규정에는 11가지가 언급된다.

① 대산지역 및 주변지역의 토지이용 상황

② 법령, 조례 등에 의해 지정된 지역(자연환경 보존지역. 생태경관 보존지역, 상수원 보호구역, 수변구역, 특별대책지역 등) 지정 현황

③ 해당 지역 환경기준, 식생보전등급, 생태자연도, 국토환경성평가지도, 지역별 오염총량기준 등 환경규제 내용 및 환경보전에 관한 사항

④ 멸종위기 및 보호 야생생물 서식 현황 및 철새 도래 현황

⑤ 공장, 공항, 도로, 철도 등 환경피해를 유발시킬 수 있는 주요 시설물

⑥ 취수장, 정수장, 문화재, 천연기념물, 역사·문화적으로 보전가치가 있는 건조물, 유적 등 보호를 요하는 시설물

⑦ 하수종말 처리시설, 분뇨 처리시설, 폐기물 처리시설 등 환경 기초시설

⑧ 어업권 현황

⑨ 주변 교통상황 및 교통시설 확충계획

⑩ 교육시설, 병원 등 공공시설 현황

⑪ 기타

5. 환경영향평가협의 후 공사 중인 산업단지 인접지역에서의 택지개발사업 환경영향평가 시 택지개발 사업자가 고려해야 할 누적 영향(5가지 종류와 연계)을 논하시오. (필수문제, 25점)

a.누적영향의 종류(5가지)

① 공간적 누적 : 일정 영향권 내 동일사업 또는 다른 사업으로 인한 공간적 누적

② 시간적 누적 : 과거 시행된 사업의 시간적 누적

③ 규모의 누적 : 동일 사업을 추가 확정할 경우 규모의 누적

④ 간접영향 누적 : 2차, 3차 영향의 누적

⑤ 영향 간의 상호작용 : 하나의 사업으로부터 발생하는 여러 가지 영향 간의 상호 반응

b. 고려해야 할 누적 영향

구분	고려해야 할 누적 영향
공간적 누적	• 누적 영향을 고려한 공간 설정 　– 대기질 및 악취 　– 수질 및 동·식물상
시간적 누적	• 누적 영향을 고려한 시간 설정 　: 택지개발사업공사에 따른 대개, 수질, 소음·진동의 누적 영향
규모의 누적	• 누적 영향을 고려한 규모 대안설정 　: 대기질 및 악취, 수질, 동·식물상, 친환경적 자원순환 등
간접 영향	• 간접 영향에 따른 범위 설정, 영향예측 및 저감방안 마련
영향 간 상호작용	• 상호작용을 고려한 저감방안 마련 　: 대기질, 수질, 소음·진동 등

6. 환경영향평가 관련 행정소송에서 주요 쟁점 4가지를 기술하시오. (25점)

① 주요 쟁점 4가지 : 협의절차 준수 여부, 원고 적격 문제, 재량권 일탈, 남용, 부실 평가

구분	주요 내용
협의절차 준수 여부	• 환경영향평가 대상사업임에도 불구하고, 협의절차를 정상적으로 거치지 아니한 경우
원고 적격	• 원고 적격 여부 　– 대상지역 주민의 경우 　– 대상지역 밖의 주민들은 대상사업으로 인하여 직·간접 피해가 있는 경우
재량권 일탈, 남용	• 대부분의 행정소송에서 재량권 일탈·남용으로 인한 위법은 없다
부실 평가	• 부실 평가 여부에 대한 논쟁

② 개선방안

구분	개선방안
협의절차 준수 여부	• 주민의견 수렴 철저 − 공고, 공람방법 개선 − 주민의견 수렴 대상 확대 등
원고 적격	• 원고 적격 확대 : 주민의견 수렴 단계에서 의견을 제시할 수 있는 사람을 원고 적격자로 확대
환경영향평가 부실	• 사업자 책임 강화 • 사회영향평가(Social Impact Accessment) 활용 : 이해관계자들의 참여를 늘리고, 갈등해소 방안 마련 등

7. 폐기물 매립시설 운영으로 인한 건강영향을 평가하는 절차 및 내용을 기술하시오. (25점)

1) 건강영향평가

 a. 목적

 • 사업시행으로 인한 건강 영향을 확인

 • 긍정적 영향은 최대화하고, 부정적 영향은 최소화

 b. 근거 : 환경보건법

 c. 대상사업

 ① 사업단지 : 국가산단, 지방사업단지 조성면적 15만㎡ 이상

 ② 에너지 개발 : 발전시설 용량 1만kW 이상이 화력발전소

 ③ 폐기물 처리시설, 분뇨 처리시설 및 축산폐수 공공처리시설

 • 매립시설

   −30만㎡ 이상 또는 매립용적 330만㎥ 이상

   −지정 폐기물 매립시설 5만㎡ 이상 또는 매립용적 25만㎥ 이상

 • 소각시설 : 100톤/일 이상

 • 가축분뇨시설 : 100㎘/일 이상

2) 폐기물 매립시설의 건강영향평가 항목 및 절차

 a. 평가항목

구분	평가항목
대기질	NO$_2$, PM$_{10}$, H$_2$S, NH$_3$, 벤젠, 톨루엔, 에틸벤젠, 자일렌, 1·2-디클로로에탄, 클로로포름, 트리클로로에틸렌, 염화비닐, 사염화탄소
수질	구리(Cu), 납(Pb), 수은(Hg), 시안(CN), 비소(As), 유기인, 6가 크롬(Cr^{+6}), 카드뮴(Cd), 테트라클로로에틸렌(PCE), 트리클로로에틸렌(TCE), 페놀, 폴리클로리네티트르드비페닐(PCB), 1·2-디클로로에탄, 벤젠, 클로로포름, 안티몬
소음·진동	소음·진동

b. 평가 절차

　사업 분석 → 스코핑(Scopjng) → 건강영향 기초자료 수집 및 분석 → 평가(appraisal)

　→ 저감방안 수립 → 모니터링 계획 수립

c. 건강영향평가 평가기준

① 환경기준이 있는 항목의 경우 환경기준과 비교

② 환경기준이 없는 경우, 발암성/비발암성으로 구분, 평가함

• 발암성 물질(발암 위해도 이용)

• 비발암성 물질(위해도 지수 이용)

구분	구분	평가 지표	평가 기준	비고
대기질	비발암물질	위해도 지수	1	
	발암물질	발암 위해도	$10^{-4} \sim 10^{-6}$	10^{-6} 원칙
악취	악취물질	위해도 지수	1	
수질	수질오염물질	국가환경기준		
소음·진동	소음	국가환경기준		

8. 공항건설사업 환경영향평가 시 항공기 소음 예측 절차, 공항 소음 피해(예상)지역, 시설물 용도 제한에 대하여 설명하시오. (25점).

a. 항공기 소음의 특징

: 발생이 간헐적·충격적이고, 공중에서 발생하므로 영향이 광범위하다.

b. 예측 모델 및 절차

① 예측 모델 : 미연방항공국(FAA)에서 만든 INM(Integrated Noise Model)을 사용

② 소음 예측 절차

• 기초자료 분석 → 모델 선정 → 운행자료 입력 → 소음 예측 → 저감방안 등 강구

c. 공항 소음 피해(예상)지역

① 근거 : 공항 소음 방지 및 소음대책지역 지원에 관한 법률

② 소음대책지역

구분	소음영향도(WECPNL)
제1종 구역	소음영향도 95 이상
제2종 구역	소음영향도 90 이상 95 미만
제3종 구역 • 가 지구 • 나 지구 • 다 지구	소음영향도 75 이상 90 미만 소음영향도 85 이상 90 미만 소음영향도 80 이상 85 미만 소음영향도 75 이상 80 미만

* 소음영향도(WECPNL, Weighted Equivalent Continuous, Perceived Noise Level)
  : 국제민간항공기구(ICAO)에서 규정한 항공기 소음 단위

③ 소음대책지역 시설물 용도 제한

구 분	구 역	소음영향도(WECPNL)	용도 제한지역
소음 대책 지역	제1종	95 이상	• 완충녹지지역(이착륙 안전지대) • 공항운영에 관련된 시설만 설치 가능
	제2종	90 이상 95 미만	• 전용공업지역 • 일반공업지역 • 자연녹지지역
	제3종	75 이상 90 미만	• 준공업지역 • 상업지역

9. 환경영향평가 대기질 평가에서 대상사업의 운영으로 인한 PM₂.₅ 평가방안을 설명하시오. (25점)

① 초미세먼지(PM₂.₅)

• 대기 중에 떠다니는 직경 2.5㎛ 이하의 초미세먼지

• 우리나라의 경우, 2015년부터 〈환경정책기본법〉에서 대기환경 기준 항목에 포함

② PM$_{2.5}$ 환경영향평가 방안

구 분		평가 방안
현황조사	조사항목	• PM$_{2.5}$ 배출시설 현황 • PM$_{2.5}$ 오염도
	조사범위	• 공간적 범위 : 대상사업으로 인해 PM2.5 농도 변화가 예상되는 지역 • 시간적 범위 : 계절적 특성 변화를 파악할 수 있도록 설정
	조사방법	• PM$_{2.5}$ 현황조사는 기존자료와 현지조사 병행 • PM$_{2.5}$ 시험방법은 대기오염 공정시험방법을 따른다
영향예측	항목	• 현황조사 항목과 동일
	조사범위	• 공간적 범위 : 현황조사의 경우와 동일 • 시간적 범위 : 공사 시와 운영 시로 구분하여 실시
	예측결과 및 평가	• 예측결과를 바탕으로 사업시행으로 인한 PM$_{2.5}$ 평가 • 필요 시 모델 사용
저감 방안		• 평가결과를 토대로 발생을 최소화하기 위한 구체적 저감방안 강구
사후환경영향조사		• 저감방안 강구 시까지 확인 • 필요 시 추가적 대책을 수립, 시행

제4교시
환경영향평가제도

1. 환경영향평가업 등록 취소 및 영업정지 조건 (필수문제, 9점)

① 등록 취소(법 제58조)

- 거짓이나 그 밖의 부정한 방법으로 등록한 경우
- 영업정지 기간 중 환경영향평가 대행 계약을 체결한 경우
- 최근 1년 이내에 두 번의 영업정지 처분을 받고, 다시 영업정지 처분에 해당하는 행위를 한 경우
- 환경영향평가업 결격 사유에 해당하는 경우

② 영업정지 조건

- 등록 후 2년 이내 환경영향평가업을 아니하거나 연속 2년 이상 환경영향평가 대행 실적이 없는 경우
- 거짓이나 그 밖의 부정한 방법으로 사업수행능력평가를 받은 경우
- 환경영향평가법에서 정한 기술인력, 시설 및 장비를 갖추지 못하게 된 경우
- 변경등록을 하지 아니하고 중요 사항을 변경한 경우
- 환경영향평가업자의 준수사항을 위반한 경우

2. 복합평가서의 작성 원칙 및 협의 요청 방법 (8점)

a. 복합평가서의 개념 : 둘 이상의 환경영향평가 대상사업이 하나의 사업계획으로 연계 추진되는 경우, 통합하여 하나의 평가서로 작성하는 것

b. 작성 원칙 : 공통 사항과 개별 사항을 구분하여 작성

c. 작성 방법

① 승인기관이 둘 이상인 경우

- 각 승인기관장에게 복합평가서 제출
- 각 승인기관의 장은 협의기관장에게 복합평가서 협의 요청

② 주관 승인기관장이 협의기관장에게 일괄 요청하는 경우

- 사업내용 중 주된 사업의 승인기관의 장에게 제출

3. 환경영향평가법의 목적 및 전략환경영향평가, 환경영향평가, 소규모 환경영향평가의 정의 (8점)

생략

4. 전략환경영향평가 및 환경영향평가에서 주민의견 재수렴 요건 (8점)

주민의견 재수렴 요건	
전략환경영향평가	환경영향평가
• 개발기본계획의 규모가 30% 이상 증가한 경우 • 다만, 다음의 경우는 제외 　-평가항목별 영향을 받게 되는 지역 중 최소 　지역 범위에서 증가하는 경우(타당성 조사를 　실시하는 총 공사비 500억 이상의 공사 등) 　-최소지역 범위란 평가항목별 영향을 받게 되 　는 지역의 범위 중 가장 좁게 설정된 평가항 　목 지역 범위를 말한다.	• 환경영향평가 대상사업의 규모가 30% 이상 증가 하는 경우 • 최소 환경영향평가 대상 규모 이상 증가되는 경우 • 최소 환경영향평가 대상 규모의 30% 이상인 폐기 물 소각시설, 폐기물 매립시설, 하수종말 처리시설 또는 가축분뇨 처리시설을 새로 설치하려는 경우 • 환경영향평가서 초안의 공람기간이 끝난 날로부터 3년 이내 환경영향평가서를 제출하지 아니한 경우

5. 전략환경영향평가 및 환경영향평가에서 변경 협의 관련 내용을 기술하고 개선 방안을 논하시오. (필수문제, 25점)

a. 변경 협의 대상

전략환경영향평가	환경영향평가
• 협의내용보다 5% 이상 30% 미만 증가되는 경우 • 재협의 대상에 해당하지 아니한 경우로서 최소 　전략환경영향평가 대상규모 이상으로 증가하는 　경우 • 도시·군 관리계획의 경우 협의내용보다 30% 이 　상 증가하면서 　– 도시지역의 경우 면적이 6만㎡ 이상인 경우 　– 녹지지역의 경우 1만㎡ 이상인 경우 • 원형대로 보전하거나 제외하도록 한 지역의 경 　우로써, 재협의 대상 면적 미만의 경우 • 기타(승인기관장이 협의기관장의 의견이 필요하 　다고 판단하는 경우)	• 협의기준을 변경하는 경우 • 사업·시설 규모의 10% 이상 증가되는 경우 • 사업규모의 증가가 소규모 환경영향평가 대 　상사업에 해당되는 경우 • 원형대로 보전하거나 제외하도록 한 지역의 　5% 이상 토지이용계획을 변경하거나, 변경되 　는 면적이 1만㎡ 이상인 경우 • 부지면적의 15% 이상의 면적을 토지이용계 　획으로 변경하는 경우 • 협의내용보다 배출되는 오염물질이 30% 이 　상 증가되거나 새로운 오염물질이 배출되는 　경우

b. 변경 협의 절차

• 변경 협의 대상이 되는 사업자는 미리 변경 협의내용에 대하여 승인기관의 장과 협의하여야 한다.

　* 제출서류

① 사업계획 등의 변경 내용

② 사업계획 변경에 따른 환경영향의 조사, 예측, 평가결과

③ 사업계획 변경에 따른 환경보전 방안

c. 개선 방안

생략

6. 현행 환경영향평가제도에서 공정성 및 객관성 확보를 위한 수단에 대하여 기술하시오. (25점)

생략

7. 댐 건설사업의 추진 절차와 환경영향평가와의 연계성을 흐름으로 작성하고, 환경영향평가서 작성 시 주요 내용을 설명하시오. (25점)

a. 댐 건설 흐름도

① 〈하천법〉 적용 시

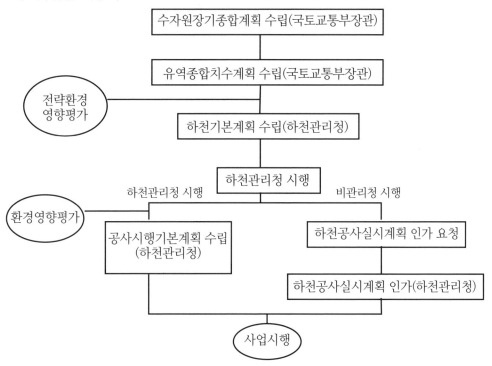

② 〈댐 건설 및 주변지역 지원 등에 관한 법률〉에 의한 댐 건설

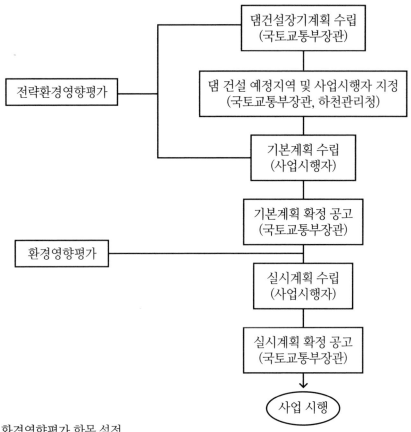

b. 환경영향평가 항목 설정

① 환경영향 요소 추출 : 댐 건설사업의 특성을 고려하여 환경영향 요소를 추출

② 환경영향 요소 및 환경인자 검토 : 댐 건설사업의 시행으로 환경영향을 초래할 수 있는 환경영향 요소가 환경 인자에 어떤 영향을 미치는지에 대하여 분석

c. 평가 항목별 평가방법

① 공통사항 : 댐 건설로 인한 영향예측, 저감방안, 사후환경영향조사

② 분야별 평가

• 자연생태환경 분야 : 동·식물상, 자연환경 자산

• 대기환경 분야 : 기상, 대기질, 온실가스

• 수환경 분야 : 수질, 수리·수문 등

• 토지환경 분야 : 토지 이용, 토양, 지형, 지질

- 생활환경 분야 : 친환경적 자원 순환, 소음·진동, 위락·경관
- 사회·경제환경 분야 : 인구, 주거, 산업 등

8. 현행 소규모 환경영향평가의 한계와 개선방안을 논하시오. (25점)

a. 소규모 환경영향평가 의의

: 환경보전이 필요한 지역이나 난개발이 우려되어 계획적 개발이 필요한 지역에서 개발사업을 시행할 때 시행

b. 한계점

- 사후환경영향조사제도 불비 : 협의내용 불이행 및 협의기준 초과 등에 대한 절차 부재
- 지역주민 참여 절차 부재 : 주민의견수렴제도 불비
- 도시지역 내 소규모 환경영향평가 미적용

c. 개선방안

- Scoping제도 적용 : 환경적으로 민감한 지역의 경우 환경영향평가협의회를 통해 소규모 환경영향평가 대상사업으로 적용
- 사후환경영향조사제도 도입

: 현행 환경영향평가에 적용되는 사후환경영향조사를 소규모 환경영향평가에도 적용

- 주민참여방안 검토 : 소규모 환경영향평가의 경우도 주민의견수렴제도 도입 검토

9. 환경영향평가에서 사후관리의 정의, 필요성 및 과정에 대하여 기술하시오. (25점)

생략

제7회

환경영향평가사 필기시험

기출문제 및 풀이

제1교시
환경정책

1. 〈실내공기질관리법〉의 적용 대상이 되는 다중이용시설의 종류(9개 이상) (필수문제, 9점)

→ 〈실내공기질관리법〉에서 정하는 다중이용시설의 종류는 여러 가지가 있다.

① 지역역사

② 지하상가

③ 철도역사의 대합실

④ 〈여객자동차운수사업법〉에 따른 터미널의 대합실

⑤ 항만시설 대합실

⑥ 도서관

⑦ 박물관 및 미술관

⑧ 〈의료법〉에 의한 의료기관

⑨ 산후조리원

⑩ 노인요양시설

⑪ 어린이집

⑫ 장례예식장

⑬ 영화상영관

⑭ 학원, 실내주차장 등

2. 〈자원순환기본법(2018. 1.1.시행)〉 제3조에서 규정하고 있는 폐기물의 순환이용 및 처분 원칙 (8점)

→ 크게 3가지 원칙이 있다.

① 자원의 효율적 이용을 통하여 폐기물의 발생을 최대한 억제할 것

② 폐기물 발생이 예상될 경우에는 폐기물의 순환이용 및 처분의 용이성과 유해성을 고려할 것

③ 발생된 폐기물을 기술적·경제적으로 가능한 범위에서 다음 원칙에 따라 순환이용하거나 처분할 것

• 폐기물의 전부 또는 일부 중 재사용할 수 있는 것은 최대한 재사용할 것

• 재사용이 곤란한 폐기물의 전부 또는 일부 중 재생 이용할 수 있는 것은 최대한 재생 이용할 것

• 재사용·재생 이용이 곤란한 폐기물의 전부 또는 일부 중 에너지를 회수할 수 있는 것은 최대한 에너지 회수를 할 것

• 순환이용이 불가능한 것은 사람의 건강과 환경에 미치는 영향이 최소화되도록 적정하게 처분할 것

3. 〈빛 공해방지 종합계획(2014~2018)〉의 비전, 목표 및 주요 추진 과제 (8점)

a. 비전 : 안전하고 쾌적한 조명환경 조성

b. 목적 : 2018년까지 빛공해 50% 저감 (빛방사 허용기준 초과율 2013년 27% → 2018년 13%)

c. 주요 추진 과제

중점 분야	추진 과제
빛공해 관리체계 구축 및 합리화	• 관리대상 조명기구 구체화 • 조명환경 관리구역 지정, 운영 • 빛방사 허용기준 합리화 • 빛공해 영향평가 정착
기술기반 강화 및 중장기 R&D 추진	• 조명기구 인증, 평가체계 구축 • 빛공해 측정 및 평가시스템 개발 • 빛공해 연구센터 설립 • 빛공해 데이터베이스 구축 • 빛공해 저감 조명기구 개발 및 보급
교육 및 홍보 강화	• 빛공해 방지의식 강화 및 홍보 • 빛공해 방지문화 정착 • 빛공해 관련 인력 양성 • 좋은 빛 환경조성사업 실시
빛공해 관리기술 산업화 및 국제 경쟁력 강화	• 빛공해 관리기술 성장 동력화 • 국제교류 및 연구개발 협력 강화 • 친환경 조명 분야 국제 경쟁력 강화

4. 용어 설명 (8점)

– 생태산업단지, 그린 카드(Green Card), 에코디자인(Ecodesign)

생태산업단지(EIP, Eco Industrial Park)

• 먹이사슬로 공생하는 자연생태계의 원리를 산업에 적용하는 산업생태학을 응용한 산업단지

• 산업단지 내에서 발생하는 부산물·폐자원·폐에너지 등을 다른 기업이나 공장의 원료 또는 에너지 자원으로 쓸 수 있도록 재자원화하여 오염물 무배출을 지향하는 산업단지

* 주요 콘셉트

| 환경적 영향은 감소 | + | 경제적 성과 향상 |

동시 효과

그린 카드 제도

• 탄소포인트제를 시행하기 위해 환경부와 서울특별시에서 시중 금융기관과 제휴하여 개발한 신용카드 혹은 체크카드, 에코머니 포인트 카드 상품

→ 친환경제품 구매, 가정에서의 에너지 절약 등 친환경소비생활을 하면 경제적 이득 가능(연간 최대 20만원까지 적립 가능)

에코디자인 제도

• 자원순환, 에너지 절감 등 지속 가능한 사회 구축에 기여하는 설계 방식

• 제품, 서비스 등 모든 인공물을 대상으로 하는 친환경 디자인

5. 제3차 지속가능발전기본계획(2016~2035)의 비전, 목표 및 목표별 추진 전략을 기술하시오. (필수문제, 25점)

a. 법적 근거

• 저탄소녹색성장기본법(제50조)

• 20년을 계획기간으로 하며, 5년마다 수립·시행

b. 비전, 목표 및 목표별 추진 전략

• 비전

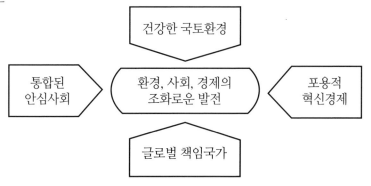

• 4대 목표 및 추진 전략

4대 목표	추진 전략
건강한 국토환경	• 고품질 환경 서비스 확보 • 생태계 서비스 가치 확대 • 깨끗한 물이용 보장과 효율적 관리
통합된 안심사회	• 사회계층 간 통합 및 양성평등 촉진 • 지역 간 격차 해소 • 예방적 건강 서비스 강화 • 안전관리기반 확충
포용적 혁신경제	• 포용적 성장 및 일자리 확대 • 친환경 순환경제 정착 • 지속가능하고 안전한 에너지 체계 구축
글로벌 책임국가	• 2030 지속가능발전의제 파트너십 강화 • 기후변화에 대한 능동적 대응 • 동북아 환경 협력 강화

6. 하천의 기능을 설명하고 〈생태하천 복원사업 업무추진지침(환경부 2016. 2)〉에서 정하고 있는 생태하천의 복원 기본방향을 서술하시오. (25점)

a. 하천의 기능

① 이수적 기능

• 음용수, 생활용수, 농업용수, 공업용수 등

② 치수적 기능

• 홍수 조절, 가뭄 대책

③ 환경생태적 기능

• 동물에게 서식처 및 물 제공

• 생물 다양성 증진 및 코리더 제공

④ 심미·경관적 기능

• 레크레이션, 생태환경 교육장소 제공 등

b. 생태하천복원사업 기본방향

① 수생태계 건강성 회복에 초점

- 하천의 상태 조사, 훼손현황 및 원인 분석, 복원대책 수립

② 유역관리에 근거한 복원계획 수립

- 토지 이용, 오염원 관리, 하수도 관리, 물순환 등

③ 하천의 종·횡적 연속성이 확보될 수 있도록 계획 수립

- 종적·횡적 연결성 고려(실개천, 지천, 본류 연계성 고려)

④ 깃대종(Flagship species) 선정 등을 통한 복원

- 깃대종 선정, 지속적 모니터링

⑤ 도심하천의 물길 회복 및 생태공간 조성

- 복개되어 사라진 도심지역의 물길 회복

- 건천화된 도심하천에 깨끗하고 풍부한 물 공급

⑥ 하천별 특성 살리기

- 하천의 과거, 현재, 미래 등 종합적으로 고려

7. 〈유전자원의 접근 이용 및 이익공유에 관한법률(2017.1.17. 제정)〉의 제정 배경을 설명하고, 이 법률의 목적 및 주요 내용에 대해 서술하시오. (25점)

a. 재정 배경

- 나고야의정서 발표 : 2010년 제10차 생물다양성협약 당사국 총회에서 나고야의정서 채택

  *2014.10 나고야의정서 채택

- 이익공유를 위한 ABS조치 의무화

b. 법률의 제정 목적

① 나고야 의정서 시행 관련 사항 : 생물자원에 대한 주권 강화

② 이익의 공정, 공평한 공유 : 유전자원의 접근 및 이익 공유

③ 생물다양성 보전 및 지속가능한 이용 : 생물자원의 보전 및 현명한 이용

④ 국민생활 향상 및 국제협력 증진

c. 주요 내용

① 유전자원 등에 대한 접근 및 이용

- 유전자원 등에 대한 현황 조사

- 유전자원 등에 대한 접근 및 이용하는 자의 권리 보호

② 국내 유전자원 등에 대한 접근 신고

- 국내 유전자원 등의 이용을 목적으로 접근하려는 외국인, 외국기관은 신고(국가책임기관)

③ 유전자원 등의 이용으로부터 발생한 이익의 공유

④ 유전자원 등에 대한 접근 및 이용 금지

⑤ 해외 유전자원 등에 대한 접근 및 이용을 위한 절차준수 및 신고

⑥ 정보 보호

8. 〈제4차 국가환경종합계획(2016~2035)〉에서는 '미래 환경 위험 대응 능력 강화'를 핵심 전략 과제로 설정하고 있다. 여기에서 제시하는 환경 위험의 미래 전방과 주요 과제 및 과제별 추진 방안을 서술하시오. (25점)

a. 환경 위험의 미래 전망

① 한반도 기후변화 심화 예상

- 기후변화 및 노후 건축물 기반시설 피해 증가

② 기후변화 및 국제화에 따른 생물학적 위험 증가

- 생태계 교란 생물 출현, 외래 생물 유입 증가

③ 동북아 환경재해 위험

- 유류 오염사고, 황사 등 월경성 오염물질 확대 우려

b. 주요 과제 및 과제별 추진 방안

주요 과제	과제별 추진 방안
기후변화 위험 관리	• 기후변화 위험평가를 위한 통합 정보기관 구축 • 기후변화 적응산업을 신(新)성장동력으로 활용
생태·생물학적 위험관리능력 제고	• 생태계 교란종, LMO 등의 생태계 위험관리 강화 • AI, 바이러스, 미량 환경유해인자 등 생물학적 위험 대응능력 확대 등
방사능 위험관리 강화	• 방사성 오염물질 관리 강화 • 방사능 방재 인프라 구축 등
미래환경 안보관리 시스템 구축	• 동북아지역 환경재난 대응대비 통합체계 구축 • 백두산 등 한반도 환경재해 대응체계 마련 등

9. 관계부처 합동으로 마련한 〈미세먼지관리특별대책 세부이행계획(2016. 6)〉 중 발전소 및 경유차 부문의 저감대책을 구체적으로 서술하시오. (25점)

1) 특별대책의 주요 내용
- 국민의 안전과 건강을 위협하는 미세먼지 문제를 국가의 최우선 해결과제로 설정
- 10년 재 유럽 주요 도시의 수준으로 미세먼지 개선

2) 발전소 및 경유차 부문의 저감대책

a. 발전소 저감대책

① 노후 화력발전소
- 노후 석탄 발전 10기 처리(폐지, 대체건설, 연료 전환 등)

② 20년 이상 발전소
- 오염물질 획기적으로 저감
- 성능 개선과 함께 설비 교체

③ 20년 미만 발전소
- 저감시설 확충공사 우선 실시
- 석탄발전소가 밀집해 있는 충남지역에 대해서는 조속한 설비 보완

④ 석탄발전 비중 단계적 축소
- 태양광 등 친환경에너지 비중 확대 실시

b. 경유차 미세먼지 저감대책

① 에너지 상대가격의 합리적 조정
- 법부처 TF팀 구성, 운영

② 노후 경유차 운행제한제도(LEZ, Low Emission Zero)의 구체적 시행방안 마련

③ 노후 경유차의 저공해화
- 노후 경유화를 폐차하고 신규 승용차 구매 시 세제혜택 부여

④ 선박에서 배출되는 대기오염물질 저감방안 강구

제2교시
국토환경계획

1. 국가나 지방자치단체 등 공공기관이 수립하는 토지이용계획의 기능 (필수문제, 9점)

a. 국가나 지방자치단체 등 공공기관이 수립하는 토지이용계획의 종류

 ① 국토종합계획

 : 전국의 국토를 대상으로 장기발전방향 제시

 ② 도 종합계획

 : 도의 관할구역을 대상으로 해당지역의 장기발전방향 제시

 ③ 광역도시계획

 : 2개 이상의 특별시, 광역시. 시 또는 군의 행정구역을 대상으로 장기 발전방향 제시

 ④ 도시·군 기본계획

 ⑤ 도시·군 관리계획

b. 공공기관이 수립하는 토지이용계획의 기능

 ① 현재와 장래의 공간구성 기능 : 현재와 미래의 공간구성과 토지이용 형태 결정

 ② 토지 이용의 규제, 개발의 억제와 권장, 용도지역 등

 ③ 세부공간 설계지침 제시 : 건축물, 도로, 항공, 철도 등 토지이용계획의 공간배치계획 제시

 ④ 난개발 방지

 ⑤ 지속가능성을 위한 토지보전기능

2. UNESCO의 MAB(Man and the Biosphere Programme) 이론에서 정하고 있는 지역 구분의 종류와 내용 (8점)

① 핵심지역(Core zone) : 어떤 행위도 허용되지 않는 엄격한 보전지역

② 완충지역(Buffer zone) : 핵심지역을 보호하기 위한 지역

③ 전이지역(Transition zone) : 활발한 생태관광과 교육, 시설들이 들어설 수 있는 지역

3. 〈국토의 계획 및 이용에 관한 법률〉에서 정하고 있는 개발밀도관리구역 지정기준 (8점)

a. 근거

• 국토의 계획 및 이용에 관한 법률(제66조)

• 개발로 인하여 기반시설이 부족할 것이 예상되고, 기반시설 추가 설치가 어려운 지역을 대상으로 건폐율, 용적률을 강화하는 제도

b. 지정 요건

① 도로 서비스 수준에 의한 기준

　: 도로 서비스 수준이 열악하여 차량통행이 현저하게 지체되는 지역

② 용도지역별 도로율에 의한 기준

　: 당해 지역의 도로율이 국토교통부령이 정하는 용도지역별 도로율에 20% 이상 미달 지역

③ 수도시설의 시설용량에 의한 기준

　: 향후 2년 이내, 당해 지역 수도시설 수요를 초과할 것으로 예상되는 지역

④ 하수시설의 시설용량에 의한 기준

　: 향후 2년 이내, 당해 지역 하수 발생량이 시설용량을 초과할 것으로 예상되는 지역

⑤ 학교 수용능력에 의한 기준

　: 향후 2년 이내, 당해 지역 학생수가 학교수용능력을 20% 이상 초과할 것으로 예상되는 지역

4. 벽면녹화, 옥상녹화 등 건물녹화의 효과 (8점)

a. 건물녹화 개념 및 종류

① 개념 : 건물의 인공지반에 초록빛 자연과 생태피복을 하는 것

② 종류

• 옥상녹화 : 경량형, 중량형, 혼합형

• 벽면녹화 : 등반형, 등반보조형, 하수형 등

• 지붕녹화 : 기둥녹화, 발코니녹화 등

b. 건물녹화의 효과

① 환경적 효과 : 대기·수질 정화, 소음저감, 도시열섬 완화 등

② 생태적 효과 : 도시생태계 개선, 비오톱 기능, 도시생물다양성 증지 등

③ 경제적 효과 : 에너지 절감, 건물 외부벽 보호에 따른 내구성 향상

④ 사회적 효과 : 도시미관 개선, 심미적 효과, 휴게공간 제고 등

5. 〈생태면적률 적용지침(환경부, 2016.7)〉에 따른 생태면적률의 개념과 종류, 적용대상, 적용절차, 설정방법을 서술하시오. (필수문제, 25점)

1) 개념과 종류

a. 개념 : 생태적 기능과 자연순환 기능이 있는 토양면적이 차지하는 비율

$$생태면적률 = \frac{자연녹지면적 + \Sigma(인공녹지 \times 가중치)}{전체면적} \times 100$$

b. 종류(3가지)

① 현재 생태면적률

② 목표 생태면적률

③ 계획 생태면적률

2) 적용대상 및 적용절차

a. 적용대상(6개 분야 산업)

① 도시의 개발

② 산업입지 및 산업단지 조성

③ 관광단지의 개발

④ 특정지역의 개발

⑤ 체육시설의 설치

⑥ 폐기물, 분뇨, 가축분뇨 처리시설의 설치

b. 적응절차

• 협의단계별 절차

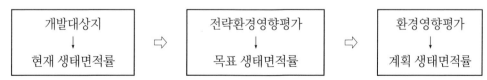

3) 달성 목표 및 설정 방법

a. 달성 목표

사업유형	권장 달성목표(%)	세부내용
도시의 개발	30	구도심 개발사업
	40	구도심 외 개발사업
산업입지 및 산업단지의 조성	20	–
관광단지의 개발	60	–
특정지역의 개발	20~60	개발사업 유형별 기준 적용
체육시설의 설치	80	일반 체육시설(실외)
	50	경윤·경정 시설(실내)
폐기물, 분뇨 처리시설의 설치	50	매립시설
	40	소각 및 분뇨 처리시설

b. 설정 방법

① 현재 생태면적률

: 사업대상지의 토지피복지도를 바탕으로 현재 상태의 생태면적률을 산정한다.

② 목표 생태면적률

: 현재 상태의 면적률을 바탕으로 목표 생태면적률을 설정하되, 개발사업 유형별 달성 목표를 고려
하여 설정한다.

③ 계획 생태면적률

: 목표 생태면적률을 바탕으로 설정하되. 계획 생태면적률이 달성될 수 있도록 사업계획을 수립한다.

6. 〈국토의 계획 및 이용에 관한 법률〉에 따른 개발행위 허가제도의 개념, 허가기준, 허가대상, 허가제
한, 허가규모를 설명하고, 환경영향평가와의 관계를 간략히 서술하시오. (25점)

a. 근거 및 개념

① 근거 : 국토의 계획 및 이용에 관한 법률(제56조)

② 개발행위허가제의 개념

- 개발과 보전이 조화되게 유도하여 국토관리의 지속가능성을 제고
- 토지에 대한 정당한 재산권 행사를 보장하여 토지의 경제적 이용과 환경적 보전의 조화를 도모

- 난개발을 방지하고 국토의 계획적 관리를 도모

b. 개발행위 허가의 기준

① 용도지역별 특성을 고려하여 대통령령이 정하는 개발행위의 규모에 적합할 것

② 도시·군 관리계획 및 성장관리 방안의 내용에 어긋나지 아니할 것

③ 도시·군 계획사업의 시행에 지장 없을 것

④ 주변환경이나 경관과 조화를 이룰 것

⑤ 해당 개발행위에 따른 기반시설의 설치나 그에 필요한 용지의 확보 계획이 적절할 것

c. 허가대상

① 건축물의 건축 및 공작물의 설치

② 토지의 형질 변경

③ 토석 채취

④ 토지 분할

⑤ 물건 적치(녹지지역, 관리지역 또는 자연환경보전지역 내에 물건을 1개월 이상 쌓아놓는 행위)

d. 허가제한

① 녹지지역이나 계획관리지역으로서 수목이 집단적으로 자라고 있거나 조수류가 집단적으로 서식지역 또는 우량농지 등으로 보존할 필요가 있는 지역

② 개발행위로 인하여 주변의 환경·경관·미관·문화재 등이 오염, 손상 우려가 있는 지역

③ 도시·군 기본계획이나 도시·군 관리계획을 수립하고 있는 지역으로서 도시·군 기본계획이나 도시·군 관리계획이 결정될 경우, 용도지역·용도지구·용도구역의 변경이 예상되는 지역

④ 지구단위계획으로 지정된 지역

⑤ 기반시설 부담구역으로 지정된 지역

e. 허가 규모

용도 지역	허가 규모
도시지역	주거지역, 상업지역, 자연녹지지역, 생산녹지지역 : 1만㎡ 미만 공업지역 : 3만㎡ 미만 보전녹지지역 : 5천㎡ 미만
관리지역	3만㎡ 미만
농림지역	3만㎡ 미만
자연환경 보전지역	5천㎡ 미만

f. 환경영향평가와의 관계

- 개발행위허가제도와 환경영향평가제도는 개발과 보전을 통해 지속가능한 균형적 국토이용을 도모하기 위한 제도
- 개발행위 허가 시 환경영향평가법에 의한 환경영향평가 대상사업인 경우 환경영향평가 절차도 거쳐야 한다.

7. 〈산지관리법〉에 따른 산지전용제도의 허가기준, 산지전용 협의절차 및 협의기준, 산지전용 타당성 조사에 대하여 서술하시오. (25점)

a. 허가기준

① 산지전용, 일시사용제한지역에서의 행위제한과 보전산지에서의 행위제한에 따른 행위제한사항에 해당하지 아니할 것

② 인근산림의 경영, 관리에 큰 지장을 주지 아니할 것

③ 집단조림성공지 등 우량한 산림이 많이 포함되지 아니할 것

④ 희귀 야생동·식물의 보전 등 산림의 자연생태적 기능 유지에 현저한 장애가 발생하지 아니할 것

⑤ 토사의 유출, 붕괴 등 재해발생 우려가 없을 것

⑥ 산림의 수원 함량 및 수질 보전기능을 크게 해치지 아니할 것

⑦ 산지의 형태, 임목의 구성 등의 특성으로 인하여 보호할 가치가 있는 산림에 해당하지 아니할 것

⑧ 사업계획 및 산지전용면적이 적정하고, 산지전용방법이 자연경관 및 산림훼손을 최소화하며, 산지 전용 후 복구에 지장을 줄 우려가 없을 것

b. 협의절차

신청서 접수 → 현지조사 확인 → 대체산림자원 조성비 및 복구비 산정

→ 대체산림자원조성비 납부고지 및 복구비 예정 통지(납부 및 예치) → 허가 결정

c. 합의기준

① 공통기준

- 인근 산림의 경영, 관리에 큰 지장을 주지 아니할 것
- 희귀 야생동·식물의 보전 등 산림의 자연생태적 기능 유지에 현저한 장애가 발생하지 아니할 것
- 산림의 수원 함량 및 수질보전 기능을 크게 해하지 아니할 것

- 사업계획 및 산지전용면적이 적정하고 산지전용 방법이 자연경관 및 산림훼손을 최소화하고, 산지전용 후 복구에 지장을 줄 우려가 없을 것

② 산지전용면적에 따라 적용되는 허가기준

면적	주요 조건
30만㎡ 이상	우량한 산림이 많이 포함되지 아니할 것
2만㎡ 이상	토사의 유출, 붕괴 등 재해 발생이 우려되지 아니할 것
660만㎡ 이상	산지의 형태 및 임목의 구성 등의 특성으로 인하여 보호할 산림에 해당하지 아니할 것
30만㎡ 이상	사업계획 및 산지전용 면적이 적정하고, 산지전용 방법이 자연경관 및 산림훼손을 최소화하고, 산지전용 후 복구에 지장을 줄 우려가 없을 것

d. 산지전용의 타당성 조사

① 개념

: 30만㎡ 이상의 산지에 대해 산지전용 또는 산지일시전용의 필요성, 적합성, 환경성 등을 확인하는 조사

② 대상

- 산지에서의 구역 등의 지정의 협의를 신청하는 산지
- 산지전용 허가 또는 산지 일시 사용허가 30만㎡ 이상
- 풍력발전시설 또는 삭도시설의 경우 660만㎡ 이상

③ 절차

조사신청 → 수수료 납부 → 타당성 조사 → 결과 통지 → 결과 공개

④ 조사항목

구분	조사항목
산지에서의 구역지정 협의 신청 시	보전산지 등의 편입, 행위제한, 평균경사도, 입목축적 등
산지전용 허가신청서	행위제한, 인근산림 경영관리에 대한 영향, 재해 발생 우려 등
산지일시사용 허가신청서	행위제한, 우량산림의 편입, 대상시설, 행위별 지역, 조건 기준 등

8. 〈국토의 계획 및 이용에 관한 법률〉에 따른 입지규제 최소구역제도의 도입 목적, 개념 및 지정요건, 입지규제 최소구역계획, 규제 완화 사항에 대하여 설명하시오. (25점)

1) 도입 목적

 ① 창의적 도시공간조성 유도

  : 용도지열, 지구에 따른 일률적 기준을 특정공간에 대해 유연하게 적용(맞춤형 도시계획 허용)

 ② 도시활력 재생 및 지역경제 활성화를 위한 거점 육성

  : 복합적이고, 압축적 토지이용 증진

 ③ 다양한 도시개발 및 정비 지원

2) 개념 및 지정조건

 a. 개념

  : 도시개발, 관리를 위하여 특정공간을 별도로 관리할 필요가 있는 지역에 대해 도시·군 관리계획으로 지정하는 용도구역의 하나임

 b. 지정 요건 : 도시정비를 촉진하고 지역거점을 육성할 필요가 있는 지역

  ① 도심, 부도심 또는 생활권 중심 지역

  ② 철도역사, 터미널, 항만, 공공청사, 문화시설 등의 기반시설 중 지역의 거점 역할을 수행하는 시설을 중심으로 집중적으로 정비할 필요가 있는 지역

  ③ 3개 이상의 노선이 교차하는 대중교통의 결절지로부터 1㎞ 이내 지역

  ④ 노후불량 건축물이 밀집한 주거지역 또는 공업지역으로 정비가 시급한 지역

  ⑤ 도시재생활성화지역 중 도시경제기반형 활성화계획을 수립하는 지역

3) 입지규제 최소구역계획

  : 입지규제 최소구역의 관리에 필요한 사항을 정하기 위하여 수립하는 도시·군 관리계획

 ① 건축물의 용도, 종류 및 규모에 관한 사항

 ② 건축물의 건폐율, 용적률, 높이에 관한 사항

 ③ 간선도로 등 주요 기반시설의 확보에 관한 사항

 ④ 용도지역, 용도지구, 도시·군 계획시설의 지구단위계획의 결정에 관한 사항

 ⑤ 그 밖에 입지규제최소구역의 체계적 개방과 관리에 필요한 사항

4) 규제완화 사항

- 다른 법률규정의 완화 또는 배제사항이 있는 경우
- 도시계획위원회, 학교환경위생정화위원회, 문화재위원회 공동심의 시 관련 행위제한 완화 가능
  * 예를 들면, 학교환경위생정화구역에서의 행위제한 완화 등
- 건축기준 특례사항 적용 시

9. 〈제2차 물환경관리기본계획(2016~2025)〉의 비전과 핵심가치, 5개 핵심전략, 3개 기반강화과제를 서술하시오. (25점)

a. 비전 : 방방곡곡 건강한 물이 있어 행복한 세상

b. 핵심 전략

　① 건강한 물순환 체계 확립

　② 유역통합관리로 깨끗한 물 확보

　③ 수생태계 건강성 제고로 생태계 서비스 증진

　④ 안전한 물환경 기반 조성

　⑤ 물환경의 경제·문화적 가치 창출

c. 핵심가치

　① 자연과 인간의 상생

　② 환경과 경제의 선순환

　③ 환경 정의

d. 5개의 핵심전략

핵심전략	주요 내용
핵심전략 1	• 건강한 물순환체계 확립 : 불투수면적률 25% 초과 51개 소권역의 지역별 물순환 목표 설정
핵심전략 2	• 유역통합관리로 깨끗한 물 확보 : 주요 상수원의 수질 목표 달성
핵심전략 3	• 수생태계 건강성 제고로 생태계 서비스 증진 : 전국 수생태계의 건강성 등급 달성(B등급)
핵심전략 4	• 안전한 물환경 기반조성 : 산업폐수 유래물질 배출량 10% 저감
핵심전략 5	• 물환경의 경제·문화적 가치 창출

e. 3개 기반강화과제

　① 거버넌스 활성화

　　• 상·하류 유역 거버넌스 확립

　　• 이해당사자 및 기업, 학계와의 협력강화 등

　② 과학·기술의 고도화

　　• 환경기준의 선진화

　　• 모니터링 고도화 등

　③ 재정관리 효율화

　　• 국고지원사업의 성과 분석 강화

　　• 투자우선순위 정립 등

제3교시

환경영향평가 실무

1. 〈환경영향평가서 등에 관한 규정(환경부 고시 제2016-131호)〉에서 정하고 있는 개발기본계획의 전략환경영향평가서 구성체계 (필수문제, 9점)

　생략(본문 참조)

2. 환경영향평가서 작성 시 사용되는 환경현황조사의 종류 및 내용 (8점)

→ 환경현황조사의 종류는 크게 3가지

구분	주요 내용
현지조사	사업시행지역과 사업시행에 따라 영향을 받을 지역의 환경현황조사 : 대개환경, 수환경, 토지환경, 자연생태환경 등
문헌(기존자료)조사	정부 및 공공기관의 조사자료 : 전문학술지, 관련기관 홈페이지 등
탐문조사	지역주민, 지역전문가, 대학, 환경단체 등

3. 개발기본계획의 전략환경영향평가 시 평가항목 및 범위 등의 설정(스코핑) 방법 (8점)

a. 스코핑(Scoping) 제도

　: 환경영향평가 시 중점적으로 평가할 평가 항목 및 범위를 설정하는 과정을 말한다

b. 개발기본계획의 전략환경영향평가시 평가 항목 및 범위의 설정방법

　① 전략환경영향평가 준비서 작성 : 평가준비서에는 다음 사항이 포함되어야 한다.

　　• 전략환경영향평가의 목적 및 개요

　　• 전략환경영향평가 대상지역 설정

　　• 토지이용 구상안

　　• 지역개황

　　• 평가항목, 범위 방법의 설정 방안

　② 환경영향평가협의회의 심의

　　→ 평가준비서를 토대로 환경영향평가협의회의 심의를 거쳐 평가 항목 및 범위 등을 결정한다.

　③ 전략환경영향평가 항목 결정 시 고려사항

　　• 해당 계획의 성격

• 상위계획 등 관련 계획과의 부합성

• 해당 지역 및 주변지역의 입지여건, 토지이용현황 및 환경 특성

• 계절적 특성 변화

• 그 밖의 환경기준 유지 등과 관련 사항

4. 〈소음진동관리법〉에서 규정하고 있는 소음방지시설과 진동방지시설의 종류 (8점)

a. 소음방지시설

 ① 소음기

 ② 방음덮개시설

 ③ 방음창 및 방음실 시설

 ④ 방음외피시설

 ⑤ 방음벽시설

 ⑥ 방음터널시설

 ⑦ 방음림 및 방음언덕

 ⑧ 흡음장치 및 시설 등

b. 진동방지시설

 ① 탄성지지시설 및 제진시설

 ② 방진구 시설

 ③ 배관진동 절연장치 및 시설 등

5. 해안가에 입지하는 산업단지 건설사업에 대한 환경영향평가서 해안환경과 대기질 항목에 대한 평가 기법(현황조사, 영향예측, 저감방안)에 대하여 구체적으로 설명하시오. (필수문제, 5점)

항목	주요 내용		
해양환경	현황조사	조사항목	• 해양동·식물 • 해양수질 • 해양저질 • 해양물리 • 수자원 이용 현황

항목			주요 내용
해양환경	현황조사	조사범위	• 공간적 범위 : 산업단지건설에 영향을 미치는 지역 • 시간적 범위 : 해양환경의 계절적 특성 변화를 파악할 수 있도록 설정
		조사방법	• 기존자료와 현지조사를 병행 • 시료채취 및 시험방법은 해양환경 공정시험방법을 따름
	영향 예측	조사항목	• 현황조사 항목과 동일
		조사범위	• 공간적 범위 : 현황조사와 동일 • 시간적 범위 : 공사 시와 운영 시로 구분
		예측방법	• 유사사례와 수치해석, 모형시험 등 활용
		예측결과	• 예측결과는 항목별로 분석하고, 표나 그림으로 제시
	저감방안		• 평가결과를 토대로 해양환경에 미치는 영향을 최소화하는 방안 제시
대기질 항목	현황조사	조사항목	• 대기환경기준 항목의 현황 농도 • 대기오염 총량관리 현황
		조사범위	• 공간적 범위 : 산업단지의 영향을 미치는 지역 • 시간적 범위 : 계절적 특성 변화를 파악할 수 있도록 설정
		조사방법	• 기존자료와 현지조사를 병행함 • 시료채취 및 시험방법은 대기오염 공정시험방법을 따른다
	영향 예측	조사항목	• 현황조사와 동일
		조사범위	• 공간적 범위 : 현황조사와 동일 • 시간적 범위 : 공사 시와 운영 시로 설정
		예측방법	• 유사사례와 모형시험 등 활용
	저감방안		• 평가결과를 토대로 산업단지로 인한 대기질 영향을 최소화하기 위한 방안을 구체적 제시

6. 공유수면 매립 기본계획 전략환경영향평가 시 계획의 적정성과 입지의 타당성 평가방법을 서술하시오. (25점)

a. 근거
• 〈공유수면 관리 및 매립에 관한 법률〉에 따른 공유수면 매립 기본계획

- 〈환경영향평가법〉에 따른 전략환경영향평가

b. 공유수면 매립 기본계획

- 수립권자는 해양수산부장관이며, 10년마다 수립

c. 계획의 적정성

① 상위계획 및 관련계획과의 연계성

- 상위계획으로는 국토종합계획, 국가환경종합계획, 도시·군 관리계획, 자연환경보전기본계획 등이 있다.
- 관련계획으로는 연안통합관리계획, 연안관리지역계획 또는 연안정비계획 등이 있다.

② 대안 설정, 분석의 적정성

- 계획 비교 : No action과 계획수립시 발생 상황 비교
- 수단, 방법 : 계획의 목적 달성을 위한 다양한 수단, 방법 분석
- 입지 : 공유수면 매립 대상지역 또는 그 경계지역의 조정 여부를 분석
- 시기, 순서 : 매립규모와 개발 시기, 순서를 비교 분석

d. 입지의 타당성

구분	입지의 타당성
자연환경보존	• 생물 다양성, 서식지 보전 • 지형, 생태축의 보전 • 주변 자연경과에 미치는 영향 • 수환경 버전(해수 유동, 침식, 퇴적, 해수 교환 등)

생활환경 안정성	• 환경기준 부합성
	  −해역의 환경기준의 유지, 달성 여부
	  −해양저질, 해양환경기준 달성 여부

사회, 경제환경과의 조화성	• 환경 및 생태적 보전 관련 내용 • 개발로 인한 주변 어업 피해 여부(어업권, 양식장 등)
중점검토 대상지역	• 공유수면 매립으로 인하여 해양환경, 자연생태계에 중대한 부정적 영향을 미칠 것으로 예상되는 지역

7. 수질항목 평가 시 수질예측 모델링 수행절차, 수질예측프로그램을 선정할 때 고려할 사항, 주로 사용되는 수질예측프로그램(3개 이상)과 그 특성을 서술하시오. (25점)

a. 수질예측모델링 수행절차

현황조사, 분석
⇩
모델 선정   : 기존 모델 중 최적 모델 선정
⇩
모형 구축(자료 입력)   : 1차적으로 자료 입력
⇩
보정(Calibration)   : Parameter 등을 보정
⇩
검증(Verification)   : 2차 자료 입력을 통해 모델 검증
⇩
대안 평가   : 최종 평가
⇩
모델 완료

b. 고려사항

① 프로그램이 유사한 사례에 적용된 적이 있는가

② 모델의 정확도가 검증되었는가

③ 현장조사 내용과 프로그램이 요구하는 항목 간 유사성이 있는가

④ 모델의 수행목적에 부합하는가

⑤ 예측하고자 하는 수질항목이 포함되어 있는가

c. 주요 수질예측 프로그램

프로그램	주요 특징
QUALZE	• 하천 수질 예측분석에 적합 • DO, BOD, 클로로필, N, P 분석 가능
WASP	• 호소, 댐, 하천 수질 예측 분석에 적합 • DO, BOD, N, P, 대장균군, 조류농도 등 분석 가능
WQRRS	• 호소, 댐 등 폐쇄성 수역의 수질 예측 모델에 적합 • DO, BOD, N, P, 조류, 플랑크톤 등 분석 가능
QUAL-NIER	• QUAL2E의 변형모델
RMA2,4	• 하천, 호소, 댐 등의 수질 예측프로그램으로 적합
EFDC	• WASP와 연계하여 수질 예측프로그램으로 적합

8. 도시개발사업 환경영향평가 시 동·식물상 항목의 현황조사, 영향예측평가, 저감방안에 대해 서술하시오. (25점)

항목		주요 내용
현황조사	조사항목	• 식물상 • 육상동물상(포유류, 조류, 양서·파충류, 육상곤충류) • 육상생물상(어류, 저서대형무척추동물, 플랑크톤 및 부착조류) • 생태자연도 및 생태계 현황
	조사범위	• 공간적 범위 : 도시개발사업의 영향이 미치는 지역 • 시간적 범위 : 동식물의 출현, 생육 속성을 파악할 수 있도록 설정
	조사방법	• 현지조사, 문헌조사, 탐문조사를 병행 실시
영향예측평가	조사항목	• 현황조사항목과 동일
	조사범위	• 공간적 범위 : 도시개발사업의 영향이 미치는 지역 • 시간적 범위 : 공사 시와 운영 시로 구분하되, 동·식물상 속성을 파악할 수 있도록 설정
	조사방법	• 유사사례를 참조하며, 해석가능한 정량적·정성적 방법을 사용
	예측결과 및 평가	• 예측결과는 조상항목별로 정리 • 예측결과를 바탕으로 동식물상의 종류별로 피해 정도 파악
저감방안		• 예측결과를 토대로 보호해야 할 동·식물과 생태계에 대해 구체적 저감방안을 수립 • 저감방안 수립 후 동·식물상에 미치는 영향까지 평가

9. 개발기본계획의 대안평가에 있어 대안의 선정절차 및 방법을 서술하고, 수단·방법 대안과 입지대안 선정에 대해 설명하시오. (25점)

① 대안의 종류 및 선정방법, 선정절차

대안의 종류	대안 선정방법
계획비교	• No action인 계획을 수립하지 아니했을 경우와 계획을 수립했을 때 발생 가능한 상황을 비교
수단·방법	• 목표 달성을 위해 다양한 수단, 방법을 대안으로 선정·평가
수요·공급	• 개발에 관한 수요·공급을 결정하는 계획의 경우, 수요·공급량에 따른 조건을 변경하여 대안으로 선정

대안의 종류	대안 선정방법
입지	• 개발입지를 결정하는 계획의 경우, 대상지역 또는 그 경계의 일부를 포합시키는 방안을 대안으로 선정
시기, 순서	• 개별사업의 시기 및 순서를 결정하는 계획의 경우, 시행시기와 진행순서(연차별 시행 등)를 조정하여 대안으로 선정

② 개발기본계획의 수단·방법대안과 입지대안 선정

구 분	주요 내용
수단·방법 대안	• 환경기준의 유지, 환경영향 최소화, 실현가능성 등을 기준으로 수단·방법의 대안 평가 • 계획의 목적 달성을 위한 다양한 수단·방법을 상호 정량·정성적으로 비교, 평가
입지 대안	• 개발 및 관리대상 입지와 그 경계지역의 포함 여부를 상호 비교, 평가하여 최적의 입지를 선정 • 주변공원, 녹지체계, 생태네트워크, 완충녹지 등 고려 • 환경오염 유발 시설문과의 이격거리 등도 고려하여 입지 대안 평가

제4교시
환경영향평가제도

1. 〈국토의 계획 및 이용에 관한 법률〉 적용지역에서의 소규모 환경영향평가 대상사업의 종류와 규모 (필수문제, 9점)

구 분	대상사업 종류와 규모
도시지역의 경우	사업계획 면적이 6만㎡(녹지지역 1만㎡) 이상인 다음 사업들 • 체육시설의 설치 사업 • 골재를 채취하는 사업 • 어항시설 기본계획에 따라 시행하는 개발사업 • 기반시설 설치, 정비 또는 개량에 관한 계획에 따라 시행하는 사업 • 지구단위계획에 따라 시행하는 사업
관리지역의 경우	대상계획 면적이 • 보전관리지역 : 5,000㎡ 이상 • 생산관리지역 : 7,500㎡ 이상 • 계획관리지역 : 10,000㎡ 이상
농림지역의 경우	• 7,500㎡ 이상
자연환경 보전지역의 경우	• 5,000㎡ 이상

2. 2016년 11월 29일 개정된 〈환경영향평가법시행령〉의 주요 개정 내용 (8점)

a. 개정 배경 및 이유

: 전략환경영향평가제도의 전문기술인력, 관리 등에 대한 모법(환경영향평가법) 개정에 따른 후속조치

b. 주요 개정 내용

구 분	주요 내용
전략환경영향평가 실시 여부의 결정 주기	• 행정기관의 장은 소관 전략환경영향평가에 대하여 5년마다 실시 여부를 결정하여야 한다.
전략환경영향평가를 5년 이내 재추진하려는 경우 재협의 등 생략	• 전략환경영향평가 대상계획 등이 환경부장관 협의 후 승인 등을 받고 취소된 경우 • 환경부장관과 협의 후 지연 중인 경우
환경영향평가 기술자 자격기준 등	• 기술등급별 환경영향평가 기술자의 기술자격 및 학력, 경력의 기준을 정한다.
전략환경영향평가 대상계획의 일부 조정	• 〈유통산업발전법〉에 따른 유통산업발전기본계획 등 9개 계획 제외 • 〈지하수법〉에 따른 지하수 관리기본계획 등 32개 계획 추가

3. 약식 전략환경영향평가의 개요, 대상계획 주요내용 (8점)

a. 약식 전략환경영향평가 개요

: 입지 등 구체적 사항을 정하지 않거나 정량적 평가가 불가능한 경우, 평가항목과 평가범위를 간략히 하는 약식평가를 실시토록 한다.

b. 대상계획

구 분	대상계획
정책계획	• 연안종합관리계획 • 국가기간교통망계획 • 대도시광역교통기본계획 • 수자원장기종합계획 • 지하수관리기본계획 • 공원녹지기본계획
개발기본계획	• 도시교통정비기본계획 • 도시주거환경정비기본계획

c. 주요 내용

① 평가항목 중 일부 항복의 생략 또는 정성 평가 실시

　• 구체적 입지가 정해지지 아니한 계획 : 입지타당성 항목평가 생략

　• 정량적 평가가 불가능한 계획 : 정성적 평가 실시

② 평가절차 간소화

4. 환경영향평가 협의 완료 후 승인기관장의 검토를 받지 않아도 되는 경미한 변경사항과 이에 대한 조치사항 (8점)

경미한 변경사항	조치사항
① 협의내용에 포함된 시설물이 변경되는 경우로서 새로운 오염물질이 배출되지 아니하는 경우 ② 구간별 공사가 일부 완료되어 환경영향 저감시설 등을 폐쇄하거나 공사 진행상황에 따라 환경영향평가 저감시설을 당초의 시설규모 용량보다 크게 정비하는 경우 ③ 경관녹지, 완충녹지 등 환경보전을 위한 녹지를 확대하는 경우 ④ 확정측량에 따라 사업면적이 증감되는 경우 ⑤ 기타 승인기관장이 인정하는 경우	⇒ 사업자는 관리대장에 그 변경내용을 기록하여야 한다. (별도 보고 필요없음)

5. 환경영향평가제도에서 주민참여의 의의 및 기능을 설명하고, 우리나라 주민참여제도의 문제점 및 개선방안에 대하여 구체적으로 서술하시오. (필수문제, 25점)

a. 주민참여의 기능

① 정보 기능

: 지역주민들에게 사업내용 및 사업으로 인한 환경영향에 대한 정보 제공

② 시민참여 기능

: 정책결정 및 사업계획 수립단계에서 의견제출 가능

③ 시민 및 이해당사자의 의견조정 기능

: 사업시행 이전에 의견 조정 및 조율 기능

④ 사업의 정당성과 투명성 확보

b. 주요 문제점

① 제도적 문제점

- 계획이 확정되고, 설계 마무리 단계에서 통과의례적 절차를 받는 경우가 많다.
- 사업시행으로 인한 영향권은 지역주민에 국한된다.
- 주민 간, 사업자와 주민 간 의견 통합·조정 기능 미흡
- 편의적·형식적 절차에 치중

② 주민참여의 운영상의 문제점

- 설명회·공고에 대한 인지도가 현시적으로 매우 낮다.
- 평가서 초안의 내용이 너무 복잡하고 전문적 내용에 치우쳐, 주민들이 이해하기가 쉽지 않다.
- 주민의식문제 등

c. 개선방안

① 법·제도 개선

- 주민의 범위 확대
- 지역주민과 함께 관계 전문가 참여 확대 등

② 정책적·운영적 개선

- 알기 쉬운 문서로 작성
- 전국적 참여 네트워크 구축 등

6. 〈환경영향평가법(2016. 5.29 개정)〉 제10조의 2(전략환경영향평가 대상계획의 결정절차)에서 규정하고 있는 전략환경영향평가 대상계획의 실시 여부 결정(스크리닝)과 생략 여부 검토(티어링)에 대하여 설명하시오. (25점)

1) 환경영향평가법 제10조의 2(전략환경영향평가 대상계획의 결정절차)

> a. 행정기관의 장은 소관 전략환경영향평가 대상계획에 대하여 대통령령으로 정하는 기간(5년)마다 다음 각 호의 사항을 고려하여 전략환경영향평가 실시여부를 결정하고, 그 결과를 환경부장관에게 통보하여야 한다.
> 　① 계획에 따른 환경영향의 중대성
> 　② 계획에 대한 환경성 평가의 가능성
> 　③ 계획이 다른 계획 또는 개발사업 등에 미치는 영향
> 　④ 기존 전략환경영향평가 실시 대상계획의 적절성
> 　⑤ 전략환경영향평가의 필요성이 제기되는 계획의 추가 필요성
> b. 제1항에 따라 전략환경영향평가를 실시하지 아니하기로 결정하려는 행정기관의 장은 그 사유에 대하여 관계 전문가 등의 의견을 청취하여야 하고 환경부장관과 협의를 거쳐야 한다.
> c. 환경부장관은 제2항에 따라 협의요청을 받은 사유를 검토하여 전략환경영향평가가 필요하다고 판단되면 해당 계획에 대한 전략환경영향평가 실시를 요청할 수 있다.

2) 스크리닝과 티어링

구 분	스크리닝	티어링
개념	전략환경영향평가 실시 여부 검토	전략환경영향평가 생략 여부 검토
관련 내용	환경영향평가법 제10조의 2의 규정에 행정기관의 장은 5년마다 환경영향의 중대성 등을 고려하여 전략환경영향평가 실시 여부를 결정하고, 환경부장관에게 통보하여야 한다.	행정기관의 장은 소관 전략환경영향평가 대상계획 중 다른 계획에서 실시한 전략환경영향평가 내용이 중복되는 등 동일한 평가가 시행된 것으로 볼 경우, 동 전략환경영향평가 생략이 가능하다.

구 분	스크리닝	티어링
절차	전략환경영향평가 실시여부 검토 ↓ 관계전문가 의견수렴 ↓ 전략환경영향평가 실시하지 않는 구체적 이유와 근거 마련 ↓ 협의요청서(전문가 의견서) ↓ 환경부장관 협의(통보)	전략환경영향평가 실시 생략 여부 검토 ↓ 관계전문가 의견수렴 ↓ 생략하는 구체적 사유와 근거 마련 ↓ 협의요청서 ↓ 환경부장관에게 통보

7. 〈환경영향평가법〉 제53조에 근거한 환경영향평가업자 사업수행능력 평가제도의 도입 배경 및 주요 내용(평가기관, 대상사업, 평가방법 및 절차, 평가기준)에 대하여 설명하시오. (25점)

1) 환경영향평가업자 사업수행능력 평가제도의 도입 배경

 ① 환경영향평가업의 특성과 독립성 전문성 확보

  • 기존 환경평가의 발주방식은 발주기관별 사업수행능력 평가기준을 제각기 운영

 ② 환경영향평가 신뢰도 제고

 ③ 환경기술 발전에 기여

2) 주요 내용(평가기관. 대상사업, 평가방법 및 절차, 평가기준)

 a. 평가기관

 ① 국가기관 또는 지방자치단체

 ② 〈공공기관의 운영에 관한 법률〉에 따른 공기업, 준정부기관

 ③ 국가 또는 지방자치단체의 출연기관

 ④ 국가, 지방자치단체 또는 공기업이나 준정부기관이 위탁한 사업의 시행자

 ⑤ 기타(사회기반시설에 대한 민간투자법에 따른 사업시행자)

 b. 대상사업

 ① 예정가격이 2억 1천만 원 이상이 환경영향평가서 등의 작성에 관한 대행사업

 ② 〈국가를 당사자로 하는 계약에 관한 법률 시행령〉에 따라 입찰을 실시하는 환경영향평가서 등의

작성에 관한 대행사업③ 과당경쟁으로 부실하게 환경영향평가서 등의 작성이 우려되는 경우

c. 평가방법 및 절차

① 발주청은 사업수행능력을 평가하여야 하는 경우, 입찰공고 예정일 60일 전까지 추진계획을 공고

② 입찰 참가 예정자는 입찰공고 예정일 30일 이전까지 발주청에 사업수행 참여신청서를 제출

d. 평가기준

① 배점구성 : 총 100점 중 기술일력 68점 / 업체실적 32점으로 구성

② 세부 평가항목 및 배점

평가요소	
참여자 능력평가 (68점)	• 자격 및 등급(14점) • 환경영향평가 등 경력(17점) • 환경영향평가 등 실적(17점) • 업무여유도(17점) • 교육훈련(1점) • 과업의 이해도(1점) • 환경영향평가 발전(1점) • 이적계수
업체 능력평가 (32점)	• 환경영향평가 등의 수행실적(14점) • 신용도(8점) • 기술개발 및 투자실적(6점) • 환경평가 발전(2점) • 업체능력평가(2점) • 하도급 준수

③ 관계법령 등에서 규정하는 사항에 따라 필요하다고 인정되는 경우, 발주청은 평가요소별 배점을 ±20% 범위에서 조정할 수 있다.

8. 환경영향평가의 정보공개에 대하여 설명하고, 환경영향평가법이 규정하고 있는 정보공개의 방법 및 내용을 서술하시오. (25점)

정보공개 내용	공개 방법
환경영향평가협의회 심의를 거쳐 결정된 전략환경영향평가 항목 등	행정기관의 장은 전략영향평가 항목 등이 결정된 날로부터 20일 이내, 시·군·구 또는 전략환경영향평가 대상계획을 수립하려는 행정기관의 정보통신망 정보지원시스템에 게시한다.

정보공개 내용	공개방법
전략환경영향평가 주민동의 의견수렴 결과 반영 여부	개발기본계획을 수립하려는 행정기관장은 주민의견 수렴결과와 반영 여부를 개발기본계획 확정 이전에 시·군·구 또는 개발기본계획수립 행정기관의 정보통신망 및 환경영향평가 정보지원시스템에 14일 이상 게시하여야 한다.
환경영향평가협의회 심의를 거쳐 결정된 환경영향평가 항목 등	협의회 심의를 거쳐 결정된 환경영향평가 항목 등을 해당 시·군·구 또는 승인기관장 등이 운영하는 정보통신망 및 환경영향평가 정보지원시스템에 14일 이상 게시하여야 한다.
환경영향평가 시 주민의견수렴 결과와 그 내용 반영여부	주민의견수렴 결과 반영 여부에 대하여 해당 시·군·구 또는 승인기관장 등이 운영하는 정보통신망 및 환경영향평가 정보지원시스템에 14일 이상 게시하여야 한다.
환경영향평가서 등의 공개	환경부장관은 다른 법령에 따라 공개가 제한되는 경우를 제외하고는 정보지원시스템 등을 이용하여 환경영향평가서 등을 공개할 수 있다.

9. 전략환경영향평가와 환경영향평가의 절차와 내용을 비교하여 서술하시오. (25점)

① 전략환경영향평가 절차

정책계획	개발기본계획
평가준비서 작성 ⇩ 환경영향평가협의회 심의 (평가항목 등 결정) ⇩ 환경영향평가서 작성 및 협의 (관계 행정기관) ⇩ 협의의견 통보 (환경부→행정기관) ⇩ 협의결과 반영 ⇩ 협의결과 통보	평가준비서 작성 ⇩ 환경영향평가협의회 심의 (평가항목 등 결정) ⇩ 환경영향평가서 초안 작성 ⇩ 주민의견수렴 ⇩ 환경영향평가서 작성 및 협의 (관계 행정기관) ⇩ 협의의견 통보 (환경부 → 행정기관) ⇩ 협의결과 반영 ⇩ 협의결과 통보

② 환경영향평가 절차

```
┌─────────────────┐
│  평가준비서 작성   │
└─────────────────┘
         ⇩
┌─────────────────────────┐
│  환경영향평가협의회 심의     │
│   (평가항목 등 결정)        │
└─────────────────────────┘
         ⇩
┌─────────────────┐
│  평가서 초안 작성  │
└─────────────────┘
         ⇩
┌─────────────────┐
│   주민의견수렴     │
└─────────────────┘
         ⇩
┌─────────────────┐
│   평가서 작성     │
└─────────────────┘
         ⇩
┌─────────────────────────┐
│      평가서 검토          │
│ (환경부→관계 행정기관)     │
└─────────────────────────┘
         ⇩
┌─────────────────┐
│   협의내용 반영    │
└─────────────────┘
         ⇩
┌─────────────────┐
│  사업승인 및 착공  │
└─────────────────┘
```

제8회

환경영향평가사 필기시험

기출문제 및 풀이

제1교시
환경정책

1. 용어 설명 (필수문제, 9점)

- 굴뚝원격감시체계, 공해차량 운행제한지역, RCP 시나리오

굴뚝원격감시체계(Clean SYS)

- 사업장 굴뚝에서 대기오염물질을 자동측정기로 상시 측정하는 시스템
- TMS 측정이라고도 한다.
- 실시간 배출업체의 대기오염물질 배출을 감시, 감독할 수 있다.

공해차량 운행제한지역(LEZ, Low Emission Zone)

- 대기오염이 심각해 자동차의 운행제한 등 특별관리가 필요한 지역
- 오염물질을 배출하는 차량의 통행을 제한
  : 제한 대상 차량은 배출가스 저감장치 등 저공해 조치를 이행하지 않은 차량 등
- 서울특별시(전지역), 경기도 24개 시·군(연천, 포천, 가평, 양평, 여주, 광주, 안성시 제외), 인천시(옹진군 제외)에서 시행 중

RCP(Representative Concentration Pathways)

- 2013년 IPCC 5차 평가보고서에서 기존 SRES(Special Report on Emission Senario) 시나리오를 대신하여 새로이 채택된 온실가스 배출 시나리오
  * SRES시나리오는 A1, B1, B2, A2로 표시하였다.
- RCP 시나리오에서는 RCP2.6, RCP4.5, RCP6.0, RCP8.5가 제시
  - RCP 시나리오 숫자는 온실가스로 인하여 추가적으로 흡수되는 에너지량을 나타낸다.
  - 태양으로부터 들어오는 에너지 중 지구에 흡수되는 에너지는 대략 $238w/m^2$이다.
  - RCP 시나리오 숫자는 온실가스로 인하여 추가적으로 흡수되는 에너지량을 나타낸다. 즉 RCP8.5는 온실가스로 인하여 태양에너지가 $8.5w/m^2$ 더 들어온다는 의미이다.

2. 재생에너지 공급 의무화(RPS)와 고정우대가격 장기 의무 구매(FIT)의 개념과 각각의 장·단점 (8점)

구 분		재생에너지공급의무화(RPS)	고정우대가격 장기의무구매(FIT)
개념		• 일정 규모 이상의 발전설비를 보유한 발전사업자에게 총 발전량의 일정 비율 이상을 신·재생에너지로 공급하도록 의무화한 제도	• 정부가 정한 기준가격과 실거래가 간 차액을 신·재생에너지를 생산하는 기업에게 정부가 지원해 주는 제도
장·단점	장점	• 공급규모 파악 용이 • 정부의 재정부담이 없음	• 신·재생에너지의 시장 확대 용이 • 신·재생에너지 분산 배치 효과
	단점	• 외국기술 시장 선점 • 중소기업 참여 곤란 • 일부 신, 재생에너지 편중 우려	• 재정부담이 크다 • 태양광 등 일부 신·재생에너지로 인한 환경 훼손 우려

3. 〈실내공기질관리법〉에 따른 위해성 평가 절차 (8점)

a. 위해성 평가 실시 대상물질

→ 미세먼지(PM_{10}), 이산화탄소 등 17개 물질

① PM_{10}(미세먼지)   ② 이산화탄소   ③ 폼알데하이드   ④ 총 부유세균

⑤ 일산화탄소   ⑥ 이산화질소   ⑦ 라돈   ⑧ 휘발성 유기화합물

⑨ 석면   ⑩ 오존   ⑪ 초미세먼지($PM_{2.5}$)   ⑫ 곰팡이   ⑬ 벤젠

⑭ 톨루엔   ⑮ 에틸벤젠   ⑯ 자일렌   ⑰ 스티렌

b. 위해성 평가절차 : 크게 5단계로 진행

자료수집 → 유해성 확인 → 노출량 반응 평가 → 노출 평가 → 위해도 결정

4. 항공기 소음 단위인 WECPNL(Weighted Equivalent Continuous Perceived Noise Level)과 Lden(Level day evening night)의 비교 설명과 WECPLNL의 Lden으로의 전환 효과 (8점)

구 분	웨클(WECPNL)방	엘 다이엔(Lden)
개념	• 항공기의 최고 소음도를 이용하여 계산된 1일 항공기 소음 노출지표	• 항공기의 등가 소음도를 축정하여 도출된 1일 항공기 소음도
특징 및 장·단점	• 소음지속시간이 반영되지 않고, 최고 소음도를 지표로 함 • 국제민간항공기구(ICAO)가 중심이 되어 사용	• 하루 매시간 등가 소음도를 측정하여, 항공기 외의 배경 소음을 제거한 값으로 표시 • 미국, 유럽 등 대부분 선진국에서 사용 중

구 분	웨클(WECPNL)방	엘 다이엔(Lden)
전환 효과	–	• 항공기 소음의 국제적으로 사용되는 방식으로 통일됨 • 실질적으로 느끼는 항공소음, 체감 소음도와 일치

5. 생태관광의 법적개념과 관련정책에 대해 기술하고, 생태관광을 도입함에 있어 고려해야 할 기회요인과 위기요인에 대해 논하시오. (필수문제, 25점)

1) 생태관광의 법적 개념

• 자연환경보전법(제41조)

"생태계가 특히 우수하거나 자연경관이 수려한 지역에서 자연자산의 보전 및 현명한 이용을 통하여 환경의 중요성을 체험할 수 있는 자연친화적 관광"으로 표현하고 있다.

• 저탄소녹색성장기본법(제56조)

"정부는 동식물의 서식지, 생태적으로 우수한 자연환경 자산, 지역의 특색 있는 문화자산 등을 조화롭게 보전·복원 및 이용하여 이를 관광자원화하고 지역경제를 활성화함으로써 생태관광을 촉진하고, 국민 모두가 생태체험, 교육의 장으로 활용할 수 있도록 하여야 한다"라고 규정하고 있다.

2) 관련 정책

a. 비전 : 자연 속에서 행복한 삶을 찾는 생태관광 활성화

b. 전략

과제	주요 내용
우수생태 자원 발굴과 브랜드화	• 국립공원 명품마을을 생태관광 거점으로 육성 • 생태관광 대표지역을 체계적으로 육성 • 야생화 등 특색 있는 생태자원을 관광상품화
다채로운 프로그램 개발, 보급	• 미래세대를 위한 생태관광 프로그램 • 사회기여형 생태관광 프로그램 개발 • 생태·문화 요소를 결합한 프로그램 개발
인프라 확충	• 체류형 생태관광을 위한 거점시설 확충 • 자연친화적 탐방자원시설 확충 • 생태관광3.0 정보포털 구축 및 운영

과제	주요 내용
교육 및 홍보 강화	• 생태관광교육, 훈련과정 개발·운영 • 다양한 매체를 활용한 생태관광 인식 증진 • 국민참여형 생태관광 홍보
추진체계 확립	• 생태관광정책협의회 운영 • 생태관광 정책자문단 및 포럼 운영 • 생태관광 주민협의체 활성화

3) 생태관광 도입 시 고려사항

a. 기회 요인

- 자연과 문화유산 보호
- 지역주민의 고용 확대
- 경제적 수익 창출
- 환경과 생태교육 및 체험
- 지속가능한 보전과 현명한 이용

b. 위협 요인

- 산업적 측면에서 불안정
- 공급의 일관성을 확보 유지가 어려움
- 종의 남획, 서식처 훼손
- 공급 불안정
- 시장경제 왜곡
- 문화 왜곡

6. 수도권에 시행중인 사업장 총량관리 대상항목을 질소산화물과 항산화물에서 미세먼지까지 확대하고, 공간적으로 충남지역 석탄 화력발전소를 포함하는 등 총량관리제를 확대 시행함에 있어 우선적 고려사항과 선결과제를 기술하고, 단계적 정책방안에 대해 논하시오. (25점)

a. 법적 근거

: 수도권 대기환경개선에 관한 특별법(현 대기관리권역의 대기환경개선에 관한 특별법)

b. 우선적 고려사항

- 지역별 대기오염 발생 특성 : 지역에 따른 대기오염물질의 종류, 발생량 등
- 사업자의 경제적 부담 : 기술지원, 인센티브 방안 검토 필요
- 기술개발 문제 : 대기오염 방지기술 및 BAT 기술 등
- 중장기적 대책 : 에너지 수요에 대한 중장기 대책 등

c. 선결과제
- 지역별 대기오염 특성 및 배출량
- 국내외 오염물질 원인 및 발생량
- 사업장 대기오염물질 총량제 도입
- 대기오염물질 저감 대책 수립 등

d. 단계적 정책 방안

① 단기대책 : 건설업, 화력발전소 관련 대책 필요

② 중기대책
- 화력발전소 에너지 대체원 개발, 보급
- 자동차 대기오염물질 관리

③ 장기대책
- 에너지 분야(석탄 화력발전소 폐쇄 등), 저공해 자동차(전기자동차) 보급, 확대 등

7. 〈가습기 살균제 피해구제를 위한 특별법〉의 주요 내용 중 건강피해범위 피해구제위원회, 구제계정, 정책 추진 및 지원센터(가습기 살균제 종합지원센터 및 보건센터) 설치, 운영 등을 중심으로 설명하시오. (25점)

1) 가습기 살균제 피해구제위원회

a. 구성
- 위원장 1명을 포함하여 15명 이내의 위원으로 구성
- 피해구제위원회에는 가습기 살균제 건강 피해 인정에 관한 사항 등을 보다 전문적으로 검토하기 위하여 전문위원회(폐질환 조사판정 전문위원회 등)를 둘 수 있다.

b. 기능
- 가습기 살균제 건강피해 인정 및 피해등급에 관한 사항

・가습기 살균제 건강피해 인정의 취소, 유효기간의 갱신, 피해등급의 변경 등에 관한 사항 등

2) 가습기 살균제 피해 특별구제계정

a. 특별구제계정의 운영

・한국환경산업기술원이 운영 주체가 되어 가습기 살균제 피해자 등을 지원하기 위하여 가습기 살균제 피해 특별구제계정 설치, 운영

b. 용도

・가습기 살균제 피해자에 대한 급여의 지급

・인정 신청자 중 구제계정위원회가 역학조사, 가습기 살균제 노출 정도 등을 고려하여 지원이 필요하다고 인정하는 사람에 대한 급여의 지급 등

3) 가습기 살균제 종합지원센터 및 가습기 살균제 보건센터의 설치, 운영

a. 운영 주체

・환경부장관은 가습기 살균제 종합지원센터와 가습기 살균제 보건센터를 각각 설치, 운영한다.

b. 가습기 살균제 종합지원센터의 기능

・건강 모니터링

・가습기 살균제 건강피해 및 가습기 살균제 피해자 관련 정보의 수집, 관리

c. 가습기 살균제 보건센터의 기능

・가습기 살균제 피해자에 대한 의료 상담 및 의료 지원

・가습기 살균제 건강피해 조사연구

8. 환경정책은 특정집단이 환경적 혜택이나 피로로 인한 차별을 받지 않고 모두에게 적정한 환경의 질을 보장해 주는 분배적 정의의 가치를 지향하고 있다. 이러한 다양한 분배적 관점에서의 환경정의를 서술하고, 환경평가와의 연계성에 대해 논하시오. (25점)

a. '환경정의'의 개념

・환경을 이용하는 혜택과 그로 인해 발생하는 피해와 책임을 공평하게 나눠가지는 것

・현 세대와 미래 세대의 사회 모든 구성원이 어떤 조건에서도 환경적 혜택과 피해를 누리고, 나눔에 있어 불공평하게 대우받지 않고, 공생·공존하는 것

b. 분배적 관점에서의 '환경정의'

구 분	분배점 관점에서의 환경정의
국가 간 형평성	• 선진국과 저개발국가 간의 환경 형평성 문제 • 선진국의 과소비는 지구 생태계 파괴의 직접적인 원인이 된다. : 열대림 보전, 사막화 현상의 원인 제공은 선진국이 피해는 저개발국가에서 영향을 받음
사회 내부의 공평성	• 환경이 제공하는 각종 혜택은 기업·국가·자치단체 등에서 누리고, 그 피해는 상대적 약자인 여성·노인·유아·빈곤층이 받음
세대 간 형평성	• 현세대의 자연환경 파괴와 환경오염이 미 래세대의 부담으로 작용
생물종 간의 형평성	• 생물종의 권리를 어디까지 인정해야 하는 문제 대두

c. 환경평가와의 연계성

구 분	주요 내용
환경평가의 목적과 환경정의 관계	• 환경평가의 목적이 환경 파괴·피해를 사전에 예측하고, 지속 가능한 발전을 목표로 한다. • 환경평가의 목적 = 환경정의 실현
환경정의의 실현수단	• 환경평가의 궁극적 목적이 지속가능한 사회를 통한 환경정의 실현
주민참여를 통한 환경정의 실현	• 환경평가가 주민참여를 통한 민주적 절차에 의한 환경정의 실현
지속가능 발전과 혜택의 현명한 이용	• 환경평가와 환경정의 실현은 동전의 양면과 같다 • 지속 가능한 발전과 혜택의 현명한 이용

9. ODA(공적 개발원조) 사업 추진 시 환경평가관리의 중요성을 설명하고, 공여국으로서 우리나라 환경평가관리의 문제점과 개선방안을 논하시오. (25점)

a. ODA(공적 개발원조)

  • ODA(Official Development Assistance)는 공공기관이나 원조집행기관이 개도국의 경제개발과 복지향상을 위해 개도국이나 국제기구에 제공하는 자금

  • 개도국의 경제개발과 복지향상을 주 목적으로 무상원조나 유사원조를 제공하는 것

b. ODA 사업 추진 시 환경평가 관리의 중요성

 ① ODA 사업으로 인한 환경관리

  • 도로·댐 등 대규모 개발사업으로 인한 환경영향, 피해 최소화

- 국제기준에 부합하는 환경관리

② 수혜국 주민의 환경권 보장

- 개발사업 추진시 환경, 사회 등 평가

- 주민의 환경권, 생존권 보장

③ 원조기관의 환경책무

- 지속가능한 개발 추진

- 부적절한 사업지원 예방

④ ODA 사업의 철저한 사후관리

- 지속적인 모니터링을 통해 끝까지 책임관리

c. 우리나라의 환경평가관의 문제점과 개선방안

문제점	개선방안
사업추진과정의 불투명성 • 원조사업의 선정과정의 비공개 • 충분한 사전 심사 미흡	→ 투명하고 전문적인 사전 환경심사
환경심사 부실 • 환경영향 평가 미실시 • 주민 반대로 사업추진 중단 시 환경문제 발생	→ 철저한 환경영향평가 실시
형식적이고 부실한 사후평가 • 환류체계 미흡으로 지속적 문제 발생	→ 정보공개 및 이해관계자 참여 활성화
전문인력 보강 및 조직역량 강화 필요	→ 사업제안자의 책임 있는 환경영향평가 시행 및 국제수준에 부합하는 환경관리 강화

제2교시
국토환경계획

1. 환경기준과 환경지표의 개념과 차이점 (필수문제, 9점)

구분	환경기준	환경지표
개념	• 국민건강 보호를 위한 건강상 바람직한 환경의 질적 수준 : 환경목표, 가이드 라인	• 환경의 질이나 수준을 측정하기 위한 구성요소 • 현재의 환경상태를 단순화하여 수치로 표현시킨 것
평가	• 환경기준 초과 여부 판단 • 강제수단은 아니지만 국가환경관리의 기준치 • 환경기준 초과 시 배출기준 강화 등 조치	• 환경상태 파악 • 환경정책에 반영
종류	• 대기환경 기준(미세먼지, SOX, NOX 등) • 수질환경 기준(DO, BOD, N, P 등) • 소음·진동 • 해역환경기준	• 환경기초 지표 • 온실가스 배출량 • 1인당 폐기물 배출량, 재활용률 • 생태, 자연도, 녹지도 등

2. 〈제4차 국가환경종합계획(2016~2035)〉에서 제시하고 있는 스마트 그린시티(Smat Green City) (8점)

a. 개념

• 도시경쟁력과 기후변화 대응이 가능하도록 인프라가 구축된 지속 가능한 도시

 : 전력·물 공급 등의 스마트 그린화, 친환경 교통정보시스템 등

b. 제4차 국가환경종합계획의 스마트 그린시티의 주요 내용

① 자원·에너지 이용 효율 최적화

 • 에너지 자급자족체계 구축

 • 분산형 수자원 및 에너지 공급 시스템 구축

② 스마트 생활환경관리

 • 스마트 도로

 • 녹지 자동관리시스템 도입

 • 실시간 변화 탐지 및 대응체계 구축

 : 환경 측정, 모니터링 기술을 적용한 대기·수질 오염관리

3. 〈자연공원법〉에 따른 공원용도지구의 종류와 지정 기준 (8점)

a. 자연공원의 종류

구 분	주요 내용
국립공원	우리나라의 자연생태계나 자연·문화 경관을 대표할 지역
도립공원	도·특별자치도의 자연생태계나 경관의 대표지역
군립공원	군지역의 자연생태계나 경관 대표지역
지질공원	지구과학적으로 중요하고, 경관 우수지역으로 교육·관광 사업으로 활용하기 위해 환경부장관이 인증한 공원

b. 공원용도지구의 종류와 지정기준

종류	지정기준
공원자연보존지구	생물다양성이 특히 풍부한 곳, 자연생태계가 원시성을 지니고 있는 곳, 특별히 보존할 가치가 높은 야생동·식물이 살고 있는 곳, 경관이 특히 아름다운 곳
공원자연환경지구	공원자연보전지구의 완충공간으로 보전할 필요가 있는 지역
공원마을지구	마을이 형성된 지역으로서 주민생활을 유지하는 데 필요한 지역
공원문화유산지구	지정문화재를 보유한 사찰과 전통사찰 보전지 중 문화재의 보전에 필요하거나 불사에 필요한 시설을 설치하고자 하는 지역

* 자료: 자연공원법

4. 우리나라 대분류 토지피복도의 개념과 분류 항목 (8점)

a. 토지피복도의 개념과 종류

① 개념 : 동질의 특성을 지닌 구역을 지도의 형태로 표현한 환경주제도

② 분류

• 100 : 시가화, 200 : 농림, 300 : 산림, 400 : 초지, 500 : 습지, 600 : 나지, 700 : 수역

종류	해상도	항목	축척
대분류 토지피복지도	30M급	7개	1:50,000
중분류 토지피복지도	5M급	22개	1:25,000
세분류 토지피복지도	1M급	41개	1:5,000

b. 분류 항목별 분류 기준

분류 항목	분류 기준
시가화 건조지역(100)	주거시설, 상업 및 공업시설, 교통시설 등
농업지역(200)	논밭, 과수재배지역 등
산림지역(300)	수목이 집단적으로 생육하는 토지
초지(400)	자연적으로 발생한 자연초지와 인위적으로 조성된 인공 초지
습지(500)	항상 수분이 있는 습한 땅
나지(600)	식생 피복이 없는 맨땅
수역(700)	호수, 저수지, 늪 등

*자료 : 토지, 피복도 작성 지침(환경부훈령1216호, 2016.5)

5. 전략환경 영향평가와 국토계획평가제도의 차이점을 비교하고, 두 제도 운영에 따른 문제점과 개선 방안을 논하시오. (필수문제, 25점)

구 분		전략환경영향평가	국토계획평가제도
비교	근거	• 환경영향평가법	• 국토기본법
	개념	• 정책계획과 개발기본계획에 대해 환경 영향을 사전에 전략적으로 평가하여, 저 감방안을 마련	• 주요 국토계획에 대해 환경친화적 국토 관리, 지속가능 발전에 기여하는지를 사 전에 평가
	대상 계획	• 정책계획과 개발기본계획을 대상 • 도시, 산업단지, 항만 등 17개 분야 주요 정책계획과 개발기본계획	• 29개 주요 국토계획
	작성 주체 등	• 작성주체 : 관계행정기관장 • 협의기관 : 환경부장관 • 평가기관 : 한국환경정책 평가연구원 등	• 작성주체 : 국토계획수립권자 • 협의기관 : 환경부 장관 등 • 평가기관 : 국토부장관(국토연구원, 국 토예획평가센터)
문제점		• 국토, 도시, 산업 등 개발관련 핵심정책 계획이 평가대상에서 제외 • 국토계획평가제도와 일부 내용 이원화	• 평가대상 29개 국토계획 중 24개 계획이 국토부 소관 → 실효성 있는 평가에 한계 • 체크리스트 방식을 사용함에 따라 객관 적·정량적 평가 미흡
개선방안		• 연동제 시행 : 환경계획과 국토계획의 연계관리 강화 • 중복평가 방지 : 전략환경영향평가와 국토계획 평가대상계획 정비, 조정 • 전략환경영향평가 대상범위 확대	

*자료 : 전략환경영향평가 업무 매뉴얼

6. 도시열섬의 개념과 원인을 설명하고, 이를 저감할 수 있는 방안을 논하시오. (25점)

a. 개념

  : 시가지 내부의 여러 가지 요인에 의해 시가화 지역의 온도가 상대적으로 높아지는 현상

b. 원인

① 자연적 원인

- 이상조건 : 풍속, 풍향, 기압, 구름 상태 등

② 인위적 원인

- 인구밀도 : 인구 증가에 따른 에너지 사용량 증가

- 건축물의 구조, 형태 : 건축물의 구조로 인해 열수지 변화 및 대기확산 방해

- 녹지 및 수공간 감소 : 증발산량 변화에 따른 열수지 변화

- 에너지 소비형태 : 도시화·산업화에 따른 열발생 증가

c. 저감방안

① 복사량 조절

- 투수면 증대, 건축물 녹화, 식재 그늘 조성

- 온실가스 저감

② 증발잠열량 증대

- 가로수 식재, 공원 조성, 옥상 녹화

- 복개천 복원, 인공호수, 생태하천 등

③ 축열량 저감

- 저열용량 소재 사용으로 축열량 저감

④ 소비열 저감

- 에너지 절약형 건축 및 저에너지 교통수단 등으로 에너지 방출 억제

⑤ 바람길 조성

7. 제2차 국가기후변화 적응대책(2016~2020)에서 제시하고 있는 지속가능한 자연자원 관리방안을 기술하시오. (25점)

a. 근거 : 〈저탄소녹색성장기본법〉 제48조

b. 제2차 국가기후변화 적응대책

① 비전 : 기후변화 적응으로 국민이 행복하고 안전한 사회 구축

② 목표 : 기후변화로 인한 위험 감소 및 기회의 현실화

③ 적용 원칙

- 지속가능 발전 부합
- 취약계층 고려
- 과학기반
- 통합적 접근
- 참여 활성화

④ 4대 정책

- 과학적 위험관리 : 한국형 기후 시나리오 개방 등
- 안전한 사회건설 : 기후변화 취약계층 보호 등
- 산업계 경쟁력 강화 : 산업별 적응 역량강화 등
- 지속가능한 자연자원 관리

c. 지속가능한 자연자원 관리방안

과제명	주요 내용
생물종 보전 및 관리	• 생물자원 보전으로 기후변화 적응력 제고 • 생물다양성 감소에 대비한 생물자원의 현지 외 보전확대 등
생태계 복원 및 생물서식처 관리	• 안정적 생물서식기반 관리 • 월경성 생물종에 대한 서식환경 보전 • 훼손·단절된 산림생태계 연결, 복원 등
생태계 기후변화 위험요소 관리	• 기후변화로 인한 유해, 교란 생물 증가 방지 및 관리 • 외래생물 유입으로 인한 피해 최소화 방안 및 관리 • 수생태계 위험요소 및 수질 관리 • 산림 생태계 보전, 관리 등

8. 도시재생사업의 개념과 우리나라에서 추진 중인 도시재생사업의 한계를 서술하고, 본 사업의 환경성 강화방안을 논하시오. (25점)

a. 개념

① 도시재생의 개념

 : 인구감소, 산업구조 변화, 도시의 무분별한 확장, 주거환경 노후화 등 쇠퇴하는 도시를 지역역량강화, 새로운 기능 도입·창출 및 자연자원 활용으로 경제적·사회적·물리적·환경적으로 활성화시키는 것

② 도시재생사업의 개념

 : 도시재생 활성화지역에서 도시재생 활성화계획에 따라 시행하는 사업

 • 국가 차원에서 지역발전 및 도시재생을 위하여 추진하는 일련의 사업

 • 지방자치단체가 지역발전 및 도시재생을 위하여 추진하는 일련의 사업

 • 주민제안에 따라 해당 지역의 물리적·사회적·인적 자원을 활용함으로써 공동체를 활성화하는 사업

 • 기타 관련법에 따라 도시를 재생하는 사업들

③ 근거 : 도시재생활성화 및 지원에 관한 특별법

b. 우리나라 도시재생사업의 한계

① 공공의 역할부재와 개발이익 사유화

 • 공공부문 지원 미흡

 • 개발이익의 대부분이 개발업자와 조합원에게 귀속

② 지방중소도시의 도시재생 사각지대

 • 인구유출과 감소, 고령화 진행, 도시경제 쇠퇴, 성장동력 부재 등

③ 다양한 사업방식의 부재

 • 전면 철거방식에 따른 저소득층 복지 프로그램 미비

 • 현지 개량방식, 공동주택방식, 환지방식 등 세 가지로 한정

④ 재원조달 방안 미비

 • 고층·고밀 위주의 사업추진으로 쾌적한 도시환경 조성 불가

⑤ 갈등조정기구의 부재

⑥ 효율적 도시재생사업 실현을 위한 추진체계 부진, 미흡

c. 개선방안

① 제도적 개선

- 환경영향평가 등 대상범위 확대 및 평가항목 보완

 → 전략환경영향평가, 환경영향평가, 소규모 환경영향평가 대상을 확대하여 도시재생사업 관리

 → 도시재생사업에 적합한 검토항목 및 평가항목 추가, 보완

- 도시계획 차원에서 실시하는 환경성 검토 개선

② 행정체계 개선

- 공공 부문과 민간 부문 간의 명확한 역할 분담

 → 공공은 환경성·형평성, 민간은 경제성을 담당하여 환경·사회·경제가 통합된 도시재생사업 추진

③ 도시재생사업 자체의 환경성 내재화

- 개발 초기부터 환경성을 내재화할 수 있도록 친환경적 계획, 개방전략 수립

9. 도시·군 기본계획의 위계(지위)와 특징을 서술하고, 동 계획 수립 시 시가화 용지, 시가화 예정 용지, 보전 용지의 구분 원칙을 기술하시오. (25점)

a. 도시·군 기본계획의 위계(지위)와 특징

① 도시·군 기본계획의 위계(지위)

- 미래상 제시

 : 국토종합계획, 도종합계획, 광역도시계획 등 상위계획의 내용을 수용하고, 시·군이 지향할 미래상 제시

- 지침적 성격 : 정책계획, 전략계획을 실현할 수 있는 지침적 성격

- 시·군의 최상위 계획

② 도시, 군 기본계획의 특징

- 종합계획 : 공간적 차원에서 부문별 정책과 환경적·경제적·사회적 영향을 통합하는 기본계획

- 정책계획, 전략계획 : 공간구성에 관한 정책계획과 전략계획의 성격을 도시에 포함

- 최상위 공간계획

 : 각 분야의 부문별 정책과 계획 등을 공간구조 및 입지와 토지이용을 통해 통합, 조정

b. 시가화 용지, 시가화 예정 용지, 보전 용지의 구분 원칙

구분	구분 원칙
시가화 용지	• 시가화가 형성된 기개발지로서 기존 토지 이용을 변경할 필요가 있을 때 정비하는 토지 : 주거용지, 상업용지, 공업용지, 관리용지로 구분 계획 • 대상지역 : 주거지역, 상업용지, 공영지역 택지개발예정지구, 국가, 일반, 도시 첨단사업단지, 농공단지 등
시가화 예정 용지	• 당해 도시의 발전에 대비하여 개발축과 개발가능지를 중심으로 시가화에 필요한 개발공간을 확보하기 위한 용지 : 장래 계획적으로 정비, 개발할 수 있도록 각종 도시적 서비스의 질적·양적 기준 제시
보전 용지	• 개발 억제지 및 개발 불가능지, 보전하거나 유보해야 할 지역 • 대상지역 : 개발제한구역, 녹지지역, 농림지역, 자연환경보전지역 등

제3교시

환경영향평가 실무

1. 사전환경영향조사 결과 작성 시 고려하여야 할 주요 사항과 수질항목 사후환경영향조사 결과 기준 초과 시 후속 조치사항 (필수문제, 9점)

  a. 사후환경영향조사 결과 작성 시 고려해야 할 주요 사항

  ① 사후환경영향조사 지역, 지점

  ② 현황조사 : 주요 공사 내용, 공사 조건, 운영 시 가동 조건

  ③ 환경영향평가협의회 심의결과, 관계행정기관 및 주민의견 수렴 결과

  ④ 과학적 사실에 근거를 두고 객관적·논리적으로 작성

  ⑤ 환경보전방안 검토서를 환경영향평가 정보지원시스템에 추가

  b. 수질항목 사후환경영향조사 결과 기준 초과 시 후속 조치사항

  ① 승인기관 및 협의기관에 보고

    • 환경피해 발생 시 공사중지 및 선조치 후 24시간 이내 보고)(승인기관, 협의기관)

    • 경미한 피해 발생 시 선(先)조치 후 3일 이내 보고

  ② 후속 조치 추진

    • 원인 분석 후 대책수립 및 지속적 모니터링

    • 노사유출 등의 저감시설 설치 및 관리

    • 기타 후속 조치

2. 〈환경영향평가서 등에 관한 업무처리규정〉에 따라 환경영향평가 시 합동 현지조사, 환경영향갈등 조정협의회를 구성·운영할 수 있는 중점평가 대상사업 (8점)

  ① 집단민원이 발생되어 환경갈등이 있는 경우

  ② 생태·경관 보전지역 또는 생태·자연도 1등급지역, 습지보호지역, 자연공원, 천연기념물보호구역, 상 수원보호구역, 수변구역 등 환경·생태적 보전가치가 높은 지역에서 계획을 수립하는 경우

  ③ 이미 부동의한 계획으로서 다시 협의를 요청하거나, 부동의된 지역에서 계획을 수립하는 경우

  ④ 환경영향평가 협의대상 사업임에도, 협의 없이 인, 허가가 이루어진 사업

  ⑤ 다음 사업으로 주변에 미치는 영향이 상당하는 경우

  • 댐건설사업, 간척사업

• 도시계획시설 업 중, 운하건설사업

• 조력 및 원자력발전 건설사업

• 송전선로건설사업

• 골프장건설사업

• 폐기물 처리시설 설치사업

⑥ 기타

3. 환경영향평가 시 하천수질평가를 위한 조사지점 선정 방법과 수심에 다른 채수 방법 (8점)

① 조사지점 선정 방법

• 하천수의 오염 및 용수의 목적에 따라 채수지점 선정

• 하천 본류와 하천 지로가 합류하는 경우 합류 이전의 각 지점과 합류 이후 충분히 혼합된 지점에서 채수

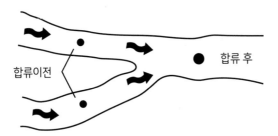

② 수심에 따른 채수 방법

• 수심 2m 미만일 때는 수심 1/3지점에서 채수

• 수심 2m 이상일 때는 수심 1/3, 2/3지점에서 각각 채수

4. 도시개발, 산업단지조성 등 개발사업의 환경영향평가 등 협의 시 도로, 철도, 하천변 등에 설치하는 공원·녹지의 적정성 검토 방법 (8점)

a. 공원·녹지의 적정성 검토 방법

① 검토 기준과 개발사업의 특성을 고려하여 공원, 녹지의 적정성 검토

② 검토 기준을 충족함에도 환경관리목표를 초과할 우려가 상당하거나 법정보호종이 서식하는 경우

에는 공원·녹지 확대를 우선적으로 검토하고, 저감방안 강구

③ 환경영향이 경미하거나 현실적으로 검토 기준을 만족하기가 곤란한 경우 축소된 공원·녹지를 인정하되, 다른 저감방안 검토

b. 도로·철도변 등에 대한 공원·녹지의 적정성 검토기준

① 철도·도로변 : 철도, 고속도로변, 간선도로에 따라 공원·녹지 10m에서 50m 이상 조성

② 산업단지 : 산업단지 경계에 환충녹지 10~20m 이상 조성

③ 용도지역 간 :상업용지와 주거지역 등에 공원· 녹지 10~15m 이상

④ 하천변 : 국가하천 20m 이상, 지방하천 10m 이상, 소하천 5m 이상

5. 신규사업(보전관리지역 3,500㎡)을 추진하려는 동일 사업자가 직선으로 40m 떨어진 지역에 10년 이내에 승인을 받은 같은 종류의 사업지(계획관리지역 4,600㎡)를 소유하고 있다. 이때 소규모 환경영향평가 대상 여부를 판단하고, 그 기준과 근거를 제시하시오. (필수문제, 25점)

a. 소규모 환경영향평가 대상사업 기준

① 〈국토의 계획 및 이용에 관한 법률〉 적용 지역

구분	기준
도시지역	사업계획 면적이 6만㎡(녹지 1만㎡) 이상인 다음의 사업 • 체육시설 설치사업 • 골재를 채취하는 사업 • 어항시설 기본계획에 따라 시행하는 개발사업 • 기반시설 설치, 정비 또는 개량에 관한 계획에 따라 시행하는 사업
관리지역	사업면적 • 보건 관리지역 : 5,000㎡ 이상 • 생산 관리지역 : 7,500㎡ 이상 • 계획 관리지역 : 10,000㎡ 이상
농림지역	사업계획면적이 7,500㎡ 이상
자연환경보전지역	사업계획면적이 5,000㎡ 이상

② 둘 이상의 용도지역에 걸쳐 있는 경우 → 다음 계산식에서 1 이상이면 평가대상

$$\frac{\text{해당 용도지역의 사업계획 면적}}{\text{해당 용도지역의 최소 소규모 환경영향평가 대상 면적}} + \frac{\text{해당 용도지역의 사업계획 면적}}{\text{해당 용도지역의 최소 소규모 환경영향평가 대상 면적}}$$

③ 연접 기준

- 최소 소규모 환경영향평가 대상 : 사업자가 10년 이내 승인을 받은 지역의 경계로부터 직선거리 50m 이내 지역에서 이미 승인받은 면적과 추가로 승인 등을 받으려는 면적의 합
- 추가로 승인 등을 받으려는 면적이 최소 소규모 환경영향평가 대상 면적의 30% 이상인 경우 소규모 환경영향평가 대상에 포함

b. 소규모 환경영향평가 대상 여부 판단

① 연접기준 판단

- 기간 : 10년 이내
- 사업자 : 동일사업자
- 거리 : 직선거리 40m이므로 연접 기준에 해당

② 면적 판단

- 최소 소규모 환경영향평가 대상 여부

$$\frac{3,500㎡}{5.000㎡} + \frac{4,600㎡}{10,000㎡} = 1.16$$

→ 이미 승인을 받은 면적과 추가로 승인을 받으려는 면적의 합이 1.16이므로 소규모 환경영향평가 대상

- 추가로 승인을 받으려는 면적의 합이 최소 소규모 환경영향평가 대상면적의 30% 이상 여부

$$\frac{3,500㎡}{5.000㎡} = 70\%$$

c. 최종 판단 : 문제의 경우, 최소 소규모 환경영향평가 대상에 해당

6. 해양매립을 포함한 해안개발사업의 환경영향평가시 해양생물 서식공간 훼손에 따른 저감대책으로 해양생물 대체 서식지(해중림, 잘피 서식지 등)를 조성하는 방안이 있다. 이러한 대체 서식지 조성에 따른 효과를 논하시오. (25점)

1) 해양생물 대체 서식지 조성

a. 근거 : 해양생태계 보전 및 관리에 관한 법률

"해양생태계 복원은 개발행위 등으로 해양생물의 서식지가 훼손되는 경우 이에 대한 보전 및 관리대

책을 마련하도록 한다."

b. 조성방법

① 인공어초 투하

② 바다숲 조성

　: 해역 특성을 고려, 생태복원형, 자원보전형, 산란유도형, 수중관광형 등

③ 종묘 방류 등

c. 대체 서식지 조성에 따른 효과

① 해안개발사업으로 인한 해양생태계 피해 저감

　• 해양동·식물 서식처 제공

　• 해양생물 다양성 저감 방지

② 해양수질 오염 저감

　• 자정작용에 의한 오염물질 분해

　• 미생물 및 해양생물 서식공간 제공으로 오염물질 저감기능(자정작용) 증대

③ 해양생태계 기능저하 방지

　• 연안에 서식하는 해조류의 고사, 유실 방지

　• 태풍·해일 등 자연재해 저감

④ 이산화탄소(온실가스) 흡수 및 바이오매스 공급

　• 잘피 군락 등 광합성에 의해 이산화탄소 고정 등

⑤ 어촌 소득 손실 방지

　• 대체 서식지 조성을 통한 해조류 및 어획량 증가

7. 산업단지 조성사업 환경영향평가 시 기후변화 영향을 고려한 항목별 환경평가 방안을 논하시오. (25점)

a. 산업단지 조성사업 관련 기후변화 영향 항목

• 산업단지의 경우 : 대기·수질 오염, 폐기물, 소음·진동 등 영향

• 기후변화 영향을 고려한 항목 : 온실가스, 친환경 자원순환 등

b. 항목별 환경평가 방안 → 온실가스와 친환경 자원순환 항목에 대하여 중점 검토

항목			평가방안
온실가스	현황조사	조사항목	• 온실가스 배출시설 및 에너지 이용시설 현황 • 온실가스 배출원 단위 현황 • 온실가스 저감을 위한 환경대책 현황
		조사범위	• 공간적 범위 : 산업단지조성으로 인하여 영향을 미치는 지역 • 시간적 범위 : 계절적 특성변화까지 파악할 수 있는 범위로 설정
		조사방법	• 기존자료와 현지조사 병행 • 온실가스 분석방법은 대기오염 공정시험법을 따름
	영향예측	조사항목	• 현황조사 항목을 준용
		조사범위	• 공간적 범위 : 산업단지 조성 영향 지역 • 시간적 범위 : 공사 시와 운영 시로 나누어 예측
		조사방법	• 기존, 유사 사례를 참고
		예측결과, 평가	• 예측결과를 토대로, 산업단지 조성으로 온실가스 배출 영향평가
	저감방안		• 평가결과를 토대로 온실가스 배출량 또는 에너지 사용량 저감을 위한 구체적 방안 제시
	사후 환경영향조사		• 온실가스 저감 효과를 확인하고, 필요 시 추가대책 수립
친환경 자원순환	현황조사	조사항목	• 발생폐기물의 종류와 발생량 • 폐기물 처리 현황 • 폐기물 처리시설 현황 • 폐기물 처리 계획
		조사범위	• 공간적 범위 : 온실가스와 동일 • 시간적 범위 : 폐기물의 발생 특성을 확인할 수 있는 범위
		조사방법	• 기존자료와 현지조사 병행
	영향예측	조사항목	• 산업단지 조성으로 발생되는 폐기물 현황 등 조사
		조사범위	• 공간적 범위 : 사업단지 영향지역 • 시간적 범위 : 공사 시와 운영 시로 구분하여 설정
		조사방법	• 원 단위를 고려하고, 유사사례를 참고하여 예측
		예측결과, 평가	• 폐기물 발생·처리 등을 체계적으로 예측, 평가
	저감방안		• 평가결과를 토대로 적절한 폐기물 처리 계획 수립
	사후 환경영향조사		• 저감방안 시행 시의 효과 등을 확인하고, 필요 시 추가대책 수립

8. 선형사업(도로, 철도)의 환경친화적 노선선정을 위해 고려해야 할 사항을 기술하시오. (25점)

a. 선행사업의 환경문제

: 선형사업은 자연환경 훼손 및 생태계 단절, 대기오염물질 배출, 소음 발생, 그리고 비점오염원에 의한 수질오염 등의 영향이 우려된다.

b. 환경친화적 노선선정을 위해 고려해야 할 사항

① 환경친화적 노선선정 시 회피해야 하는 환경 민감지역

• 환경보전 관련 용도지역

: 생태·경관 보전지역, 야생생물 보호지역, 습지 보호지역, 수변구역, 자연공원, 백두대간 보호구역, 상수원 보호구역 등

• 생태자연도 1등급, 식생보전 1·2등급 등 생태우수지역

• 법정보호종 등 주요 동·식물 서식지

• 백두대간, 정맥 등 주요 산줄기

• 기타

② 항목별 고려사항

항목별	주요 고려사항
지형·지질	• 보전가치가 있는 지형· 지질 보전
동·식물	• 생태적·환경적 보전가치가 있는 지역 고려 • 주요 식물종, 서식처 고려
토지이용	• 상위 계획과의 연계성 유무 • 기존 주거지와의 단절 여부 등
대기질	• 환경기준을 초과하지 않도록 노선과 마을 간의 적당한 이격거리
수질	• 노사유출, 하천, 습지, 지하수 영향 고려
소음·진동	• 환경 기준 고려
위락·경관	• 보전할 가치가 있는 자연경관 보전

9. 수상 태양광 발전사업의 환경적 과제와 환경성 평가방법을 논하시오. (25점)

a. 수상 태양광 발전사업의 환경적 과제

 ① 불확실성에 대한 의혹

　•발전시설이 수면에 설치될 경우 피해 우려에 대한 검증 요구 증가

 ② 전략환경영향평가 대상 지정

　•일정 규모 이상의 수상 태양광 발전사업에 대한 전략환경영향평가 대상사업으로 지정, 관리

 ③ 평가대상 범위의 실효성 있는 확대지정 문제

　•현행 100MW 이상 산업시설에 적용되는 환경영향평가를 적용 규모 확대 방안(예를 들면 10MW 이상)

b. 환경성 평가 방법

 ① 입지 선정 시 검토사항

　•개별 법령에서 규정하고 있는 입지 제한 사항 해당 여부

　•주요 보호지역, 법정보호종의 서식처 등

 ② 수질 및 수생태계 영향

　• 이격거리, 저감방안 등 강구

　•수상태양광 발전시설의 설치로 인근 수질·수생태계 영향 분석

 ③ 시설의 안정성

　•홍수·태풍·가뭄 등 기상조건에 따른 시설의 안정성 검토

 ④ 시설의 위치

　•공공수역·경관 등과 관련하여 영향을 최소화하는 위치

 ⑤ 경관

　•주요 조망점에서의 경관 시뮬레이션을 통해 자연경관 영향 검토

 ⑥ 지역주민의 수용성

　•이해관계 지역주민의 적극적 의견 수렴

제4교시

환경영향평가제도

1. 우리나라 환경영향평가제도의 주요 기능과 이에 대한 내용 (필수문제, 9점)

→ 크게 5가지의 기능이 있다.

① 사전예방적 기능 : 개발사업에 따른 주변영향 저감 및 최속화

② 환경관리 기능 : 환경오염 저감대책 제시로 환경악영향 최소화

③ 이해조정 기능 : 주민설명회·공청회 등을 통해 지역·집단 이기주의 해소

④ 정보제공 기능 : 객관적 정보제공을 통한 친환경계획 수립

⑤ 규제 기능 : 사전에 환경 악영향이 큰 개발사업에 대해 개발 규제

2. 협의기관장과 승인기관장이 협의하여 사후환경영향조사 기간을 연장 또는 단축하거나 조사항목을 추가 또는 제외할 수 있는 경우 (8점)

→ 협의기관장은 다음의 경우 승인기관의 장 등과 협의한 후 조사기간을 연장 또는 단축하거나 조사 항목을 추가 또는 제외할 수 있다(환경영향평가법 시행령 제41조).

① 특별한 주변환경 여건 등을 고려하여 평가서의 협의내용 통보 시 사후환경영향조사 내용 등을 조정한 경우

② 사후환경영향조사 결과 대상사업의 시행으로 인한 환경영향이 적어 더 이상의 사후환경영향조사 가 불필요하다고 인정되는 경우

③ 환경영향평가 협의 당시 예측하지 못한 환경영향이 발생한 경우

3. 환경영향평가 시 주민설명회와 공청회를 생략할 수 있는 경우와 이때 사업자가 취해야 할 조치사항 (8점)

a. 설명회, 공청회를 생략할 수 있는 경우

① 설명회

• 주민 등의 방해로 설명회가 개최되니 못하였거나, 개최되었더라도 정상적으로 진행되지 못한 경우

② 공청회

• 주민 등의 개최 방해로 2회 이상 공청회가 정성적으로 개최되지 못한 경우

b. 사업자가 취해야 할 조치사항

① 설명회

- 일간신문과 지역신문에 설명회가 개최되지 못한 사유, 설명자료를 각각 1회 이상 공고
- 해당 시·군·구의 정보통신망 및 환경영향평가 정보지원시스템에 사유, 설명 자료 게시

② 공청회

- 일간신문과 지역신문에 공청회가 정상적으로 개최되지 못한 사유, 설명자료를 각각 1회 이상 공고

4. 환경영향평가 비용공탁제의 개념과 장·단점 (8점)

a. 비용공탁제의 개념 : 사업자가 환경영향평가 비용을 제3의 기관에 공탁하여 환경영향평가의 객관성 확보와 부실 방지를 위한 제도

b. 환경영향평가 공탁제도의 장·단점

장점	단점
• 평가의 독립성, 객관성 확보 • 저가 발주로 인한 부실 방지 • 일부업체의 평가 독점 예방	• 비용 증가(별도 전담기관 운영) • 평가, 검증의 기간 추가 소요 • 민간 분야 개발 위축 등

5. 환경영향평가 협의 후 사업계획의 변경정도에 따라 실시해야 하는 재협의, 변경협의 등의 대상과 절차를 기술하시오. (필수문제, 25점)

a. 재협의 및 변경협의 대상

재협의 대상	변경협의 대상
• 사업계획 등을 확정한 후 5년 이내 착공하지 아니한 경우 • 협의내용 사업, 시설 규모의 30% 이상 증가된 경우 • 최소 환경영향평가 대상규모 이상 증가되는 경우 • 원형대로 보전하거나 제외하도록 한 지역을 30% 이상 변경하는 경우 • 공사가 7년 이상 중지 후 재개되는 경우 • 환경부장관과 협의를 거쳐 재협의를 생략한 사업자가 그 부지에 자연환경 훼손 또는 오염물질 배출을 발생시키는 행위를 하려는 경우	• 협의내용을 변경하는 경우 • 협의내용의 사업시설 규모 10% 이상 증가되는 경우 • 소규모 환경영향평가 대상 이상 증가되는 경우 • 원형대로 보전하거나 제외하도록 한 지역의 5% 이상 증가되는 경우

b. 재협의 및 변경협의 절차

① 재협의 : 재협의 절차는 환경영향평가 협의절차와 동일

　　• 평가준비서 작성 → 환경영향평가협의회 심의(평가항목 등 결정) → 평가서 초안 작성

　　　→ 주민의견수렴 → 평가서 작성 → 협의(재)

② 변경협의 : 변경협의 내용에 대하여 승인기관장의 검토, 승인을 얻음

　　• 사업계획서(반영, 변경내용) → 승인기관(승인 요청) → 승인 여부 결정

6. 〈환경영향평가법〉 제2조와 제5조에 따른 협의기준과 환경보전 목표와 관련된 환경 관련 기준을 제시하고, 이런 환경 관련 기준을 〈환경영향평가법〉에 규정하여 운영함으로 인한 장단점과 개선방안을 논하시오. (25점)

a. 협의 기준과 환경보전 목표

협의 기준(법 제2조)	환경보전 목표(법 제5조)
‘협의기준’이란 사업 시행으로 영향을 받게 되는 지역에서 다음의 기준만으로는 환경정책법에 의한 환경기준 유지가 어려워, 승인기관의 장이 환경부장관과 협의한 기준을 말한다. • 〈가축분뇨의 관리이용에 관한 법률〉에 따른 방류수 기준 • 〈대기환경보전법〉에 따른 배출 허용 기준 • 〈물환경보전법〉에 따른 배출 허용 기준 • 〈폐기물관리법〉에 따른 폐기물 처리시설 관리 기준 • 〈하수도법〉에 의한 방류수 기준	환경영향평가 등을 하려는 자는 다음의 기준, 사업의 성격, 토지이용 및 환경현황, 계획 또는 사업이 환경에 미치는 영향 정도, 평가 당시의 과학적, 기술적 수준 및 경제적 상황 등을 고려하여 환경보전 목표 등을 설정하고, 이를 토대로 환경영향평가 등을 실시하여야 한다. • 〈환경정책기본법〉에 따른 환경 기준 • 〈자연환경보전법〉에 따른 생태 자연도 • 〈대기환경보전법〉, 〈물환경보전법〉에 따른 오염 총량 기준 • 그 밖에 관계 법률에서 설정한 기준

b. 상기 환경 관련 기준을 〈환경영향평가법〉에 규정하여 운영함으로 인한 장·단점과 개선방안

① 장·단점

장점	단점
• 평가의 효율성 확보 • 평가의 객관성, 일관성 확보 가능	• 사업에 따른, 지역여건에 따른 다양한 대처가 곤란 • 획일적 평가에 따른 현장 적응의 문제

② 개선방안

- 과학적, 객관적 평가기준 마련
- 환경평가에 대한 합리적, 객관적 평가기표 개발 등

7. 전략환경영향평가서 및 환경영향평가서에 대한 협의내용 결정 시 고려사항과 협의내용 결정원칙을 기술하시오. (25점)

a. 협의내용 결정 시 고려사항

① 협의내용이 막연하거나 확정되지 아니한 표현으로 기술되지 않도록 명확하고 구체적이며, 확정된 내용으로 협의내용을 결정한다.

② 동·식물상 등 평가항목의 현황에 대한 평가서 내용이 협의기관장이 파악한 내용과 상반되어 협의 내용의 결정이 어렵다고 판단되는 경우 협의기관 담당자, 검토기관, 전문가, 사업자, 환경영향평가 업자 등과 합동 현지조사를 실시하고, 그 결과를 토대로 협의내용을 결정한다.

③ 현지조사 검토의견을 최대한 반영하되, 현저하게 현실성이 떨어지거나, 경제적 기술적으로 실행 할 수 있는 범위에서 제시되지 않은 경우에는 협의기관장이 판단하여 검토의견을 조정하여 반영. 이 경우 협의기관장은 필요 시 전문가 등과 검토회의를 거쳐 협의내용을 결정한다.

④ 환경영향평가의 경우에는 환경기준, 사업 및 지역의 특성을 고려하여 사후환경영향조사의 조사항 목, 조사내용, 조사주기 및 기간 등을 결정하여 협의내용에 포함한다.

b. 협의내용 결정원칙

→ 동의, 조건부 동의, 부동의 등 크게 3가지로 결정

원칙	주요 내용
동의	• 전략환경영향평가서의 계획, 입지의 타당성이 적정하여 이의가 없는 경우 • 환경영향평가서를 검토결과 해당사업 시행으로 인한 환경영향이 경미하거나 적정한 저감 방안이 타당하여 이의가 없는 경우
조건부 동의	• 전략환경영향평가서의 정책계획, 개발기본계획의 내용이 미흡하여 검토하는 조건으로 계획수립에 동의 • 환경영향평가 : 평가서에 제시된 저감방안으로는 환경보전방안이 충분하지 아니한 것으로 판단
부동의	• 전략환경영향평가 : 당해 계획이 관련 법령에 저촉되거나, 계획수립으로 인한 환경상 영향이 심대하여 재검토가 필요 • 환경영향평가 : 해당 사업의 시행으로 인한 환경영향이 환경보전상 상당한 문제점이 있다고 판단

8. 전략환경영향평가, 환경영향평가법, 소규모 환경영향평가의 평가항목 중 사회·경제 분야와 관련된 평가항목을 제시하고 사회·경제 분야 평가의 문제점과 개선방안을 논하시오. (25점)

   a. 사회·경제 분야의 평가항목 → 크게 3가지로 요약

    ① 인구 : 인구밀집 유발 정도, 인구밀집에 따른 영향 등

    ② 주거 : 주거지역에 미치는 영향

    ③ 산업 : 산업구조, 어업·농업·양식업 등에 미치는 영향

   b. 사회·경제 분야 평가의 문제점과 개선방안

    ① 문제점

      • 계량화, 객관화가 어려움

      • 추상적·정성적 평가에 치우침

      • 종합적으로 사회, 경제 분야를 평가할 수 있는 항목 부족

    ② 개선방안

      • 과학적·계량적 평가기법 개발

      • 사회·경제 분야의 지속가능성 평가를 위한 새로운 항목 추가

9. 환경영향평가업자가 하도급할 수 있는 환경영향평가 업무와 환경영향평가서 등의 대행 계약서 작성 시 유의사항을 기술하시오. (25점)

   a. 하도급할 수 있는 업무(시행규칙 제26조)

    : 제1종 환경영향평가업을 등록한 자가 제2종 환경영향평가업자 등에게 하도급할 수 있는 업무는 다음과 같다.

    ① 자연생태환경 조사, 자연생태환경의 영향예측, 평가 및 자연생태환경의 보전방안(제2종 환경영향평가업자에게 하도급하는 경우만 해당)

    ② 대기질, 수질, 소음·진동, 토양 오염도의 조사, 측정(환경 분야 시험·검사 등에 관한 법률에 따른 측정 대행업자에게 하도급하는 경우만 해당)

   b. 대행계약서 작성 시 유의사항

    ① 환경영향평가서 등 적정 대행 비용의 산정

- 환경영향평가 대행비용 산정 기준에 따름
- 하도급 대금은 〈하도급거래 공정화에 관한 법률〉을 준수하여 결정

② 환경영향평가서 등 작성자의 하도급 관리
- 소속직원을 하도급업체의 현장조사 등에 분야별로 분기 1회 이상 참여시켜 측정 및 조사의 적정성 여부를 확인하여야 한다.
- 하도급업체로부터 용역수행 결과가 제출된 경우에는 관련 증빙서류를 확인하고, 거짓·부실조사 사항이 확인될 경우에는 재조사 등의 조치를 하여야 한다.

* 자료 : 환경영향평가서 등 작성 등에 관한 규정(환경부고시 제2017-215호)

제9회

환경영향평가사 필기시험

기출문제 및 풀이

제1교시
환경정책

1. 2017.9.1. 선포된 환경부의 새로운 비전과 4대 목표, 8대 전략 (필수문제, 9점)

1) 정책 목표(2017년, 환경부)

  : 안전한 환경, 행복한 국민

2) 4대 핵심 정책 과제

a. 과제 1 : 환경 위해로부터 국민 안전을 지키겠습니다.

 ① 미세먼지 감축

 ② 생활화학제품 안전관리

 ③ 선제적 녹조 대응

b. 과제 2 : 환경서비스 확대로 정책성과 체감도를 높이겠습니다.

 ① 소음, 악취, 석면 등 생활환경 개선

 ② 도심 속 생태공간 조성

 ③ 친환경에너지 타운 확산

 ④ 친환경 소비, 생활기반 구축

c. 과제 3 : 미래 환경 수요에 적극 대응하겠습니다.

 ① 신 기후체계 출범 대응기반 구축

 ② 환경 신산업 발굴, 육성

 ③ 환경산업 해외진출 지원

 ④ 노후 환경 인프라 현대화

d. 과제 4 : 새로운 제도를 조기 정착시켜 환경질을 개선하겠습니다.

 ① 환경오염 피해구제제도 정착

 ② 통합 환경관리제도 본격 시행

 ③ 자원순환기본법 시행 준비 마무리

 ④ 사업장 화학물질 안전관리 강화

＊ 자료 : 2017 환경백서

2. 〈자연공원법〉에 의한 자연환경 영향평가의 목적, 평가대상, 평가항목 (8점)

a. 목적

: 공원계획의 변경에 따른 환경영향을 사전에 평가하여, 공원계획 변경으로 인한 환경 악영향을 사전에 방지하기 위함이다.(자연공원법 제17조 2항)

b. 평가대상(자연공원법 시행규칙 제5조)

• 부지면적 7,500㎡ 이상의 공원시설을 신설, 확대 또는 위치 변경하는 경우

• 공원 시설 중 도로·궤도 등 교통운수시설을 1㎞ 이상 신설, 확대 또는 연장하는 경우

c. 평가항목

① 환경영향 조사

② 자연생태계 변화 분석

③ 대기 및 수질 변화 분석

④ 소음 및 빛공해 발생 분석

⑤ 폐기물 배출 분석

⑥ 자연 및 문화경관 영향 분석

⑦ 환경에 악영향 감소 방안

3. 미세먼지 비상저감조치 발령 기준 및 조치 내용 (8점)

1) 비전 : 미세먼지 걱정 없는 건강한 푸른 하늘 만들기

2) 목표 : 미세먼지 농도를 2021년 20μg/㎡, 2026년 18μg/㎡로 단계적 개선

3) 기본 방향

• 국내 배출원의 과학적 저감

• 미세먼지, CO_2 저감, 신 성장산업 육성

• 미세먼지 대응을 위한 주변국 환경 협력 강화

• 고농도 도시 국민건강 보호를 위한 예 – 경보 체계 혁신

• 전 국민이 미세먼지 저감에 참여토록 하되, 서민 부담 최소화

4) 세부 추진과제

a. 국내 배출원 집중 감축

① 수송

- 경유차 미세먼지 감축

- 친환경차 보급 확대

- 대기오염 심각도에 따른 자동차 운영 제한

- 건설기계 등 비도로 이동 오염원 배출 저감

② 발전

- 발전소 미세먼지 저감

③ 산업

- 사업장 미세먼지 관리 강화

④ 생활

- 생활주변 미세먼지 관리

b. 미세먼지, CO_2 저감, 신산업 육성

- 저 에너지 도시 구축 산업 육성

- 환경과 상생하는 전력 신사업 육성

c. 주변국 환경 협력

- 주변국과의 미세먼지 저감 협력 강화

- 국내 신산업의 해외 환경시장 진출 지원

d. 예) 경보 체계 혁신

- 미세먼지 예보 정확도 제고

- 미세먼지 원인 규명과 기술 개발

- 건강취약계층 보호를 위한 홍보 및 대응

★ 자료 : 환경백서(2017년)

4. 용어 설명 (8점)

- 청색기술, 생태놀이터, 올바로 시스템(Allbaro system)

청색기술(Blue Technology)

- 온실가스 등 환경오염물질을 사전에 막는 기술

- 청색기술의 목표 : 생물 구조와 기능을 연구, 경제적 효율성이 뛰어나면서도 자연친화적 물질 창조

> 생태놀이터

- 생태계의 콘셉트를 이용한 놀이공간으로, 도심 속의 자연놀이터를 일컬음
- 그네, 시소, 인공호수, 쉼터 등 자연친화적 놀이공간을 인공적으로 조성

> 올바로 시스템(Allbaro system)

- 폐기물 적법 처리 시스템의 새로운 브랜드
  → 폐기물 처리의 모든 것(All) + 초일류 수준 폐기물 처리의 기준·척도(Barometer)
- IT 기술을 적용하여 폐기물의 발생에서 수집, 운반, 최종 처리까지의 전 과정을 인터넷상에서 실시간 확인할 수 있는 시스템

5. 우리나라 현행 물관리 체계 현황, 물관리 이원화로 인한 문제점, 물관리 일원화 시 기대 효과에 대해 기술하시오. (필수문제, 25점)

→ 물관리 일원화가 이루어졌으므로, 이 문제는 <물관리기본법>에 대한 내용으로 대신한다.

 a. 〈물관리기본법〉의 목적

 "물관리의 기본 이념과 물관리 정책의 기본 방향을 제시하고, 물관리에 필요한 기본적 사항을 규정함으로써 물의 안정적인 확보, 물환경 보전, 관리, 가뭄과 홍수 등으로 인하여 발생하는 재해의 예방 등을 통하여 지속 가능한 물순환체계를 구축하고, 국민의 삶의 질 향상에 이바지함을 목적으로 한다."

 b. 물관리기본법의 기본 이념

 "물은 지구의 물순환체계를 통하여 얻어지는 공공의 자원으로서 모든 사람과 동·식물 등의 생명체가 합리적으로 이용하여야 하고, 물관리 시 그 효용은 최대한으로 높이되 잘못 쓰거나 함부로 쓰지 아니하며, 자연환경과 사회·경제생활을 조화시키면서 지속적으로 이용하고 보전하여, 그 가치를 미래로 이어가게 함을 기본 이념으로 한다."

 c. 물관리의 기본 원칙

 ① 물의 공공성

 : 물은 공공의 이익을 침해하지 아니하고, 국가의 물관리 정책에 지장을 주지 아니하며, 물환경에 대한 영향을 최소화하는 범위에서 이용되어야 한다.

 ② 건전한 물순환

: 국가와 지방자치단체는, 물이 순환과정에서 지구상의 생명을 유지하고 국민생활 및 산업활동에 중요한 역할을 하고 있는 점을 고려하여, 생태계의 유지와 인간활동을 위한 물의 기능이 정상적으로 유지될 수 있도록 하여야 한다.

③ 수생태환경의 보전

④ 유역별 관리

⑤ 통합 물관리

: 국가와 지방자치단체는 지표수와 지하수 등 물순환 과정에 있는 모든 형상의 물이 상호 균형을 이루도록 관리하여야 한다.

⑥ 협력과 연계관리

⑦ 물의 배분

: 국가와 지방자치단체는 물의 편익을 골고루 누릴 수 있도록 물을 합리적이고 공평하게 배분하여야 하며, 이 경우 동·식물 등 생태계의 건강성 확보를 위한 물의 배분도 함께 고려하여야 한다.

6. 유네스코(UNESCO)가 주관하는 3대 자연환경보호제도의 지정 목적, 지정 대상, 지정 기준, 보호 수준, 국내 지정 사례(1~2개) 등을 비교 설명하시오. (25점)

a. 지정 목적

: 세계적인 자연유산을 효과적으로 보전하기 위함이다.

b. 지정 대상

　① 세계문화유산

　② 생물권보전지역

　③ 세계지질공원

c. 지정 기준, 보호 수준, 국내 지정 사례

3대 유산	지정 기준 및 보호 수준, 국내 사례
세계문화유산	• 전 인류를 위해 보호되어야 할 큰 가치가 있는 유물, 유적 • 전 세계 인류의 공동재산으로, 특별히 보전·관리할 필요가 있는 문화유산 • 경주 불국사, 석굴암, 종묘, 팔만대장경 등 7곳이 지정
생물권보전지역	• 전 세계적으로 보전의 가치가 큰 곳 • 인간과 생물권 계획(MAB, Man and Biosphere Programme)의 일환으로 추진

3대 유산	지정 기준 및 보호 수준, 국내 사례
생물권보전지역	• 유네스코 생물권 보전지역으로 지정되면 핵심지역, 완충지역, 전이지역으로 세분화되어 체계적으로 관리, 부분별한 개발 억제 • 우리나라의 경우 설악산, 제주도, 신안 다도해, 광릉숲, 백두산 등 17곳이 지정
세계지질공원	• 지질학적으로 뛰어나고 자연유산적으로 뛰어난 지역을 보전하고, 관광을 활성화하여 주민 소득증대를 위하여 지정 • 세계지질공원은 미적 가치, 과학적 중요성, 고고학적·문화적·생태학적 가치가 있는 곳 • 우리나라의 경우 제주도와 경북 청송군이 지정

7. 〈환경교육진흥법〉에 따라 수립하도록 되어 있는 환경교육종합계획의 성격과 제2차 화경교육종합계획(2016~2020)의 버전, 목표 및 추진과제별 주요 내용을 기술하시오. (25점)

생략

8. HAPs(Hazardous Air Pollutants) 비산 배출시설 관리제도의 도입배경, 대상업종 및 제도시행에 따른 기대 효과를 기술하시오. (25점)

a. HAPs 비산 배출시설 관리제도의 도입 배경
• 굴뚝 외의 설비·공정에서 직접 비산이 배출되는 벤젠 등의 유해물질을 저감하기 위해 도입
• 비산 배출시설 설치·운영 사업장은 유해물질의 누출 가능성이 있는 밸브·펌프 등의 시설에 대해 비산 누출 측정을 연1회 이상 실시하여야 한다.
b. 대상업종 : 벤젠 등 유해 대기오염물질 비산 배출업체
c. 제도시행에 따른 기대 효과
• 유해 대기오염물질의 비산 누출관리를 통해 미세먼지 및 오존 저감
• 대기질 개선 → 특히 대기관리권역, 대도시지역의 대기질 개선, 환경기준 달성

9. 〈환경오염 피해배상책임 및 구제에 관한 법률〉에 따른 환경책임보험의 정의, 보험가입 의무대상시설을 기술하고, 적용대상시설 중 1개를 예시로 하여 배상책임 한도를 설명하시오. (25점)

a. 환경책임보험의 피해구제제

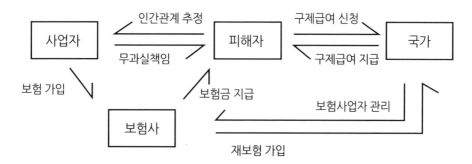

→ 환경오염 피해에 대한 배상책임을 명확히 하고, 피해자의 입증 부담을 경감, 무과실 책임 인정

b. 환경책임보험의 정의

: 환경오염 유발 위험성이 높은 사업자에게 환경책임보험 가입을 의무화하고, 환경오염사고 발생 시 책임보험에서 보험금을 지급하도록 하는 제도

c. 보험가입 의무대상시설

: 환경오염 유발 위험성이 높은 유해화학물질 취급시설, 특정 대기, 수질 유해물질 배출시설, 지정폐기물 처리시설, 특정 토양 오염관리, 대상시설, 해양시설 등

d. 배상책임 한도

• 무과실 책임 부과에 따른 균형적 조치로서 사업자의 배상책임 상한을 설정하여 일정 금액 이상의 피해에 대하여는 사업자의 배상의무를 면제

• 배상책임 한도는 시설의 규모 및 발생될 피해의 결과와 대기업과 중소기업 간의 형평성 등을 감안하여 차등 적용

제2교시
국토환경계획

1. 〈국토의 계획 및 이용에 관한 법률〉에서의 국토이용관리의 기본 원칙 (필수문제, 9점)

→ 국토이용관리의 기본 원칙은 〈국토의 계획 및 이용에 관한 법률〉 제3조에 언급되어 있다.

① 국민생활과 경제활동에 필요한 토지 및 각종 시설물의 효율적 이용과 원활한 공급

② 자연환경 및 경관의 보전과 훼손된 자연환경 및 경관의 개선 및 복원

③ 교통, 수자원, 에너지 등 국민생활에 필요한 각종 기초 서비스 제공

④ 주거 등 생활환경 개선을 통한 국민의 삶의 질 향상

⑤ 지역의 정체성과 문화유산의 보전

⑥ 지역 간 협력 및 균형 발전을 통한 공동 번영의 추구

⑦ 지역 경제의 발전과 지역 및 지역 내 적절한 기능 배분을 통한 사회적 비용

⑧ 기후변화 대응 및 풍수해 저감을 통한 국민 생명과 재산 보호

⑨ 저출산, 인구 고령화에 따른 대응과 새로운 기술 변화를 적용한 최적 생활환경 제공

2. 환경영향평가 시 저영향개발(LID)기법 적용 매뉴얼(2013.7.17.)에 따른 환경영향평가 단계에서의 토지이용 계획별 적용 가능한 저영향개발기법 (8점)

a. 저영향개발(LID)

 → 우수 유출 및 비점오염원을 저감하고, 물순환 상태를 개선하기 위함이다.

 # 도시 물순환 체계 개선

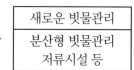

b. LID 유형

 ① 물순환체계 구축(Network)

 ② 분산형 빗물관리(저류시설)

 ③ 생태공간 조성 및 창출(녹화공간)

 ④ 투수면적 확대(투수성 포장)

c. 토지이용계획별 적용 가능한 저영향개발 기법

① 자동차 도로 : 침투시설
  • 완충녹지가 있는 도로(식생 수로, 침투 도랑)
  • 완충녹지가 없는 도로(침투 트랜치, 침투통 등)
② 보행자 및 자전거 도로 : 투수성 포장
③ 주차장 : 투수성 포장, 투수 블록, 침투통
④ 공원 : 저류지, 침투 저류지, 식생 수로, 식생 여과지 등

3. 〈자연공원법〉에서의 '자연공원 특별보호구역' 또는 '임시출입 통제구역'에 대한 지정 기준과 제한 사항 (8점)

→ 자연환경보전법 제28조
  "공원관리청은 다음의 경우 공원구역 중 일정한 지역을 자연공원 특별보호구역 또는 임시출입 통제 구역으로 지정하여 일정기간 사람의 출입 또는 차량의 통행을 금지, 제안하거나 일정한 지역을 탐방 예약구간으로 지정하여 탐방객 수를 제한할 수 있다."
① 자연생태계와 자연경관 등 자연공원의 보호를 위한 경우
② 자연적 또는 인위적 요인으로 훼손된 자연의 회복을 위한 경우
③ 자연공원에 들어가는 자의 안전을 위한 경우
④ 자연공원의 체계적인 보전 관리를 위하여 필요한 겨우
⑤ 그 밖에 공원관리청이 공익을 위하여 필요하다고 인정하는 경우

4. 기업형 민간 임대주택사업(New Stay 사업)의 개념, 문제점 및 환경적 영향 (8점)

a.개념(New Stay 사업)
• 전문적인 임대주택관리기업이 맞춤형 임대주택 서비스를 제공하고, 투자수요에게는 안정적 투자기 회를 제공하는 사업
• 과거 공공 임대주택사업의 상대적 개념이며, 일본에서 활발하게 추진한 사업
b. 문제점 및 환경적 영향
• 땅값 상승, 인건비 상승 등으로 수익을 창출하기가 쉽지 않다.

- 민간에서 임대주택 인·허가에도 어려움이 있다.

→ 기업형 민간 임대주택사업은 경제적·환경적으로 매우 열악한 환경이다.

5. 제4차 국가환경종합계획(2016~2035)에서는 생태적 가치를 높이는 자연자원관리를 핵심전략으로 설정하고 있다. 이 핵심전략에서의 5가지 주요과제 중 사전예방적 국토환경관리 강화에 대한 추진방안을 서술하시오. (필수문제, 25점)

생략

6. 국토교통부의 관리지역 세분화에 대해 설명하고, 특히 계획관리지역에서 나타나는 문제점 및 환경관리 방안에 대해 논하시오. (25점)

a. 관리지역 세분화

- 수도권과 광역시, 광역시 인접 시·군은 2005년 말까지, 기타 시·군은 2007년 말까지 '토지적성평가'에 따라 관리지역을 세분화해야 한다.

- 토지적성평가 결과 1·2 등급은 보전관리지역으로, 3등급은 생산관리지역으로, 4·5등급은 계획관리지역으로 편입된다.

- 건폐율, 용적률 차등 적용

구분	건폐율(%)	용적률(%)
보전관리지역	20	80
생산관리지역	20	80
계획관리지역	40	100

b. 계획관리지역에서 나타나는 문제점 및 환경관리 방안

① 문제점

- 토지적성평가 결과, 개발성·보전성· 농업성 등을 평가하여 등급화

→ 4·5등급은 계획관리지역으로 편입되어, 사실상 개발지역으로 분류

→ 건폐율·용적률도 높고, 제1종·제2종 근린생활시설(제조업, 일반음식점, 단란주점 등) 입점 가능성

→ 관리지역 세분화에 따라 계획관리지역의 난개발 우려

② 환경관리방안

- 철저한 토지 적성평가 실시
- 도시·군 관리계획 수립 시 철저한 환경평가 실시

7. 〈도시공원 및 녹지 등에 관한 법률〉에 따른 도시공원 결정의 실효 조건과 도시공원 부지에서의 개발 행위 등에 관한 특례에 대해 서술하시오. (25점)

a. 도시공원 결정의 실효(법 제17조)

① 도시공원의 설치에 관한 도시·군 관리계획은 그 고시일로부터 10년이 되는 날까지, 공원조성계획의 고시가 없는 경우에는 그 10년이 되는 다음날에 그 효력을 상실한다.

② 공원 조성계획을 고시한 도시공원 부지 중 국유지 또는 공유지는 〈국토의 계획 및 이용에 관한 법률〉의 규정에도 불구하고, 도시공원 결정 고시일로부터 30년이 되는 날까지 사업이 시행되지 아니하는 경우, 그 다음날에 도시공원 결정의 효력을 상실한다.

b. 도시공원부지에서의 개발행위 등에 관한 특례(법 제21조의 2)

: 민간공원 추진자가 설치하는 도시공원을 공원관리청에 기부체납하는 경우로서, 다음의 경우 기부체납하고 남은 부지 또는 지하에 공원시설이 아닌 시설을 설치할 수 있다.

① 도시공원 전체 면적이 5만㎡ 이상일 것

② 해당 공원의 본질적 기능과 전체 경관이 훼손되지 아니할 것

③ 비공원시설의 종류 및 규모는 해당 지방 도시계획위원회의 심의를 거친 건축물 또는 공작물일 것

④ 그 밖에 특별시, 광역시, 특별자치시, 특별자치도, 시·군의 조례로 정하는 기준에 적합할 것

8. 도시의 무질서한 확장(Urban sprawl)으로 인한 환경적 영향을 구체적으로 서술하고, 최근 대안으로 논의되고 있는 축소도시(Shrinking or Downsizing City)의 개념 및 해외 사례(디트로이트 등)에 대해 서술하시오. (25점)

1) 도시의 무질서한 확장으로 인한 환경적 영향

a. 난개발로 인한 환경문제 : 생태계 파괴, 대기, 수질 문제 발생

b. 교통문제 : 무질서한 도시 확장은 필연적으로 교통문제 야기

c. 주택, 복지 문제 : 공간적 불균형으로 인한 주택, 복지 문제

2) 축소도시의 개념

→ 도시의 급격한 감소로 인한 도시축소(Urban shrinking) 현상으로, 원인은 크게 2가지이다.

a. 공간적 변화(Spatial changes)

b. 인구학적 변화 → 결과적으로 쇠퇴도시의 개념과도 일맥상통

c. 축소도시에 대한 대책

① 도시 간의 연계와 역할 분담 : 인구 감소에 따라 인접 도시 간 연계, 역할 분담이 필요

② 기존 시설의 효율적 이용 : 개발보다는 기존시설의 유지·관리에 많은 예산 투입 필요

③ 추가 수요시설 입지

• 현재 편의시설이 분산되어 있고, 이동거리가 길어 실제 이용할 수 없는 경우가 발생

④ 생태 복원

• 축소도시에서는 재정적 어려움으로 환경문제가 우선순위에서 밀리는 현상 발생

• 방치된 공간을 맞추어 공간의 재조정 필요

⑤ 공간의 재조정 : 변화된 환경에 맞추어 공간의 재조정 필요

d. 외국의 사례

• 유럽 : 영국·독일 등 EU국가들은 많은 대도시가 축소도시 문제에 봉착

• 미국 : 자동차 도시로 유명한 디트로이트시는 인구 감소로 새로운 환경에 봉착

9. 영국의 지속가능성 평가(Sustainable Appraisal, SA)와 전략환경평가(Strategie Environmental Assessment, SEA)를 설명하고, 우리나라 제도(전략환경영향평가 및 국토계획평가제도)와의 차이점을 비교하여 논하시오. (25점)

생략

제3교시
환경영향평가 실무

1. 〈하천법〉에 따른 하천공간관리계획에서 하천의 환경 상태, 이용 특성에 따라 분류하는 보전지구, 복원지구, 친수지구의 정의 (필수문제, 9점)

→ "하천관리청은 하천 기본계획을 수립하는 경우, 하천구역 안에서 하천 환경 등의 보전 또는 복원이나 하천 공간의 활용을 위하여 필요 시 보전지구, 복원지구 및 친수지구로 지정할 수 있다."(하천법 제44조)

보전지구

- 하천의 자연생태계 유지를 위하여 보존가치가 큰 하천구역
- 수량이 풍부하고 수질이 양호하여 용수공급, 주민 건강에 미치는 영향이 큰 하천구역
- 특이한 경관, 지형·지질을 가진 하천구역
- 다양한 하천생태계를 대표할 수 있거나 표본이 될 수 있는 하천구역
- 중요하고 고유한 역사적·문화적 가치가 있는 하천구역

복원지구

- 하천구역이 인간의 간섭이나 자연재해 등으로 훼손 또는 파괴되어, 자연·역사·문화적 가치의 보전을 위하여 복원이 필요한 지구

친수지구

- 직·간접적인 친수활동을 목적으로 하천 점용허가를 받아 상거래 행위를 하는 하천구역
- 전통적으로 친수활동이 활발하게 이루어지고 있는 하천구역
- 그 밖에 하천관리청이 친수지구로 지정할 필요가 있다고 인정하는 하천구역

2. 〈환경영향평가서 등 작성에 관한 규정(2017.11.27.)〉에 따른 보존 대상 기초 자료의 종류별(환경현황 분야, 생태계 분야) 범위 (8점)

■ 보전 대상 기초 자료의 종류별 범위

분야	종류별 범위
환경현황 분야	• 〈환경분야 시험, 검사 등에 관한 법률〉에 따른 측정 기록부 • 분석(측정)기기에서 생성된 파일 원본 • 분석(측정)기기에서 생성된 출력물 원본

분야	종류별 범위
환경현황 분야	• 관련 기록물 일체 • 분석일지 • 조사지점명, 시기, 장소 등을 확인할 수 있는 조사경로 및 사진첩 • 조사 당시 특이사항 기록물 • 현지 확인 조사자, 조사일지 등을 증명할 수 있는 자료(출장신청서, 차량운행일지, 고속도로 통행영수증 등)
생태계 분야	• 조사기관의 조사결과서 • 현지조사표 • 청문조사표 • 관련 사진첩 • 조사 당시 특이사항 기록물 • 현지조사를 증명할 수 있는 자료 (출장신청서, 차량운행일지 등)

3. 대기오염물질 확산과 관련된 유동 특수현상 (8점)

a. 대기오염물질 확산

• 미세먼지SOX·NOX 등 대기오염물질이 대기 중에 노출되면 온도·기압·바람 등의 조건에 따라 확산

• 대기확산은 공기의 밀도 차이에 의해 발생하는 분자 확산과 지면 마찰, 풍속, 상하대류 등의 요인에 의해 발생하는 난류 확산을 포함한다.

b. 유동 특수현상

생략

4. 자연생태환경분야의 환경현황 현지조사 시 식생조사 방법에서의 식생조사 지점 및 최소 면적 (8점)

a. 식생조사 : 현존 식생도 및 식생 현지조사는 관련 문헌을 참고하여 실시

b. 식생조사 지점 및 최소 면적

• 식생조사표는 식생의 상관적 유형에 따라 적절히 수집하되, 삼림식생의 경우 해당 지역 식생의 자연성을 파악할 수 있도록 군락의 유형별로 1개 이상 수집한다.

• 2종의 우점종에 의해 서로 다른 군락으로 명명된 경우에는 2개 군락 중 1개의 군락에서만 식생조사표를 수집하여도 무방하다.

- 동일 군락의 규모가 10만㎡ 이상일 경우에는 10만㎡당 1개의 식생조사표를 추가한다.

- 그 외 보전 가치가 높은 특이식생의 경우에는 군락유형별 1개 이상의 식생조사표를 수집한다.

- 기타 임연 식생, 관목형 식생, 초지형 식생 등 보전 가치가 낮은 식생 유형에 대해서는 식생조사표를 수집하지 않아도 된다. 군락의 최소 면적은 2,500㎡로 한다.

5. 건강영향평가의 대상사업, 평가기준, 배경농도(예측농도) 초과시 사후관리 방안을 기술하시오. (필수문제, 25점)

a. 근거 : 환경보건법

b. 대상사업

구분	대상사업
산업단지	국가 산단, 지방산업단지 조성면적15만㎡ 이상
에너지 개발	발전시설 용량 1만㎾ 이상의 화력발전소
폐기물, 분뇨, 축산폐수 공공처리시설	• 매립시설 -30만㎡ 이상 또는 매립용량 330만㎥ 이상 -지정 폐기물 매립시설 5만㎡ 이상, 또는 매립용적 25만㎥ 이상 • 소각시설 : 100톤/일 이상 • 가축분뇨시설 : 100㎘/일

c. 평가 기준, 배경 농도(예측 농도)

- 환경 기준이 있는 항목의 경우, 환경 기준과 비교

- 환경 기준이 없는 경우, 발암성/비발암성으로 구분 평가

  → 발암물질(발암위해도 이용) / 비발암물질(위해도지수 이용)

건강결정요인	구분	평가지표 및 평가기준	비고(배경 농도)
대기질	비발암물질	위해도지수　　1	
	발암물질	발암위해도　$10^{-4} \sim 10^{-6}$	10^{-6} 원칙
악취	악취물질	위해도지수　　1	
수질	수질오염물질	국가환경기준	
소음·진동	소음	국가환경기준	

d. 초과 시 사후 관리 방안

- 건강결정요인(대기질, 수질, 소음, 진동)별 평가결과를 바탕으로 건강영향 저감대책 수립
- 발암성 물질을 발암위해도가 10-6을 초과할 경우, 비발암성 물질을 위해도지수가 1을 초과할 경우 저감대책을 수립
- 사후환경 영향조사

  : 사업으로 인한 건강영향 및 저감이행계획을 확인하고, 필요 시 추가적 대책을 수립, 시행
- 불가피한 건강영향 : 불가피한 건강영향은 항목별로 구분하여 분석, 기재

6. 철도사업의 환경영향평가 시 대상사업 규모, 평가항목 중 중점 검토항목을 설명하고, 지형·지질 및 소음·진동의 환경영향과 저감방안을 철도 유형별로 기술하시오. (25점)

a. 대상사업의 규모

구분	대상사업의 규모
〈철도건설법〉에 따른 철도, 고속철도	길이가 4km 이상, 면적 10만㎡ 이상
〈도시철도법〉에 따른 도시철도	길이가 4km 이상이거나 면적 10만㎡ 이상
〈궤도운송법〉에 따른	• 삭도 : 길이 2km 이상 • 궤도 : 길이 4km 이상 • 제도시설 : 면적 10만㎡ 이상

b. 중점 검토항목

→ 철도사업은 대표적 선형사업으로, 선형사업은 자연환경 훼손 및 생태계 단절, 대기오염 배출, 소음 발생이 우려

구분	중점 검토항목 내역
지형·지질	보전 가치가 있는지 여부
동·식물	주요 동·식물 서식처
토지이용	기존 주거지와의 단절 여부
대기질	환경기준
수질	환경기준, 도사유출, 지하수 등
소음·진동	환경기준 고려
위락·경관	–

c. 지형·지질 및 소음·진동의 환경영향과 저감방안

구분			주요 내용
지형·지질	환경영향	항목	• 지질재해 • 지하수 • 토사유출
		조사범위	• 공간적 범위 : 사업으로 영향 미치는 지역 • 시간적 범위 : 공사 시와 운영 시로 구분 설정
		영향예측	• 지하수, 토사 유출에 대한 중점 검토
	저감방안		• 지하수, 토사 유출 방안 적극 강구
소음·진동	환경영향		• 공사 시와 운영 시로 구분 설정 • 철도 차종별로 소음·진동 영향 분석
	저감방안		• 국내·외의 사례를 분석하여 차종별로 소음·진동 저감방안을 제시

7. 도시개발사업 등 환경영향평가 소음·진동 항목에서의 영향예측 분석 시 활용되고 있는 대상지역 소음지도(3D Model)의 제작 과정, 활용 용도 및 파급 효과에 대하여 서술하시오. (25점)

생략

8. 환경영향평가서 등 작성 등에 관한 규정(2017.11.27.)에 따른 경관항목별 평가 시 고려사항에 대하여 기술하시오. (25점)

1) 자연경관 심의대상

a. 보호지역 주변 개발사업

① 보호지역 주변의 심의대상 거리

구분		경계에서의 거리(m)
자연공원	최고봉 1,200m 이상	2,000
	최고봉 700m 이상	1,500
	최고봉 700m 미만 또는 해상형	1,000
습지보호지역		300
생태·경관 보전지역	최고봉 700m 이상	1,000
	최고봉 700m 미만 또는 해상형	500

② 심의대상

• 전략환경영향평가 협의대상 개발사업

• 소규모 환경영향평가 대상 개발사업

b. 보호지역 주변 외 개발사업

• 환경영향평가 협의대상 개발사업 : 자연환경보전법에서 정하는 개발사업

• 소규모 환경영향평가 대상 개발사업

【일반 기준】

→ (1)의 대상개발사업이고 (2)의 요건에 해당하며 (3)의 면적요건에 해당하는 경우

(1) 대상사업의 범위

　가. 관리지역, 농림지역, 자연환경보전지역 내 개발사업

　나. 개발제한구역 내 개발사업

　다. 야생생물 특별보호구역 내 개발사업

　라. 공익용 산지 및 공익용 산지 외의 산지 내 개발

　마. 광역상수도가 설치된 호소경계면 상류 1㎞ 이내 개발사업

　바. 하천구역 및 소하천구역에서의 개발사업

(2) 요건

　가. 15m 이상 건축물

　나. 20m 이상 전신주·송신탑 등 수직건물

　다. 2㎞ 이상 도로·철도 개설 및 확장

　라. 자연경관에 미치는 영향이 큰 다음 지역을 합하여 5천㎡ 이상 포함하는 개발사업

　　• 표고 300m 이상의 봉우리를 가진 지형에서 가장 높은 지점의 표고의 100분의 50 이상인 지역

　　• 연안관리법에 따른 연안지역

　　• 하천법에 따른 국가하천, 지방하천의 양안 중 당해 하천의 경계로부터 200m 이내 지역

(3) 시행면적이 3만㎡ 이상 개발사업

【특별 기준】

→ 다음에 해당하는 경우, 자연경관 영향 협의대상으로 하며 일반 기준을 적용하지 않는다.

(1) 송전선로

　: 송전탑에 편입되는 토지면적 합이 3만㎡ 이상인 154㎸ 이상의 지상 송전선로

(2) 지하자원 개발사업의 경우

　가. 〈산지관리법〉에 따른 공익용 산지에서의 사업계획 중 그 사업면적이 3만㎡ 이상

　나. 공익용 산지 외의 산지에서 사업계획 중 그 사업면적이 5만㎡ 이상. 단, 광업법에 따른 에너지
　　개발사업은 제외.

2) 환경영향평가 대상사업 경관 유형별 검토사항

구분	해당 경관	심의사항
스카이라인	산지, 구릉지 스카이라인 건축물, 구조물 스카이라인	주요 조망점 외부 스카이라인과 조화
산림녹지경관	산지·구릉지 능선 주변부 도시지역 내 녹지	산지경관 훼손, 조화 여부
하천경관	하천 및 하천주변경관 하구경관	주변 토지이용 및 개발밀도 적정성
습지경관	호수 및 습지	습지의 유형 및 기능별 보전대책
해안경관	사빈해안경관 간석지 해안경관	사빈·사구의 상호작용 확보, 해안사구 보전대책 등
농촌경관	농경지, 농촌마을 등	경관보전 가치판단 및 보전대책
역사문화경관	문화재 및 지역향토문화 유적 등	역사문화유적 주변 자연경관 보전 등
생태경관	철새 도래지, 야생동물 서식처 등	경관보전 가치판단 및 보전대책
녹지경관	축경관, 거점경관	복원·복구 여부 및 대체
수경관	축경관, 거점경관	연속성 조망확보 등
인공경관	건축물, 토목시설	조망확보, 스카이라인 조화 등
기타	–	–

3) 자연경관 영향 심의기준

구분	검토항목	세부내용	비고
조망점	이용 특성	• 조망점 위치도에 이용 특성 표시 • 검토보고서의 설명 제시	
	조망점	• 조망점 위치도 • 조망점 선정기준 준수 여부	
	가시권 분석	• 가시권 분석 정확성 • 조망점 위치도에 가시권 표시 • 가시권 사진 장비 제시	
	경관특성	• 경관자원 분류표 및 경관현황도 제시 등	
	경관변화	• 배후 녹지 스카이라인 표시 등	
	위치도	• 총괄표 제시 • 대상자와 조망점 간의 최단거리 제시 등	

구분	검토항목	세부내용	비고
훼손여부	스카이라인	• 7부 능선 산정 정확도 여부	선형사업의 경우 스카이라인 고려 필요없음
	절·성토 규모	–	
	위압감 형성여부	–	
	경과유형별 훼손 여부	• 조망점별 경관유형 구분하여 훼손 여부 제시	
자연경관 예측영향	시뮬레이션의 정확도	• Z값과 지반고 명시	
	작성과정 명시	• 지형 모델링 등	
	절·성토에 의한 경관변화	• 절·토성 발생지역 명시	
저감방안	영향 저감공법	–	
	효과 및 환경영향 분석	• 단계별 과정 고려 • 지역적 경관특성 고려	
	저감방안 제시	기존 경관자원의 훼손 여부	

9. 화력발전소 또는 폐기물 소각시설 설치사업 환경영향평가에서 굴뚝을 통해 배출되는 대기오염 물질이 대기확산 예측 시, 환경기상자료 확보를 위한 기상측정 방법과 대시확산 예측모델의 종류, 특징 및 대기확산에 영향을 주는 인자를 설명하시오. (25점)

a. 기상 측정방법

: 화력발전소 또는 폐기물 소각시설의 경우 THS(굴뚝자동측정기)가 설치되어 있으므로 TMS 시스템을 이용한다.

b. 대기확산 모델의 종류, 특징

종류	특징
상자 모델 (Box Model)	• 대상지역을 큰 상자로 간주하여 그 안에서 배출되는 대기오염물질이 모두 잘 혼합되는 것으로 간주 • 오차의 범위가 큰 단점이 있어 실제에 있어서는 잘 사용되지 않음
가우스 모델 (Gaus Model)	• 오염농도가 연기 중심축으로부터 거리에 따라 정규 분포(가우스 분포)를 이룬다는 통계적 가정에서 출발 • 예측정확도에 한계가 있으나. 비교적 정확하고 사용이 간편 • 현재 대도시 대기질 관리 및 환경영향평가에서 널리 사용 중인 CDM2.0, ISC, TMC, HIWAY 등은 가우스 모델의 일종

라그란지 모델 (Lagrangian Model)	• 대기오염물질의 농도를 바람과 확산에 의해 변화되는 위치를 따라가면서 계산 • 단기간의 예측에 효과적 • 고도의 지식과 많은 계산시간이 요구되는 단점
오일러 모델 (Eulerian Model	• 대기를 수평·수직 방향으로 작은 상자로 나눈 후, 상자 간 오염물질 확산에 의한 유출입을 바람의 이동과 시간변화에 따라 계산 • 적응대상범위가 넓고, 매우 정교하지만 고도의 지식이 필요

c. 대기확산에 영향을 주는 인자

• 지상 10m 이하의 지표면층에서 일어나는 국지적 기상현상을 '미기상'이라 한다.

• 대기오염물질의 이동, 확산에 영향을 미치는 환경요인이 미기상이다.

*미기상(대기오염물질 확산에 영향을 주는 인자)

구분	주요 내용
기온	• 대기권의 열이동은 주로 대류에 의해 일어나며, 대류는 더운 공기의 상승과 찬 공기의 하강으로 시작된다 • 고도가 높아질수록 기온이 낮아지며, 이 온도변화를 체감률이라 한다
바람	• 대기오염물질의 확산에 큰 영향을 미치는 미기상의 하나가 바람이다 • 바람이란 공기의 움직임이며, 바람은 지표에서의 불균일한 기온, 기압의 분포 때문에 일어난다
굴뚝	• 굴뚝에서 배출되는 연기는 굴뚝 부근의 온도·바람·기압에 따라 퍼지는 형태가 다양하며, 굴뚝의 높이·형태도 대기오염물질 확산에 큰 영향을 미친다
기압	• 기압도 중요한 인자의 하나이다

제4교시
환경영향평가제도

1. ⟨전략환경영향평가 업무 매뉴얼(2017. 12)⟩에 따른 도로건설사업 기본구상 단계에서의 대안의 종류 및 고려사항 (필수문제, 9점)

■ 전략환경영향평가서 작성 시 설정하는 대안의 종류 및 고려사항

종류	고려사항
계획 비교	계획을 수립하지 아니하였을 경우(No action)와 비교
수단·방법	행정목적 달성을 위한 다양한 방법을 대안으로 검토
수요·공급	개발에 따른 수요·공급(규모)에 따른 대안 검토
입지	대상지 또는 그 경계의 일부 포함 여부
시기·순서	개발 시기와 순서를 대안으로 검토
기타	–

환경영향평가에서의 대안의 종류

저감대책의 종류	주요 내용
회피(Avoiding)	어떤 사업이나 사업의 일부 중 하지 않음으로써(No action) 대안
최소화(Minimization)	규모를 줄임으로써 영향을 최소화 하는 것
조정(Rectifying)	영향을 받는 환경을 교정·복원하거나 복구함으로써 그 영향을 교정하는 것
감소(Reducing)	시간이 지난 후 영향을 감소시키거나 제거하는 것
보상(Compensation)	대치하거나 대체환경을 제공함으로써 보상하는 것

2. ⟨환경영향평가법⟩에 따른 환경영향평가의 주민의견 수렴절차에 대한 생략 조건과 주민의견 수렴시 관련 전문가의 의견수렴이 필요한 지역 (8점)

a. 주민의견 수렴절차 생략 조건(법25조제5항)

 : 전략환경영향평가서 초안에 의한 주민의견 수렴을 거친 경우로써 아래 조건에 해당하면 환경영향평가의 주민의견 수렴을 생략할 수 있다.

 ① 전략환경영향평가서의 협의내용 통보로부터 3년이 지나지 아니한 경우

 ② 협의내용보다 사업규모가 30% 이상 증가하지 아니하는 경우

 ③ 환경영향평가 대상사업의 최소 사업규모 이상 증가되지 아니하는 경우

④ 폐기물 소각시설, 폐기물 매립시설, 하수종합처리시설, 공공폐수 처리시설 등의 입지가 추가되지 아니하는 경우

b. 관계 전문가의 의견수렴이 필요한 지역(시행규칙 제42조)

① 〈국토의 계획 및 이용에 관한 법률〉에 따른 자연환경보전지역

② 〈자연공원법〉에 따른 자연공원지역

③ 〈습지보전법〉에 따른 습지보호지역 및 습지주변관리지역

④ 〈환경정책기본법〉에 따른 특별대책지역

3. 환경영향평가와 사후환경영향조사 단계에서 환경현황조사의 목적과 활용상 차이점 비교 (8점)

a. 환경현황조사

• 환경현황조사는 현지조사와 문헌조사를 병행함을 원칙으로 하되, 국가환경 DB·문헌 등 기존자료가 있는 경우에는 국가환경 DB, 문헌 등의 자료를 활용하여 환경현황을 조사할 수 있다.

• 환경현황조사를 위한 현지조사 항목, 기간, 횟수 및 범위 등은 환경영향평가협의회의 심의, 결과를 따른다.

b. 환경영향평가와 사후환경영향조사 단계에서 환경현황조사의 목적과 활용상의 차이점

구분	환경안전평가	사후환경안전평가
목적	• 환경영향평가를 위한 바탕자료 • 환경영향 예측, 평가 저감방안 수립을 위한 기초자료	• 저감대책의 효과를 분석하고, 추가적 대책이 필요한지 여부 판단을 위한 기초자료
활용	• 환경영향평가서 작성의 기초자료로 활용	• 사후환경관리의 기초자료로 활용

4. 환경영향평가서 등에 관한 협의업무 처리규정(2018.1.1.)에 따른 소규모환경영향평가사업 중 협의내용이행조사 대상사업 (8점)

a. 협의내용 이행 조사사업

: 협의내용의 이행 여부를 확인하기 위하여 주요사업에 대해 협의내용의 적정 이행 여부를 확인

b. 소규모환경영향평가 사업 중 협의내용 이행조사 대상사업

① 환경부장관 또는 지방환경관서의 장이 승인한 사업

② 중점 평가사업에 준하는 사업과 환경영향평가 대상규모의 100분의 50 이상인 사업

③ 사업자와 승인기관이 동일한 사업

④ 협의내용 반영결과통보서 등을 제출하지 아니한 사업

⑤ 부동의 협의 후 동일 영향권역에서의 동일사업 또는 유사사업으로서 조건부 동의의견을 얻어 추진 되는 사업

5. 사전환경성검토제도에서 전략환경영향평가 체계로 개선된 이후의 변경사항(협의대상 확대, 대안 설정, 환경영향평가협의회, 주민의견 수렴 등)에 대한 주요 내용의 변경사유를 기술하시오. (필수문제, 25점)

a. 전략환경영향평가제도의 도입 배경

• 1977년 환경보전법에 환경영향평가제도가 도입되었고, 1990년 환경정책기본법으로 이관

• 초기 환경영향평가제도에서 대규모 개발사업이나 개발계획이 뒤늦게 환경영향평가에서 지적을 받아도 근본적 대처 곤란

  → 의사결정 초기에 사전적 검토, 협의가 필요하다는 지적이 대두

• 1999년 낮은 단계의 전략환경영향평가라고 할 수 있는 '사전환경성검토제도' 도입, 시행

  → 사전환경성검토제도가 체계적·계획적으로 사전영향평가 기능을 수행하지 못하고, 미흡하다는 지적을 받음

• 2011년 7월 통합환경영향평가법이 제정되면서 환경정책기본법에서 시행하던 사전환경성검토제도를 폐지하고, 전략환경영향평가제도를 도입

b. 사전환경성검토제도와 전략환경영향평가 비교

구분	사전환경성검토제도	전략환경안전평가
제도의 기본 골격	• 정부행정계획을 중심으로 사전협의	• 정책계획과 개발기본계획에 대한 사전 환경평가
협의대상	• 행정계획에 국한	• 정책계획뿐만 아니라. 개발기본계획까지 대상사업 확대
평가방법(환경 영향평가협의회)	• 평가항목과 방법의 추상성	• 보다 과학적·체계적으로 평가 • 환경영향평가협의회를 통해 평가항목, 범위 등을 설정
주민의견 수렴	• 주민의견 수렴절차가 없었음	• 개발기본계획의 경우, 주민의견 수렴 절차를 거치도록 함

6. 〈환경영향평가서 등에 관한 업무처리규정(2018.1.1.)〉에서 제시하고 있는 환경영향평가서 등의 반려 사유를 크게 두 가지로 구분하고, 각각에 대하여 세부적으로 기술하시오. (25점)

a. 법에 따른 준수사항을 위반하거나 요구사항을 이행하지 않은 경우

　① 환경영향평가업의 등록을 하지 아니한 자가 평가서를 작성 대행한 경우

　② 주민공람, 설명회, 공청회 등 주민의견 수렴절차를 거치지 아니한 경우

　③ 전략환경영향평가 절차를 거치지 아니한 경우와 타당한 사유 없이 주요 협의 내용을 이행하지 아니한 경우

　④ 보완 요구 내용을 특별한 사유 없이 보완서에 반영하지 않아 협의 내용을 통보할 수 없다고 인정되는 경우

　⑤ 독촉기간이 경과되어도 특별한 사유 없이 이루어지지 아니한 경우

　⑥ 세부평가항목을 누락시켜 평가서를 작성하는 경우

b. 협의가 불가능하다고 판단되는 경우

　① 현저하게 축소하여 평가를 실시한 경우

　② 공사가 이미 착공하였으나, 공사를 하지 아니한 것으로 작성한 경우

　③ 주민의견을 수렴하였으나, 제출된 주민의견이나 관계 행정기관의 의견과 반영 여부를 누락한 경우

　④ 정당한 사유 없이 다른 평가서의 내용을 복제한 경우

　⑤ 주요보호대상 시설물 등을 누락시키거나, 임의로 변경하여 수록한 경우

　⑥ 현지조사를 실시하지 않고 실시한 것처럼 작성한 경우

　⑦ 사업지역 환경현황이 사실과 크게 다르고, 이를 토대로 저감방안을 수립한 경우

　⑧ 사업시행으로 인한 영향이 분명한데, 저감방안 또는 사후환경영향조사계획을 수립하지 아니한 경우

　⑨ 사업시행으로 인한 영향이 있는 것으로 예측하였음에도 타당한 사유 없이 저감방안, 사후환경영향조사 계획을 수립하지 아니한 경우

　⑩ 잘못된 예측기법을 사용하여 그 영향을 축소한 경우

　⑪ 환경보전방안이 실현 불가능하거나, 환경 피해를 가중시킬 것이 명백함에도 오히려 실현 가능하거나 저감 효과가 있는 것으로 자의적으로 높인 경우

　⑫ 특별한 사유 없이 1년 이내 보완서를 제출하지 않은 경우

7. 〈환경영향평가법〉에 따른 전략환경영향평가 대상계획 결정 시 고려사항을 기술하고, 이를 토대로 현재 전략환경영향평가에서 제외된 도시·군 기본계획의 전략환경영향평가의 필요성을 논하시오. (25점)

a. 전략환경영향평가 대상계획 결정 시 고려사항

① 계획에 따른 환경영향의 중대성

② 계획에 대한 환경성 평가의 가능성

③ 계획이 다른 계획 또는 개발사업에 미치는 영향

④ 기존 전략환경영향평가 실시 대상계획의 적절성

⑤ 전략환경영향평가의 필요성이 제기되는 계획의 추가 필요성

b. 도시·군 기본계획의 전략환경영향평가 대상 여부 검토

① 도시·군 기본계획의 성격

• 당해 시·군의 기본적인 공간구조와 장기 발전 방향을 제시하는 종합계획

• 20년 단위로 수립하며, 5년마다 타당성을 검토

② 2가지 측변에서 전략환경영향평가 대상에 포함되어야 한다.

• 첫째, 도시·군 기본계획은 계획에 따른 환경영향의 중대성이 있다.

• 둘째, 도시·군 기본계획은 다른 계획 또는 다른 개발사업에 미치는 영향이 지대하다.

8. 지하안전영향평가와 환경영향평가제도의 절차 비교 및 상호관련성을 기술하고, 이를 토대로 두 제도의 내용적 연계 방안을 논하시오. (25점)

a. 지하안전영향평가

• 근거 : 지하안전관리에 관한 특별법(제14조)

• 대상사업

: 도시개발사업, 산업입지 및 산업단지조성사업, 에너지개발사업, 한만의 건설사업, 도로의 건설사업, 수자원개발사업, 철도, 공항, 하천, 관광단지, 특정지역개발사업, 체육시설, 폐기물처리시설, 국방, 토석, 모래 채취 등

   *터널공사, 20m 이상 터파기 공사

b. 지하안전영향평가와 환경영향평가제도 비교

구분	지하안전영향평가	환경영향평가
대상	16개 주요 개발사업 관련 지하공사 (터널공사, 20m 이상 터파기 공사)	17개 개발사업
시기	사업계획 인가 또는 승인권	사업계획 인가 또는 승인권
실시자	지하개발사업자	사업자
평가항목	지형·지질, 지하수	자연생태, 생활환경, 대기, 수환경, 사회·경제환경 등
협의기관	국토교통부장관 및 승인기관장	환경부장관 및 승인기관장

③ 두 제도의 내용적 연계 방안

- 많은 부분 생략 가능
- 대상사업(도시개발, 사업단지, 에너지, 철도, 항만, 수자원, 항공 등)이 대부분 일치하므로 환경영향
  평가서와 지하안정영향평가서 작성 시 함께 연계 추진할 수 있을 것

9. 통합환경관리제도와 환경영향평가제도의 절차 비교 및 상호 관련성을 기술하고, 이를 토대로 두 제도의 내용적 연계방안을 논하시오. (25점)

1) 통합환경관리제도

a. 근거 : 환경오염시설의 통합관리에 관한 법률

b. 주요 골자

인허가 통합시스템화		기술기반과학적 관리		환경관리 선진화
• 통합관리계획서로 통합 • 담당기관 일원화 • 통합 환경허가시스템구축 • 시설별 → 사업장별 인허가	↔	• 최적가용기법 기준서 마련 • 배출영향 분석을 통한 배출기준 설정 • 배출시설 입지개선	↔	• 자율관리 확대 • 적발단속 위주 → 정밀점검으로 문제해결 지향

b. 두 제도 비교(절차 비교, 상호관련성)

구분	통합환경관리제도	환경영향평가제도
근거 법률	환경오염시설의 통합관리에 관한 법률 (대기환경보전법, 물환경보전법, 소음· 진동규제법, 폐기물관리법 등)	환경안전평가법
적용대상	주요사업장(오염물 배출)	17개 주요개발사업(도시, 산업단지, 항 만, 도로 등)

구분	통합환경관리제도	환경영향평가제도
적용기준	배출시설, 방지시설(배출허용기준)	평가항목(자연생태, 대기, 수질, 생활환경, 사회·경제 환경)
협의기관	환경부장관(시, 군, 구 업무 위임)	환경부장관(지방환경청 위임)
시기	인·허가 시	사업계획 인·허가 또는 승인 전
관련 전문업체	환경오염방지 시설업체 등록업자	제1종, 제2종 환경영향평가업 등록업자
기타	제조시설 중심의 규제	개발사업에 대한 사전환경문제 검토

c. 두 제도의 연계 방안

→ 기본적으로 두 제도는 상이함

• 통합환경관리제도는 배출시설 중심의 규제제도(사후 규제)

• 환경영향평가제도는 개발사업에 대한 사전환경관리제도

→ 다만, 환경영향평가 시 '최적가용기법'에 대한 사전검토 실시

• 환경영향평가 단계에서 협의된 '최적가용기법'을 통합환경관리에 의한 인·허가 시 반영토록 함

제10회

환경영향평가사 필기시험

기출문제 및 풀이

제1교시
환경정책

1. 환경정책 추진 원칙의 종류와 내용 (필수문제, 9점)

1) 환경정책의 원칙

: 다양한 종류의 많은 환경정책수단 중 가장 적합한 것을 선택, 적용, 평가하는 기준이 되는 것

2) 기본 원칙 : 지속가능한 개발

 a. 대원칙

 • 지속가능 개발원칙

 • 순환의 원칙

 • 지속성의 원칙

 b. 소원칙 : 실천 수단, 미시적 차원

 • 오염자 부담원칙(3P, Polluters Pay Principle)

  : 환경오염의 발생 원인을 제공한 자가 책임져야 한다는 것

 • 사전예방의 원칙

 • 협력의 원칙

 • 공동부담의 원칙

 • 환경용량보전의 원칙

 • 중점의 원칙

2. 부과금제도의 의의 및 장·단점 (8점)

a. 부과금제도의 의의

 • 환경오염물질에 대한 규제는 크게 직접규제(Direct Management)와 간접규제(Indirect Management)로 분류

 • 부과금제도는 간접규제 방식의 일종으로, 오염물질 배출에 대해 금전적으로 부과하는 제도

  *간접규제방식 : 경제적 유인책(Economic Incentives)을 사용하여 업체 스스로 오염물질 배출을 줄이도록 하는 제도

② 장·단점

구분	장점	단점
부과금제도 (간접규제)	• 업체 스스로 오염물질 배출을 억제 하도록 유도 • 업체의 자율성 존중 • 기술개발 촉진	• 효과가 천천히 나타남 • 규제가 어렵고 복잡함
직접규제	• 규제의 효과가 빠르게 나타남 • 규제가 쉽고 용이	• 업체 스스로 오염물질 저감 노력이 줄어듦 • 업체의 자율성이 떨어짐 • 기술개발 저해

3. 온실가스 목표관리제와 온실가스 배출 전 거래제의 개념, 방법 및 관리방식의 차이점 (8점)

구분	온실가스 목표관리제	온실가스 배출 전 거래제
목적	• 2030년까지 배출전망 대비 37% 저감	• 사업장 간 자유로운 거래를 통하여 업체의 온실가스 저감 유도
대상	• 온실가스 배출 및 에너지 소비량 50,000 tCO_2 eq, 200TJ 이상 업체, 15,000tCO_2 eq, 80TJ 이상 사업자	• 대상은 전 업체
방법, 관리방식 등	• 정해진 감축목표의 이행계획, 이행실적에 대한 평가를 통해 지속적으로 온실가스 감축 및 에너지 절약 목표를 관리	• 교토의정서에 규정된 온실가스 감축체제 • 〈저탄소녹색성장기본법〉에 의거하여 온실가스 배출 전 할당 및 거래에 관한 법률이 제정

4. 용어 설명 (8점)

– 환경생태유량(Ecological Flow), 현명한 쇠퇴(Smart Decline), 포터 가설(Porter Hypothesis)

환경생태유량(Ecological Flow)

• 수생태계의 건강성 유지를 위하여 필요한 최소한의 유량

• 환경부장관은 하천의 대표 지점에 대한 환경생태유량을 국토교통부장관과 공동으로 정하여 고시할 수 있다.(물환경보전법 제22의 3)

현명한 쇠퇴(Smart Decline)

- 축소도시의 의미, 스마트 축소, 스마트 쇠퇴
- 축소도시란 감소하고 있는 도시인구와 쇠퇴하는 산업구조에 맞춰 도시를 축소시키자는 계획적 접근을 말한다.
- 축소도시를 위한 계획적 접근이 성공할 수 있다면 저소득 임차인 퇴출과 같은 부정적 측면의 젠트리피케이션 현상도 최소화할 수 있을 것
- 스마트 축소는 인구와 건물, 토지 사용을 적게 하고 덜 개발하는 것을 지향하면서 도시의 인구와 고용 성장을 유도하기보다 기존 도시민의 삶의 질 향상에 초점을 두는 도시 재생의 의미이다.

  *젠트리피케이션(Gentrification)
  - 낙후된 구 도심지역이 활성화되어 중산층 이상의 계측이 유입됨으로써 기존의 저소득층 원주민을 대체하는 현상을 가리킨다.
  - 젠트리피케이션(Gentrification)은 지주계급을 뜻하는 젠트리(Gentry)에서 파생된 용어이다.

포터 가설(Porter Hypothesis)

- 적절하게 설계된 환경규제는 환경보전에 기여할 뿐 아니라 장기적으로는 생산 코스트를 감소시키는 등의 기술혁신을 가져와 생산성 향상에도 기여한다는 가설
- 미국 하버드대 마이클 포터가 주장한 가설로, 일반적으로 환경규제 강화는 기업의 생산성을 저하시키고 경제에 타격을 주는 것으로 생각한다.

5. 환경정책 수단인 직접규제의 의의와 종류에 대하여 기술하고, 장·단점을 논하시오. (필수문제, 25점)

a. 직접규제의 의의
- 환경규제의 가장 보편적이고, 원론적 규제이다.
- 환경기준(배출기준)을 정부가 정하고, 기준을 준수하지 않을 시, 벌칙을 가한다.
- 직접규제의 상대적 개념으로 간접규제(경제적 유인책)가 있다.

b. 직접규제의 종류
① 배출시설(배출허용기준)
  : 환경오염물질을 배출하는 사업장에 대해 인·허가 절차를 거치게 하고, 운영 시 배출허용기준을 지

키게 한다.

② 폐기물처리시설 인·허가

: 폐기물매립시설, 소각장 등 주요시설은 설치 시 인·허가 또는 승인을 받도록 한다.

③ 폐기물, 오·폐수의 불법투기 금지

: 폐기물, 오·폐수 등의 불법투기를 금지시키고, 위반 시 벌칙을 가한다.

c. 장·단점

장점	단점
• 규제 관리가 명확하고, 책임 한계가 명백 • 효과가 빠르고 획일적	• 기업(사업자) 스스로 오염물질 저감 노력을 기울이지 않고, 법규에서 정한 방법대로 획일적으로 시행 • 환경오염 저감에 대한 기술개발 노력이 저조

6. 〈제3차 지속가능발전 기본계획(2016~2035)〉의 '건강한 국토환경' 목표의 추진 전략 중 '고품질 서비스 확보'를 위한 이행과제에 대하여 기술하시오.(25점)

생략

7. 〈제4차 국가환경종합계획(2016~2035)〉의 '생태계 가치를 높이는 자연자원관리' 추진 계획 중 '생태서비스 가치 극대화' 추진 방안에 대하여 기술하시오. (25점)

생략

8. 〈수도법〉에 의한 상수원보호구역의 지정기준, 상수원보호구역의 상류지역이나 취수시설 상·하류에서의 공장설립 제한지역과 승인지역 범위를 기술하시오. (25점)

a. 상수원보호구역의 지정 기준

• 환경부장관은 상수원의 확보와 수질보전을 위하여 필요하다고 인정되는 지역을 상수원보호구역으로 지정하거나 변경할 수 있다.

• 환경부장관은 상수원보호구역을 지정하거나 변경하려는 경우

① 취수원의 특성, 지형 여건, 수질오염 상황 등을 고려하여야 한다.

② 주민의견을 들어야 하고, 그 의견이 타당하면 상수원보호구역 지정·변경에 반영하여야 한다.

b. 상수원보호구역에서 금지행위

① 가축을 놓아 기르는 행위

② 수영, 목욕, 세탁, 선박 운행 또는 수면을 이용한 레저행위

③ 행락, 야영, 취사 행위

④ 어패류를 잡거나 양식하는 행위

⑤ 자동차 세차

c. 상수원보호구역 외의 지역에서의 공장 설립 제한

• 상수원보호구역의 상류지역이나 취수시설의 상·하류 일정 지역

① 취수시설로부터 상류로 유하거리 7㎞를 초과하는 지역

② 하수시설로부터 상류로 유하거리 4㎞ 초과 7㎞ 이내의 하천 또는 호소의 경계로부터 500m 이내

9. 하천과 호소의 수질·수생태계 보전을 위한 주요 환경정책 수단과 적용 방안에 대하여 논하시오. (25점)

구분	하천	호소
근본 차이점	• 개방형 물 흐름, 개방수역 • 유속에 의한 물의 흐름이 있음	• 폐쇄성 수역 • 유속이 없거나, 거의 정체되어 있는 유속이 매우 적은 수역
정의	• 물이 흐르는 수역	• 댐·보·하천의 물이 자연적으로 가두어진 곳(물환경보전법)
문제점 (수질관리)	• 하천관리(유량) • 홍수 저절 등	• 영양물질(N, P) 집적에 따른 부영양화, 녹·적조현상
주요 환경정책	• 〈하천법〉에 의한 수질관리(이수, 치수) • 물환경보전법에 의한 수질관리	• 수질오염물질 총량관리 필요(BOD, N, P 등) • 물환경보전법에 의한 호소 수질관리

제2교시
국토환경계획

1. 〈국토기본법〉에 의한 국토계획의 종류 및 개념 (필수문제, 9점)

a. 개념

: 국토를 이용, 개발 및 보전할 때 미래의 경제적·사회적 변동에 대응하여 국토가 지향해야 할 발전 방향을 설정하고, 이를 달성하기 위한 계획

b. 종류

구분	주요 내용
국토 종합계획	국토 전역을 대상으로 국토의 장기 발전 방향을 제시하는 종합계획
도 종합계획	도 또는 특별자치도의 관할구역을 대상으로 해당 지역이 장기 발전 방향을 제시
시·군 종합계획	특별시, 광역시, 시 또는 군의 관할구역 공간 구조와 장기 발전 방향
지역 계획	특정 지역을 대상으로 함
부문별 계획	국토 전역을 대상으로 특정 부문 장기 발전 방향

2. 생물다양성의 개념과 기능 (8점)

1) 생물다양성 협약

a. 개요

: 생물다양성 보전과 지속 가능한 이용 및 유전자원에서 얻어지는 이익의 국가가 공평한 분배를 목적으로 1992년 유엔 환경개발회의(브라질 리우)에서 채택

b. 목적

- 생물다양성 보전
- 생물다양성 구성요소의 지속가능하고 현명한 이용
- 생물유전자원의 이용으로부터 발생한 이익의 공평한 공유

c. 협약의 내용

① 국내 생물다양성 보전 의무

- 생물다양성 보전과 지속가능한 이용을 위한 국가전략 수립
- 생물다양성 요소의 조사 및 감시
- 보호지역 설정(Insitu, Exsitu)

- 생물다양성 보전을 고려한 환경영향평가 수행

② 국가 간 협력사항

- 타국 보유 유전자원에 접근 시 해당국의 사전 승인을 받도록 하는 제도 도입
- 생명공학 등 생물다양성 보전기술을 다른 가입국에 이전 촉진
- LMOS의 안전관리를 위한 의정서 채택 검토
- 개도국의 협약 이행을 위한 재정 지원

2) 생물다양성의 개념과 기능

- 생물다양성(Biodiversity)은 보통 어떤 지역의 유전자, 종, 생태계의 총체를 의미
- 생물다양성의 생태계, 종, 유전자, 분자 수준에서의 다양성을 의미

  *생태계 다양성

  *종 다양성

  *유전자 다양성

  *분자 다양성

3. 〈도시공원 및 녹지 등에 관한 법률〉에 따른 도시공원의 종류와 개념 (8점)

a. 도시공원의 설치 및 규모 기준

공원 구분		설치 기준	유치거리	규모
소공원		제한 없음	제한 없음	제한 없음
어린이 공원		제한 없음	250m 이하	1,500㎡ 이상
근린공원	근린생활권 근린공원	제한 없음	500m 이하	1만 ㎡ 이상
	도보권 근린공원	제한 없음	500m 이하	1만 ㎡ 이상

b. 도시공원의 개념

- 도시지역에서 도시자연경관을 보호하고 시민의 건강, 휴양 및 정서생활을 향상시키는데 이바지하기 위하여 설치 또는 지정된 공원
- 도시·군 관리계획으로 결정된 공원

4. 도시·군 관리계획으로 지정할 수 있는 경관지구의 종류 및 정의 (8점)

종류	정의
자연경관지구	산지·구릉지 등 자연경관의 보호 또는 도시 자연풍치를 유지하기 위하여 필요한 지구
시가지경관지구	지역 내 주거지·중심지 등 시가지 경관을 보호 또는 유지하거나 형성하기 위하여 필요한 지구
특화경관지구	지역 내 주요 수계의 수변 또는 문화적 보전가치가 큰 건축물 주변의 경관 등 특별한 경관을 보호 또는 유지하거나 형성하기 위하여 필요한 지구

5. 국토계획과 환경보전계획의 통합관리에 대하여 국가계획과 지자체계획을 구분하여 설명하고, 효율적 통합관리를 위하여 필요한 사항을 기술하시오. [국토계획 및 환경보전계획의 통합관리에 관한 공동훈령(2018.3.28.)] (필수문제, 25점)

1) 기본 이념
- 국토계획과 환경보전계획 수립 시 중·장기적 국토 여건, 환경 변화 등을 고려하여 지속 가능한 국토, 환경비전과 경제·사회·환경적 측면에서 추진 전략, 목표를 공유하고 제시한다.
- 국토부장관과 환경부장관은 국토계획과 환경보전계획의 통합관리를 통한 지속가능한 국토환경 유지를 위하여 상호 노력하여야 한다.

2) 국가계획의 통합관리

a. 국가계획수립협의회
- 국토교통부장관과 환경부장관은 국토종합계획과 국가환경종합계획을 수립하고자 할 때는 국가계획수립협의회를 조성하여 해당 계획의 수립지침 작성 단계에서부터 확정 시까지 운영하여야 한다.
- 협의회는 국토교통부차관과 환경부차관을 공동의장으로 하고, 위원은 공동의장과 국토교통부 및 환경부의 담당국장을 포함한 20인 이내로 구성한다.

b. 국가계획의 통합관리사항
- 국토교통부장관과 환경부장관은 국토종합계획 및 국토환경종합계획 수립 시 양 계획 간 통합관리를 위해 다음 각 호의 사항을 반영하여 계획을 수립하여야 한다.
  ① 자연생태계의 관리, 보전 및 훼손된 자연생태계 복원

② 체계적인 국토공간관리 및 생태적 연계

③ 에너지 절약형 공간구조 개편 및 신재생에너지 사용 확대

④ 깨끗한 물 확보와 물 부족에 대비한 대응

⑤ 대기질 개선을 위한 대기오염물질 감축

⑥ 기후변화에 대응하는 온실가스 감축

⑦ 폐기물 배출량 감축 및 자원순환율 제고

⑧ 기타

3) 지자체 계획의 통합관리

a. 지자체 계획의 시기적 일치

• 시·도지사 및 시장·군수는 국토계획과 환경보전계획 수립 시 계획기간이 일치되도록 하여야 한다.
다만, 일치가 곤란한 경우는 수정 계획의 수립을 통해 계획기간을 일치시키도록 한다.

*대상계획

① 도 : 도 종합계획과 도 환경보전계획

② 특별시·광역시 : 특별시·광역시 도시기본계획 및 도시관리계획과 특별시·광역시 환경보전계획

③ 시·군 : 도시·군 기본계획 및 도시·군 관리계획과 시·군 환경보전계획

b. 지자체계획수립협의회

• 시·도지사 및 시장·군수는 소관 국토계획과 환경보전계획을 수립 시 지자체계획수립협의회를 구
성, 운영하여야 한다.

• 협의회는 부시장·부지사·부군수를 의장으로 하고, 담당공무원 등 20인 이내로 구성한다.

c. 통합관리사항

• 지자체 환경보전계획에서는 물, 대기, 자연·생태, 토양 등 분야별 환경 현황 및 관리계획에 대한 공
간환경 정보를 구축하여 관계 국토계획에 활용할 수 있도록 하고, 국토계획에서는 환경의 질을 악
화시키거나 관리계획을 방해하지 않도록 생활권 구조 설정, 개발량 조절, 토지이용계획 변경, 환경
부하 분배방안 강구 등의 계획 시 이를 적극 활용한다.

**6. 폭염재해 대응을 위한 도시의 공간구조, 토지이용, 기반시설, 건축물 부문에서의 친환경적 계획 방
안에 대하여 서술하시오. (25점)**

생략

7. 〈농지법〉에 대한 농업진흥지역을 설명하고, 농지전용 협의, 허가 및 신고에 대하여 기술하시오. (25점)

1) 농업진흥지역

a. 근거 : 농지법 제28조

b. 개념 : 시·도지사는 농지를 효율적으로 이용하고 보전하기 위하여 농업진흥지역을 지정한다.

c. 용도구역 구분

① 농업진흥구역

• 농업의 진흥을 도모해야 하는 농지가 집단화되어 농업 목적으로 이용할 필요가 있는 다음의 지역

  : 농지조성사업 또는 농업정비기반사업이 시행되었거나 시행 중인 지역으로서 농업용으로 이용하

  고 있거나 이용할 토지가 집단화되어 있는 지역

② 농업보호구역

• 농업진흥구역의 용수원 확보, 수질보전 등 농업환경을 보호하기 위하여 필요한 지역

d. 농업진흥지역의 지정 대상

• 농업진흥지역의 지정은 〈국토의 계획 및 이용에 관한 법률〉에 따른 녹지지역, 관리지역, 농림지역

  및 자연환경 보전지역을 대상으로 한다.

e. 농업진흥지역의 지정절차

• 시·도지사는 시·도 농업, 농촌 및 식품산업정책심의회의 심의를 거쳐 농림축산식품부장관의 승인

  을 받아 농업진흥지역을 지정한다.

2) 농지전용 협의·허가·신고

a. 농지전용 협의·허가

• 농지를 전용하려는 자는 다음에 해당하는 경우 외에는 농림축산식품부장관의 허가를 받아야 한다.

 *예외 지역(농림축산식품부장관의 허가를 받지 않아도 되는 경우)

  ① 〈국토의 계획 및 이용에 관한 법률〉에 따른 도시지역 또는 계획관리지역에 있는 농지로서 이미

    협의를 거친 농지

  ② 농지 전용 신고를 하고 농지로 전용하는 경우 등

b. 농지전용 신고

• 다음의 목적으로 농지를 전용하려는 경우 시장·군수·자치구청장에게 신고하여야 한다.

  ① 농업인 주택, 어업인 주택, 농축산업용 시설, 농·축산물 유통·가공시설

② 어린이 놀이터, 마을회관 등 농업인의 공동생활 편의시설

③ 농수산 관련 연구시설과 양어장·양식장 등 어업용 시설

8. 개발제한구역의 지정 취지와 환경평가 항목, 등급 분류 및 활용 기준에 대하여 서술하고, 해제 시 인근개발제한구역에 미칠 수 있는 환경영향 최소화 방안에 대하여 논하시오. (25점)

1) 개발제한구역(GB)의 개요

• GB는 〈국토의 계획 및 이용에 관한 법률〉에 따른 용도지역의 하나로서 용도구역의 지정 및 해제와 관련된 계획은 도시 관리계획에 포함되어 전략환경영향평가 대상이다.

• GB 해제 관련 사업 중 도시의 개발사업, 산업입지 및 산업단지의 조성사업은 환경영향평가 대상이다.

2) GB 관련 주요 내용

a. 개념

• 도시의 무질서한 확산을 방지하고, 도시 주변 자연환경 및 생태계를 보전한다.

• 도시민의 건전한 생활환경보전을 위하여 개발을 제한한다.

b. 행위 제한

• 건축물의 용도 변경, 공작물의 설치, 토지의 형질 변경, 죽목의 벌채, 토지의 분할, 물건을 적치하는 행위, 도시·군 계획사업 등

c. 지자체장의 허가사항

• 공원, 녹지, 체육시설, 도로, 철도, 국방, 군사시설, GB 내 주민 편익시설을 위한 토지 형질 변경, 죽목 벌채, 초석 적치 등 일부 허용

d. GB 해제

• GB 해제는 보전가치가 낮은 지역, 집단취락의 정비가 필요한 지역, 단절 토지 또는 경계선 관통지역에 대하여 입안하는 것을 원칙으로 한다.

• GB 해제 유형

① GB특별조치법에 따른 정비

② 도시의 개발, 산업단지조성, 교육단지, 농수산물도매시장, 복합환승센터 등

3) GB 환경평가 및 등급산정기준

a. GB 환경평가제도

- GB 내 토지의 환경적 가치를 평가함
- GB 내 자연환경실태를 파악하여 GB해제, GB내 시설물 입지를 정하는 척도로 사용함

b. 등급별 기준

- 토지를 5개 등급으로 분류, 1등급이 보전가치가 가장 높음
- 평가는 6개 항목(표고, 경사도, 임업적성도, 농업적성도, 식물상, 수질)을 중심으로 함

c. 활용기준

- GB해제 대상사업은 광역도시 계획상 조정 가능 지역으로 지정되어야 해제 및 시행 가능
  → 4, 5등급 합산면적이 1, 2, 3등급 합산면적보다 많아야 한다.
- 3~5등급 활용이 원칙. 단, 입지 여건상 불가피한 경우, 1~2등급 포함 가능
- 1~2등급지는 공원 또는 보전녹지 지정이 원칙
- 상수원 수질 및 식물상이 양호한 3등급지는 보전녹지 지정이 원칙

4) 환경영향 최소화 방안(해제 시)

a. 제도적 측면

- 해제 시 민·관·학 협상단 운영
  : 지자체 해제 권한 이양으로 무분별한 해제 방지를 위한 제동장치 마련
- 중앙과 지자체 간 상호 견제 장치 마련

b. GB 해제계획의 전략환경영향평가 매뉴얼 마련

- GB 전체 지역을 대상으로 입지 적정성 검토 및 생태축 등 자연환경 고려

9. 〈도시·군 관리계획 수립지침(국토교통부훈령, 2018.1.12.)〉에서 규정하고 있는 비도시지역에서의 지구단위계획구역 유형과 지정 요건에 대하여 기술하시오. (25점)

a. 비도시지역의 개념

: 〈국토의 계획 및 이용에 관한 법률〉에 의한 비도시지역이란 도시지역 외 지역을 말한다.

- 관리지역
- 농림지역
- 자연환경보전지역

b. 도시지역에서의 지구단위계획구역

유형	주요 내용
기존 시가지 정비형	기존 시가지에서 도시 기능을 상실하거나 낙후된 지역을 정비하는 경우
기존 시가지 관리형	도시 성장 및 발전에 따라 그 기능을 재정립할 필요가 있는 경우로써 도로 등 기반시설을 재정비하는 경우
기존 시가지 보전형	도시의 형태와 기능을 현재 상태를 유지, 관리에 초점
신시가지의 개발형	도시 팽창에 따라 새로운 시가지를 개발하고자 하는 경우
복합용도 개발형	복합용도개발을 통한 거점적 역할을 수행하여 주변지역에 긍정적 영향을 기대하는 경우
유휴지 및 이전적지 개발형	녹지지역의 체계적 관리 및 개발을 통하여 그 기능을 증진시키고자 하는 경우
용도지구 대체형	기존 용도지구를 폐지하고, 다른 용도지구로 대체하고자 하는 경우
복합구역형	위의 지정 목적 2개 이상이 복합되는 경우

c. 도시지역 외 지역에 지정하는 지구단위계획구역

유형	주요 내용
주거형 지구 단위계획구역	주민의 집단생활근거지로 이용되고 있거나 이용될 지역
산업유통형 지구 단위계획구역	농공단지, 물류시설, 물류단지 등으로 계획적 개발이 필요한 경우
관광휴양형 지구 단위계획구역	관광산업, 체육시설 등으로 인하여 계획적 개발이 필요한 경우
특정지구 단위계획구역	주거, 산업, 관광 이외의 목적으로 계획적 개발이 필요한 경우
복합형 지구 단위계획구역	위 중 2개 이상의 목적으로 지정하는 경우
용도지구대체형 지구 단위계획구역	기존의 용도지구를 폐지하고, 그 용도지구에서의 건축물이나 그 밖의 시설의 용도, 종류 및 규모 등의 제한을 대체하는 경우

제3교시
환경영향평가 실무

1. 용어설명 (필수문제, 9점)

- 풍속등급별 대기안정도, 대기혼합고도, 바람장미도

풍속등급별 대기안정도(Atmospheric Stability)

- 대기안정도란 대기가 원래의 역학적 평형 상태로 돌아가려는 현상을 말하며, 정역학적 안정도와 동역학적 안정도가 있다.
- 정역학적 안정도란 온위(溫位)가 요인이 되며, 온위는 상층으로 올라갈수록 감소한다(온도감률이 100m 당 1℃ 이상).
- 동역학적 안정도는 풍속의 연직 또는 수평경도에 의해 발생한다.
- 대기안정도에서 가장 보편적으로 사용되고 있는 Pasquill 등급 기준은

    A등급 : 매우 불안정

    B등급 : 불안정

    C등급 : 약간 불안정

    D등급 : 중립

    E등급 : 안정

    F등급 : 매우 안정

대기혼합고도(Mixing Height)

- 지상의 대기가 난류 확산에 의해 혼합될 수 있는 고도를 말한다.
- 하루 중 가장 놓은 혼합고도를 일 최대 혼합고라 하며, 보통 오후 3시경에 나타난다.

바람장미도(Wind Rose)

- 어떤 관측 지점의 어느 기간에 대하여 각 방위별 풍향 출현 빈도를 방사모양의 그래프로 나타낸 것을 바람장미도라 한다.
- 일반적으로 출현 빈도의 백분율(%)을 각각의 풍향에 대응하는 방위판 위에 방위성의 길이로 나타내거나, 그 바깥 끝을 연결한 선으로 나타낸다.

2. 〈육상 태양광발전사업 환경성평가지침(2018.8.1.시행)〉에서 규정하고 있는 육상 태양광발전사업의 입지 회피지역 (8점)

→ 환경보호지역 및 생태적 민감 지역은 태양광발전시설 입지를 회피하여야 한다.

① 백두대간 및 정맥보호지역(핵심, 완충지역), 주요 산줄기 능선 중심축으로부터 기맥은 좌우 각각 100m 이내, 지맥은 좌우 각각 50m 이내 지역

② 생태, 경관보전지역, 야생생물보호구역, 습지보호지역, 상수원보호구역 등 환경보전 관련 용도 등으로 지정된 법정보호구역

③ 멸종위기 야생생물 및 천연기념물 등 법정보호종의 서식지 및 산란처, 주요 철새도래지 등 법정보호종의 서식환경 유지를 위해 보전이 필요한 지역

④ 생태, 자연도 1등급 지역

⑤ 생태, 자연도 2등급 지역이면서 식생보전등급 3등급 이상인 지역

⑥ 산사태 및 토사유출방지를 위하여 경사도 15° 이상이면서 식생보전등급 4등급 이상 지역

⑦ 기타

3. 〈환경영향평가서 등에 관한 규정(환경부고시 제2017-215호)〉에서 정하고 있는 자연생태환경 분야 동·식물상 현황조사 시 문헌조사 및 탐문조사 방법 (8점)

• 사업 대상지의 조사 범위를 먼저 확인한다.

• 해당 지역의 생태·자연도와 전국 자연환경조사 보고서 등 기존 자료와 문헌을 찾아서 주요 종의 분포 현황, 주요 생물 서식공간, 법정보호지역 분포 현황을 조사한다.

• 사업대상지를 포함한 지역생태계 약 20㎢의 범위에 대해 생태·자연도와 항공사진을 제시한다.

• 특히, 중요 동물종에 대해서는 행동 반경과 서식 범위를 고려하여 사업시행으로 인하여 서식에 미치는 영향을 파악하여 제시한다.

4. 환경영향평가 시 토양오염 현황조사 방법 (8점)

    a. 조사 항목 : 〈토양환경보전법〉에 따른 토양오염물질을 고려한 토양오염 개연성, 배경 농도, 오염 현황, 토양의 특성 등

    b. 조사 범위 : 사업으로 인해 토양오염에 영향을 미치는 범위

    c. 조사 방법

    • 토양오염 개연성 조사는 기존 자료와 현지 탐문 조사로 한다.

    • 토양오염조사는 대상 지역과 주변 지역을 중심으로 실시한다.

    • 시료 채취 및 분석은 토양오염 공정시험법에 따른다.

    d. 조사 결과 : 조사 항목별로 정리하여 기술하고, 표나 그림으로 제시한다.

5. 택지개발사업 환경영향평가에서 운영단계의 소음예측 평가기법을 설명하고, 저감대책 중 방음벽의 장·단점과 방음벽을 대체·보완할 수 있는 대안을 소음원, 수음점, 전파경로상 대책으로 구분하여 논하시오. (필수문제, 25점)

    생략

6. 신도시개발사업 기본계획 수립 시 그린(녹지), 블루(물), 화이트(바람) 네트워크의 적용 방법에 대하여 설명하고, 아래에 제시된 입지 여건*을 고려하여 통합적 네트워크의 구축방안을 논하시오. (25점)

    *입지 여건 : 사업대상지역 내, 외부지역에 산능선이 동서로 분포되어 있고, 사업지역 내부에 소하천, 소류지가 분포하고 있으며, 주변의 국가하천 및 지방하천과 연결되어 있다.

1) 그린, 블루, 화이트 네트워크의 적용 방법

  a. 개념

  ① 그린네트워크

   : 육상생태계의 서식지 보전 및 생물다양성 증진을 위해 독립된 녹지공간들을 연결시키는 것

  ② 블루네트워크

   : 물순환 및 수생태계 보전을 위해 하천, 호소 등 물환경 요소를 물리적으로 연결시키는 것

  ③ 화이트네트워크(바람통로) : 장애를 받지 않고 일정한 방향으로 바람이 불도록 길을 만들어주는 것

⇨ 그린네트워크는 블루네트워크, 화이트네트워크 등과 연결되어 통합적인 생태네트워크를 형성

b. 그린네트워크

① 핵(core) : 산림, 자연공원, 도시 주변의 산 등 생물종 및 유전자 공급원

② 거점(spot) : 도시 내 소규모 산, 도시근린공원을 거점화

③ 점(point) : 도시 내 정원, 옥상정원, 가로수 등을 소거점화

④ 생태통로 : 생태계 연결 지역

c. 블루네트워크

① 전적 요소 : 소규모 수경시설 등

② 선적 요소 : 잔디수로, 실개울 등

③ 면적 요소 : 생태연못, 하천 등

d. 화이트네트워크 : 바람길 유도

① 바람길의 고층건물 입지 배제

② 지형 및 바람길에 순응하는 건물 배치

③ 도심과 연결하는 바람길 조성

④ 바람의 거점녹지 조성

⑤ 바람길 내 오염시설 배제

⑥ 바람길은 하천, 도로, 녹지, 저층건물 배치

2) 통합적 네트워크 구축 방안

• 통합적 네트워크 구축이란 그린네트워크, 블루네트워크, 화이트네트워크가 통합적인 생태네트워크를 형성하는 것

• 현장조사

① 그린네트워크 – 사업대상지역 내·외부지역에 산능선이 동서로 분포

② 블루네트워크 – 사업지역 내부에 소하천·소류지가 본포하고, 국가하천 및 지방하천과 연결

③ 화이트네트워크 – 산능선, 소하천, 소류지, 국가하천 및 지방하천

• 통합적인 네트워크 구축 방안 : 그린네트워크 + 블루네트워크 + 화이트네트워크

• 사업대상지역 내·외부에 산능선이 동서로 분포 + 소하천, 소류지를 연결

→ 국가하천, 지방하천으로 흐르도록 하며, 산능선과 하천을 따라 바람길이 형성되도록 한다.

7. 대형복합산업단지(산업시설, 주거, 상업시설, 폐기물 매립시설 포함) 조성 후 운영과정에서 예상되는 문제점을 대기환경분야를 중심으로 설명하고, 환경영향평가시 저감방안(토지이용계획 포함)을 논하시오. (25점)

* 사업계획 : 사업면적 300만㎡, 〈폐기물 처리시설 설치 촉진 및 주변지역자원 등에 관한 법률〉에 의한 폐기물 처리시설 설치 의무대상

1) 운영 과정에서 예상되는 문제점(대기환경 분야 중심)
  : 대규모 산업, 주거, 상업 및 폐기물 매립시설에서의 대기오염
 a. 미세먼지(PM_{10}, $PM_{2.5}$)
  • 산업시설과 주거·상업 시설의 에너지·교통 시설에서 미세먼지 배출
  • 폐기물 매립시설에서의 미세먼지 배출
 b. SOX, NOX 등
  • 대규모 산업시설과 에너지·교통 시설에서 SOX, NOX 등 가스상 물질 배출
 c. 건강영향평가 대상
  • 산업입지 및 산업단지 조성면적 15만㎡ 이상인 경우와 폐기물 매립시설 30만㎡ 이상인 경우 건강영향평가 대상사업이다.
  • 대기질의 경우 비발암물질(위해도지수), 발암물질(발암위해도 10^{-6}, 기준)에 대한 평가가 필요하다.
2) 저감방안
 a. TMS(굴뚝자동원격감시체계) 설치, 운영
  • 산업시설 등 주요 배출업체별로 굴뚝 자동측정장치 부착, 운영
 b. 미세먼지 특별관리
  • 산업 : 연료 대체
  • 생활 : 주거, 상업, 교통 분야 대책
  • 매립시설 : 비산먼지 집중 관리
  • 미세먼지 예 : 경보제

8. 하천기본계획에 대한 전략환경영향평가 시 하천시설물 중 인공횡단구조물(보, 낙차공 등)을 대체하여 하천의 생태 연결성 확보가 가능한 하상시설의 종류, 개념 및 역할에 대하여 기술하시오. (25점)

    a. 어도의 개념 : 하천을 가로막는 수리구조물에 의하여 이동이 차단 또는 억제된 경우에 물고기를 포함한 동물의 소상 및 강하를 목적으로 만들어진 하천시설물 중의 하나

b. 어도의 종류별 장·단점

형식	장점	단점
계단식	• 구조가 간단 • 시공이 간편 • 시공비가 저렴 • 유지관리 용이	• 어도 내의 흐름이 고르지 못함 • 풀(Pool) 내 순환류가 발생할 수 있음 • 도약력이 좋은 물고기만 이용하기 쉬움
아이스 허버식	• 어도 내 흐름이 고름 • 소상 중인 물고기가 쉴 휴식 가능 • 공간을 따로 둘 필요가 없음	• 계단식보다 구조가 복잡하여 현장 시공이 어려움
인공 하도식	• 모든 어종이 이용 가능	• 설치할 장소가 마땅치 않음 • 길이가 길어 공사비 고가
도벽식	• 구조가 간편하여 시공이 쉬움	• 유속이 빨라 적당한 수심을 확보하기 어려움 • 어도 내 유속이 고르지 못함
버티컬 슬롯식	• 좁은 장소에 설치 가능	• 구조가 복잡하고 공사비 고가 • 다양한 물고기가 이용하기 어려움 • 경사를 1/25 이상으로 완만하게 하지 않을 경우 빠른 유속으로 어류 이동이 제한됨

c. 문제점

• 하천 및 목표종의 고려 부족

• 모니터링 부족

• 전문가 부재

d. 개선방안

• 기술 개발

• 사후환경영향조사의 강화

• 전문인력 확충 등

9. 자연환경자산 보전가치가 높은 지역에서 개발사업에 대한 환경영향평가 시 자연환경자산 평가방법에 대하여 기술하시오. (25점)

구분		평가 방법
현황조사	조사항목	자연환경자산의 주요 현황을 조사 : 멸종위기 야생생물, 습지 보호지역, 백두대간 보호지역, 천연기념물 보호지역 등 법령에서 보호지역으로 지정되거나 국제협약에 따라 지정·보호되는 지역 또는 동·식물
	조사범위	공간적 범위 : 대상사업으로 영향을 미치는 지역 시간적 범위 : 영향을 파악할 수 있는 시간
	조사방법	기존 자료를 바탕으로, 필요 시 현지조사 병행
	조사결과	조사항목별로 표나 그림으로 서술
영향 예측	항목	현황조사 항목 중심
	조사범위	공간적 범위 : 사업시행으로 영향을 미치는 지역 시간적 범위 : 공사 시와 운영 시로 구분하여 설정
	조사방법	유사사례를 참고하여, 정성적·정량적 방법 사용
	예측결과 및 평가	예측 결과를 바탕으로 자연환경 자산의 피해 정도, 회복 가능성 등 평가
저감방안		자연환경자산별로 구체적 저감방안을 수립
사후환경영향조사		저감 대책의 이행 여부를 확인하고, 필요 시 추가 대책을 제시

제4교시
환경영향평가제도

1. 협의기관장이 환경영향평가서에 대하여 동의, 조건부 동의, 부동의 할 수 있는 기준 [환경영향평가서 등에 관한 협의 업무처리규정(환경부예규 제620호)] (필수문제, 9점)

구분	주요 기준
동의	평가서 내용 등이 관계 규정에 적합하고, 해당 사업시행으로 인한 환경영향이 경미하거나 적정한 저감 방안이 강구되어 이의가 없음
조건부 동의	평가서에 제시된 환경보전 방안만으로는 충분치 아니한 것으로 판단되어, 추가적 조치를 취하도록 의견 제시
부동의	해당 사업 시행으로 인한 환경영향이 상당한 문제점이 있다고 판단되어 사업계획을 재검토하도록 함

2. 〈환경영향평가법〉 상 환경영향평가사 및 환경영향평가사업자의 각각의 준수사항 (8점)

a. 환경영향평가사의 준수사항

① 환경영향평가사는 환경영향평가의 기본 원칙에 따라 업무를 공정하게 수행하여야 한다.

② 환경영향평가사는 자격증 및 명의를 다른 사람에게 빌려주거나, 다른 사람에게 자기 이름으로 환경영향평가사의 업무를 하게 해서는 안 된다.

b. 환경영향평가업자의 준수사항(법제56조)

① 다른 환경영향평가서 등의 내용을 복제하여 환경영향평가서 등을 작성하지 아니할 것

② 거짓으로 또는 부실하게 작성하지 아니할 것

③ 환경영향평가서, 전략환경영향평가서 등을 법에서 정하는 기간 동안 보전할 것

④ 등록증이나 명의를 다른 사람에게 빌려주지 아니할 것

⑤ 대행업무를 다른 자에게 재대행하지 아니할 것

⑥ 환경측정장비(대기, 수질, 토양, 소음·진동 등)의 정도검사를 받을 것

3. 〈육상풍력사업 환경성 평가지침〉에서 정하고 있는 육상풍력개발사업 시 평가항목 중 경관 분야의 검토사항 (8점)

   생략

4. 〈환경영향평가서 등 작성 등에 관한 규정(환경부고시 제2017-215호)〉에서 정하고 있는 소규모 환경영향평가서 내용 중 환경영향이 경미하다고 판단하여 일부 내용을 생략할 수 있는 소규모 개발사업의 구체적 적용 대상 (8점)

a. 적용 지역 및 대상 면적

적용지역		대상면적	비고
관리지역	보전관리지역	5,000㎡ 이상, 30,000㎡ 미만	
	생산관리지역	7,500㎡ 이상, 30,000㎡ 미만	
	계획관리지역	10,000㎡ 이상, 30,000㎡ 미만	
농림지역		7,500㎡ 이상, 30,000㎡ 미만	

b. 적용 대상

사업 구분	적용 대상
공장 조성사업	공장(부대창고, 야적장 포함)
창고 조성사업	창고(야적장, 적치장)
주택 건설사업	전원주택단지(연접조성 제외)
체육시설 조성사업	소규모 운동장에 한함
교통시설 설치사업	주차장 시설에 한함
공간시설 설치사업	공간시설
개간사업	개간사업(초지조성 포함)
종자 관련시설 설치사업	종자 연구, 생산, 가공 등의 시설

5. **환경영향평가의 주민의견 수렴 시 설명회·공청회 생략 조건 및 생략 시 조치 사항, 관계 전문가 등의 의견 수렴이 필요한 지역에 대하여 기술하고, 민원 및 갈등 발생 시 대응 방안에 대하여 논하시오. (필수 문제, 25점)**

a. 생략 조건

설명회	공청회
주민 등의 반대로 설명회가 정상적으로 개최되지 못한 경우	주민 등의 반대로 공청회가 2회 이상 정상적으로 개최되지 못한 경우

b. 생략 시 조치 사항

설명회	공청회
• 일간신문과 지역신문에 설명회가 정상적으로 개최되지 못한 사유 등을 각각 1회 이상 공고해야 한다. • 시·군·구 정보통신망 및 환경영향평가 정보지원시스템에 게시하여야 한다.	• 공청회를 생략하게 된 사유 등을 일간신문과 지역신문에 각각 1회 이상 공고하여야 한다.

c. 관계 전문가 등의 의견 수렴이 필요한 지역

① 〈국토의 계획 및 이용에 관한 법률〉에 따른 자연환경보전지역

② 〈자연공원법〉에 따른 자연공원

③ 〈습지보전법〉에 따른 습지보호지역 및 습지주변관리지역

④ 〈환경정책기본법〉에 따른 특별대책지역

d. 갈등의 주요 원인

구분	주요 내용
이해관계 충돌	개발과 보전에 대한 집단 간 이해관계 충돌
가치관 차이	개발과 보전에 대한 중요성 입장 차이
과학기술의 한계	환경 가치, 오염 정도, 위해성 등에 대한 과학 지식의 한계
제도의 미비	환경문제에 대한 기준 설정 부족 등
절차상 문제	절차적 합리성 부족

e. 갈등의 유형

유형		주요 내용
원인에 따른 분류	이해관계 갈등	서로 다른 입장에서 대립
	가치관 갈등	시각차가 갈등의 원인
	사실관계 갈등	과학적 기술의 한계가 원인
	구조적 갈등	절차상의 문제
주체에 따른 분류	개인/집단 갈등	개인과 집단 간의 갈등
	집단/집단 갈등	가해자와 피해자 간의 갈등
	정부/집단 갈등	개발 주체와 피해자 간의 갈등
	정부 내 갈등	부처 간 갈등

f. 해소 방안

  ① 사전설명회 실시 : 이장, 통장 등을 대상으로 사전설명회 개최 등

  ② 사업자의 적극적인 사업설명 : 사업자가 적극적으로 나서서 사업의 내용 설명

  ③ 주민 참여 확대

    • 설명회, 공청회를 보다 현실성 있게 추진

    • 다양한 이해 당사자의 지혜를 모음

6. 우리나라 환경영향평가제도상 협의 내용 이행, 관리 및 사후 환경영향조사에 대한 개선 방안을 논하시오. (25점)

  생략

7. 환경영향평가협의회의 구성, 운영과 심의사항을 설명하고, 문제점 및 개선 방안을 논하시오. (25점)

  생략

8. 환경영향평가법상 〈환경영향평가의 협의 절차 등에 관한 특례〉에서 규정하고 있는 약식 절차 대상 사업 범위, 약식 평가 절차, 약식 평가서 구성 체계에 대하여 기술하시오. (25점)

1) 환경영향평가의 협의절차 등에 관한 특례(법 제51조)

  "사업자는 환경영향평가 대상사업 중 환경에 미치는 영향이 적은 사업으로서 대통령령으로 정하는 환경영향평가서를 작성하여 협의요청할 수 있다."

2) 약식절차 대상사업의 범위(시행령 제64조)

 a. 대상사업의 규모가 최소환경영향평가 대상 규모의 200% 이하인 사업으로, 환경에 미치는 영향이 크지 아니한 사업

 b. 사업지역에 환경적·생태적으로 보전가치가 높은 다음 지역이 포함되지 아니한 사업

  ① 〈자연환경보전법〉에 따른 생태·자연도 1등급 지역

  ② 〈습지보전법〉에 따른 습지보호지역 및 습지주변관리지역

  ③ 〈자연공원법〉에 따른 자연공원

  ④ 〈야생생물보호 및 관리에 관한 법률〉에 따른 야생생물특별보호구역 및 야생생물보호구역

⑤ 〈문화재보호법〉에 따른 보호구역

⑥ 〈4대강법〉에 따른 수변구역

⑦ 〈수도법〉에 따른 상수원보호구역

3) 약식평가절차(법 제51조 제3항)

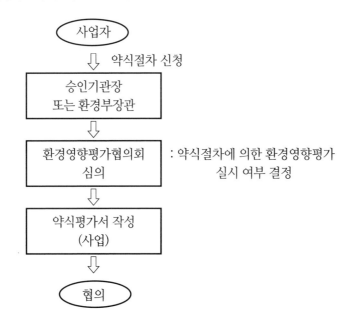

4) 약식평가서 구성 체계(시행령 제67조)

① 환경영향평가 항목 등의 결정 및 조치 내용

② 주민의견 검토 내용

③ 환경영향평가서 초안

④ 약식평가서에 대한 주민, 전문가, 관계 행정기관의 의견 및 사업자의 검토 의견

⑤ 부록

  • 문헌, 참고자료

  • 참여 인력 인적사항

  • 대행계약서 사본 등

9. 〈개발사업 등에 대한 자연경관심의지침(환경부 예규 제561호)〉에서 규정하고 있는 자연경관심의 단계별 중점 검토사항을 전략환경영향평가 및 환경영향평가 대상 사업으로 구분하여 기술하시오. (25점)

a. 전략환경영향평가 단계별 검토사항

구분	해당 경관	검토사항
스카이라인	산지 및 구릉지 스카이라인	주요 조망점에서 조망 확보
	건축물, 구조물 스카이라인	외부 스카이라인과의 조화
산림·녹지 경관	산지 및 구릉지의 능선, 주변부	산림의 훼손 여부
	자연형 랜드마크	경관보전 가치 판단
	도시지역 내의 녹지	경관보전 가치 판단
하천경관	하천 및 하천주변경관 하구경관	주변 토지이용 및 개발밀도 적정성
습지경관	호수 및 습지	습지의 유형 및 기능별 보전대책
해안경관	사빈해안경관	해안사구 보전대책
	간석지해안경관	갯벌 보전대책
	자갈해안경관	자갈해빈의 보전가치 및 보전대책
	암석해안경관	스카이라인 보전대책
	바다 및 도서 경관	주변 해안경관과의 조화
농촌경관	농경지, 농촌마을 등	경관보전가치 판단 및 보전 대책
역사·문화 경관	문화재 및 지역향토문화 유적 등	주변 자연경관과의 조화
생태경관	철새도래지, 야생동물 서식처 등	경관보전가치 판단 및 보전대책
조망축	주요 조망점 → 주요경관자원	조망점 설정의 적절성 등

b. 환경영향평가 단계별 검토사항

구분	해당 경관	검토사항
스카이라인	산지 및 구릉지 스카이라인	주요 조망점
	건축물, 구조물 스카이라인	외부 스카이라인과의 조화
산림·녹지 경관	산지 및 구릉지의 능선, 주변부	산림경관 훼손 및 조화
	자연형 랜드마크 암벽, 폭포 등	경관보전 가치 판단
	도시지역 내의 녹지	경관보전 가치 판단
하천경관	하천 및 하천주변경관	주변 토지이용 등
	하구경관	퇴적물 지형보전, 개발밀도 적정성 등
습지경관	호수 및 습지	습지의 유형 및 기능별 보전대책
해안경관	사빈해안경관	해안사구 보전대책
	간석지해안경관	갯벌 보전대책
	자갈해안경관	자갈해빈의 보전가치

구분		해당 경관	검토사항
해안경관		암석해안경관	해안단구의 스카이라인 보전대책
		바다 및 도서 경관	주변 해안경관과의 조화
농촌경관		농경지, 농촌마을 등	경관보전가치 판단
역사·문화 경관		문화재 및 문화유적 등	주변 자연경관과의 조화
생태경관		철새 도래지, 야생동물 서식처 등	경관보전가치 판단
녹지경관 형성	축경관	훼손된 녹지축경관	복원·복구 여부
	거점경관	공원 녹지 등	복원·복구 여부
수경관 형성	축경관	하천, 해안둔치, 해안도로	시설의 적절성 등
	거점경관	습지 및 비오염	주변경관과의 조화성 등
인공경관	건축물	고도 및 밀도	조망 확보 및 스카이라인 조화성
	토목시설	도로, 철도, 터널 등	주변 자연경관과의 조화성
기타		매립지, 채석장 등	조망 차폐 여부

제11회

환경영향평가사 필기시험

기출문제 및 풀이

제1교시
환경정책

1. 용어 설명 (필수문제, 9점)

– 화력발전 상한제약, 조명환경관리구역, 생물다양성관리계약

화력발전 상한제약

a. 근거 : 대기환경보전법, 전기사업법

b. 주요 내용

- 고종도 미세먼지가 발생하면, 미세먼지 농도를 저감하기 위한 제도
- 대상 지역 : 석탄발전소 5개 시·도(강원, 경남, 인천, 전남, 충남)
- 발령 기준 : 미세먼지주의보가 발령되고, 다음날까지 미세먼지농도가 $50\mu g/㎥$로 예상
- 발령 절차 : 시·도지사의 상한 제약 요청에 따라 해당 화력발전소는 대상 발전기에 대해 상한 제약을 시행한다.

  *환경설비의 효율 및 발전기의 고장 확률 등을 고려해 정격용량 대비 80%를 상한으로 제한한다.

조명환경관리구역

a. 근거 : 인공조명에 의한 빛공해방지법

b. 주요 내용

- 시·도지사가 빛공해방지법
- 3종으로 구분

① 제1종 조명환경구역 : 과도한 인공조명이 자연환경에 부정적인 영향을 미칠 우려가 있는 구역

② 제2종 조명환경구역

: 과도한 인공조명이 농림수산업 및 동·식물 생장에 부정적 영향을 미칠 우려가 있는 구역

③ 제3종 조명환경구역

: 과도한 인공조명이 국민의 주거생활에 부정적 영향을 미칠 우려가 있는 구역

생물다양성 관리계획

: 멸종위기 야생생물을 보호하는 데 필요한 지역을 보전하기 위하여 토지의 소유자·점유자·관리인과 경작 방식의 변경, 화학물질의 사용 감소, 습지의 조성, 그 밖에 토지의 관리방법에 대하여 체결하는 계약

2. 〈자연공원법〉 및 같은 법 시행령에 규정된 '생태축 우선의 원칙'과 적용대상시설 (8점)

a. 생태축 우선의 원칙(법 제23조의 2)
- 도로, 철도, 궤도, 전기통신설비 및 에너지 공급시설 등은 자연공원 안의 생태축 및 생태통로를 단절하여 통과하지 못한다.
- 다만, 해당 행정기관의 장이 지역 여건상 설치가 불가피하다고 인정하는 최소 시설 또는 구조물은 예외로 한다.

b. 적용대상시설 : 도로, 철도, 궤도, 전기통신설비, 에너지 공급시설, 댐, 저수지, 수중보, 하굿둑 등

3. 경제적 유인제도인 부과금의 요율 결정 원칙과 국내·외 운영 사례 (8점)

a. 요율 결정 원칙
- 경제적 유인책(Economic Incentives)인 부과금의 요율 결정의 기본 원칙은 오염물질의 최소 처리 비용에 상응하는 비용부담을 기본으로 한다.
- 오염물질을 처리하는 처리 비용에 상응하는 비용만큼을 경제적으로 부과시켜, 기업 스스로 오염물질 배출을 억제하도록 유도하는 제도

b. 국내·외 운영 사례
 ① 배출 부과금
  : 대기·수질의 경우 배출 허용기준을 초과 시 초과한 배출오염물질에 대해 배출부과금을 부과한다.
 ② 폐기물 부담금
  : 〈자원의 절약과 재활용 촉진에 관한 법률〉에 따라 쓰레기, 폐유 등과 같은 폐기물의 발생을 억제하고, 자원의 낭비를 막기 위하여 특정 유해물질을 함유하거나, 재활용이 어려운 폐기물에 대하여 제조업자, 수입업자에게 폐기물 처리에 소요되는 비용을 부담하게 한다.

4. 장외영향평가서 작성과정의 사고 시나리오 선정 원칙 (8점)

a. 근거 : 화학물질관리법(제23조)
"유해화학물질 취급시설을 설치·운영하려는 자는 사전에 화학사고 발생으로 사업장 주변지역의 사람

이나 환경 등에 미치는 영향을 평가한 유해화학물질 화학사고 장외영향평가서를 작성하여 환경부장관에게 제출하여야 한다."

b. 사고 시나리오의 선정 원칙

→ 환경부장관은 다음 사항을 검토한다.

① 유해화학물질 취급시설의 설치, 운영으로 사람의 건강이나 주변 환경에 영향을 미치는지 여부

② 화학사고 발생으로 유해화학물질이 사업장 주변지역으로 유출·누출될 경우 사람의 건강이나 주변 환경에 영향을 미치는 정도

③ 유해화학물질 취급시설의 입지 등이 다른 법률에 저촉되는지 여부

5. 환경정책의 추진 원칙 중 '협력의 원칙'을 설명하고, 환경정책 과정에서 지자체·전문가·기업 등과의 '협력의 원칙'이 반영된 제도와 시책 사례를 제시하시오. (필수문제, 25점)

a. 협력의 원칙 → 과정의 원칙

• 환경문제를 유발시킨 모든 관계자들이 공동의 책임을 지고, 협동하여 해결함을 뜻한다.

: 모든 사회구성원인 정부, 기업, 국민, 전문가, 환경관련기구 등

b. 반영된 제도와 적용사례

① 환경 관련 보조금

• 상·하수도 처리시설에 대한 국고보조금 지급

• 상·하수도 처리시설에 대한 지방자치단체의 시설 투자·운영(환경기초시설 설치, 운영)

② 사업자, 기업의 환경비용부담

• 배출시설, 방지시설의 설치·운영

• 각종 부담금 부담(배출 부담금, 폐기물 부담금 등)

• ERPR(생산자 부담제도)

③ 개인에 대한 환경부담금 등

• 쓰레기 종량제

• 상하수도요금 부과

④ 민간 환경감시제도 : NGO 등의 활동

⑤ 국제협력 및 지구환경보전 : 전문가, 시민단체, 학계 등

6. 〈미세먼지 저감 및 관리에 관한 특별법〉 시행에 따라 미세먼지를 포함한 대기환경관리정책의 새로운 계기가 마련되었다. 기존의 〈대기환경보전법〉 및 〈수도권 대기환경개선에 관한 특별법〉과 비교하여 새로 도입된 정책 수단과 기대 효과를 제시하고, 이러한 정책 수단의 추진 과정에서 예상되는 한계와 보완 방안에 대하여 논하시오. (25점)

    a. 새로 도입된 정책 수단과 기대 효과

    ① 미세먼지 관리종합계획 수립

     • 정부는 5년마다 미세먼지종합계획을 수립하도록 한다.

    ② 미세먼지 특별대책위원회 설치

     • 국무총리 소속으로 미세먼지특별대책위원회를 설치

     • 미세먼지개선기획단을 국무총리 소속으로 설치, 위원회의 업무 협조를 도모한다.

    ③ 국가미세정보센터의 설치, 운영

     • 환경부장관은 미세먼지의 발생 원인, 정책 영향 분석, 정보 수집을 위해 국가미세먼지정보센터를 설치, 운영하도록 한다.

    ④ 고농도 미세먼지 비상저감조치

     • 시·도지사는 고종도 미세먼지 발생 시 비상저감조치를 시행하도록 한다.

    ⑤ 미세먼지 집중관리구역의 지정

     • 시·도지사, 시장, 군수, 구청장은 미세먼지 오염이 심각하다고 인정되는 지역 중 어린이와 노인 등의 이용 시설이 집중된 지역을 '미세먼지 집중관리구역'으로 지정할 수 있다.

  b. 예상되는 한계와 보완 방안

    ① 기존의 위원회, 기존의 기본 계획과의 업무 중첩·중복 문제

    ② 형식에 치우친 일시적 대책에 치우칠 우려

    ③ 대책 : 종합계획 수립 시 업무 협의·협력 과정에서 충분한 검토가 필요

7. 〈자원순환기본법〉 시행에 따른 〈제1차 자원순환기본계획(2018~2017)〉의 정책 목표와 핵심 전략을 제시하고, 법에서 정한 광역지자체의 자원순환 목표 설정 시 고려사항과 원칙에 대하여 설명하시오. (25점)

    생략

8. 2018년 10월 인천 송도에서 개최된 제48차 IPCC총회에서 〈1.5℃ 특별보고서〉가 공식 채택되었다. 특별보고서의 작성 배경과 핵심 내용을 제시하고, 향후 기후변화 대응정책에 미칠 영향에 대하여 설명하시오. (25점)

　　생략

9. 생물다양성의 보고인 습지 보전·관리와 관련하여 습지의 기능과 가치를 설명하고, 습지 기초 조사를 통해 발굴한 '우수 습지' 보전 및 관리 방안에 대하여 논하시오. (25점)

　a. 습지의 기능과 가치

　　① 어류 및 야생동물 서식처 : 멸종위기, 희귀종의 서식처 제공

　　② 환경의 질 개선 : 수질 정화, 기후변화 완화, 생물다양성 유지

　　③ 수문학적 기능 : 지하수 공급, 침식 조절 등

　　④ 사회·경제적 기능 : 레크레이션, 심미적·문화적 가치 제공 등

　b. 우수 습지 보전 및 관리 방안

　　① 물 공급 및 수질 보전 : 물리적·생물학적 정화기법 도입

　　② 생태복원 식재기법 도입

　　　• 자생종, 지역고유종 선정

　　　• 수위조절, 회복의 다양화

　　③ 다양한 가장자리 형성 : 자연 소재 활용(고목, 수풀, 바위, 자갈, 모래 등)

제2교시
국토환경계획

1. 〈도시·군 관리계획〉의 성격과 기능 (필수문제, 9점)

a. 근거 : 국토의 계획 및 이용에 관한 법률(제4장)

b. 성격과 기능

- 시·군의 지속 가능한 발전을 도모하기 위한 10년 단위의 법정 계획

  *5년마다의 타당성을 검토

- 아래 계획들이 포함됨

 ① 용도지역, 용도지구의 지정, 변경에 대한 계획

 ② 개발제한구역 등 용도구역의 지정, 변경

 ③ 기반시설의 설치, 정비 및 개량에 관한 계획

 ④ 도시개발사업, 정비사업에 관한 계획

 ⑤ 지구 단위구역 지정, 변경 계획과 지구단위계획 관련

2. 〈도시공원 및 녹지 등에 관한 법률〉에 의한 '도시녹화'와 '녹지활용계약' (8점)

a. 도시녹화(법 제11조)

- 정의 : 식생·물·토양 등 자연친화적 환경이 부족한 도시 지역의 공간에 식생을 조성하는 것
- 공원녹지 기본계획 수립권자는 공원녹지 기본계획에 따라 그가 관할하는 도시 지역의 일부에 도시 녹화에 관한 계획을 수립하여야 한다.

b. 녹지활용계약(법 제12조)

"특별시장, 광역시장, 특별자치시장, 특별자치도지사, 시장·군수는 도·시민이 이용할 수 있는 공원녹 지를 확충하기 위하여 필요 시 도시 지역의 식생 또는 임상이 양호한 토지의 소유자와 그 토지를 일반 도·시민에게 제공하는 것을 조건으로 해당 토지의 식생 또는 임상의 유지, 보전 및 이용에 필요한 지원 을 하는 것을 내용으로 '녹지활용계약'을 체결할 수 있다."

3. '녹색건축물'의 정의 및 녹색건축물 조성의 기본 원칙 (8점)

a. 근거 : 녹색건축물 조성 지원법

b. 정의

    : 〈저탄소녹색성장기본법〉에 따른 건축물과 환경에 미치는 영향을 최소화하고 동시에 쾌적하고 건

      강한 거주환경을 제공하는 건축물

c. 기본 원칙 : 녹색건축물 조성은 다음 기본 원칙에 따라 추진되어야 한다.

  ① 온실가스 배출량 감축을 통한 녹색건축물 조성

  ② 환경친화적이고, 지속 가능한 녹색건축물 조성

  ③ 신재생에너지 활용 및 자원 절약적인 녹색건축물 조성

  ④ 녹색건축물의 조성에 대한 계층 간, 지역 간 균형성 확보

4. 〈유역관리업무지침〉에 의한 유역 관리 기본 방향 (8점)

• 물은 지속 가능한 개발, 이용과 보전을 도모하고 가뭄·홍수 등으로 인하여 발생하는 재해를 예방하기

  위하여 유역 단위로 관리되어야 한다.

• 유역 간 물관리는 조화와 균형을 이루어야 한다.

5. 기후변화에 따른 폭우와 열섬 현상이 심화되고 있다. 폭우와 열섬 피해를 저감할 수 있는 도시계획 기법에 대하여 설명하시오. [국토계획 및 환경보전계획의 통합관리에 관한 공동훈령(2018.3.28.)] (필수문제, 25점)

    생략

6. 장기 미집행 도시공원이 발생하는 원인을 설명하고, 대책을 논하시오. (25점)

1) 장기 미집행 도시공원이 발생하는 원인

• 2000년 7월 1일 이전에 도시·군 관리계획으로 인해 도시공원으로 지정되었으나, 여러 가지 제한 이

  유로 도시공원으로 개발되지 못하여 방치

• 도시공원으로 개발되지 못한 이유

  a. 공법적 이유

    ① 〈국토의 계획 및 이용에 관한 법률〉에 따른 보전 녹지지역

② 〈자연환경보전법〉에 따른 생태·경관 보전지역

③ 〈습지보전법〉에 따른 습지 보호지역

④ 〈산지관리법〉에 따른 보전 산지

⑤ 개발제한구역

　b. 물리적 제한 이유

　: 도시공원 부지 등 해당 부지의 경사도, 표고 등 물리적 특성상 개발 불가 등

2) 주요 대책

• 공원별 공법적·물리적 특성을 분석하여 공법적·물리적 제한이 없는 지역을 개발 적성, 그 외 지역을 보전 적성으로 구분하여 추진

① 개발 적성으로 분류된 지역은 도시공원으로 개발 추진

② 보전 적성으로 분류된 지역은 도시공원 해제 추진

• 시장·군수는 공원별 토지 적성 분석 결과를 토대로 공원별 관리 방안을 수립하여 도시·군 관리계획을 변경

7. 스마트 시티의 개념을 설명하고, 스마트 시티에 도입된 기술을 도시재생사업에 적용할 수 있는 방안에 대하여 논하시오. (25점)

1) 스마트 시티의 개념

• 전 세계적으로 도시화에 따른 자원 및 인프라 부족, 교통 혼잡, 에너지 부족 등 발생

• ICT 기술을 활용, 도시 문제를 해결하고, 삶의 질을 높이며, 4차 산업혁명에 대응하는 스마트 시티 조성

2) 스마트 시티 개념을 도입한 도시재생사업 추진방안

a. 노후·쇠퇴 도심에 저비용·고효율의 '스마트 시티형 도시재생뉴딜' 추진

b. 주요 내용

① 안정, 방재 : 지능형 CCTV, 스마트 가로등 등

② 생활, 복지 : 헬스케어, 노약자 생활안전모니터링

③ 교통 : 스마트 파킹, 스마트 횡단보도, 버스정보시스템

④ 에너지, 환경 : 마이크로그리드, 스마트 쓰레기통 등

⑤ 문화, 관광 : 공공 Wi-Fi, AR 서비스, City App 등

⑥ 주거, 공간 : 스마트 홈, IOT 시설물관리 등

8. 개발 압력이 높은 도시 주변지역의 무질서한 개발(Urban Sprawl)을 억제하고, 친환경적 개발을 유도하기 위해서는 체계적인 성장 관리가 필요하다. 도시 성장 관리지역의 설정 기준과 관리 방안에 대하여 서술하시오. (25점)

생략

9. 〈제4차 국가환경종합계획(2016~2035)〉에 포함되어 있는 '고유 생물종 및 유전자원 발굴, 보전'과 '연양 및 해양생태계 관리 방안'에 대하여 설명하시오. (25점)

생략

제3교시
환경영향평가 실무

1. 환경친화적 도로건설을 위한 계획노선선정단계에서 지형·지질, 동·식물상, 토지이용 항목의 주요 고려사항 (필수문제, 9점)

항목	주요 고려사항
지형·지질	• 지형·지질, 토양 특성 • 지하수로 인한 수리·수문 영향
동·식물상	• 멸종위기 야생생물 현황 • 보호가치가 있는 동·식물상 현황 • 주요보호지역(습지, 백두대간 등) 현황
토지이용	• 사업지구 및 주변 지역의 토지 이용 및 용도지역 현황 • 사업지구에 대한 입지 및 규제 여부 • 사업지구 및 주변 지역의 중·장기 개발 계획

2. '식생보존등급'의 도입 배경과 등급 (8점)

a. 식생보전등급의 도입 배경

• 근거 : 자연환경 조사방법 및 등급 분류 기준 등에 관한 규정(환경부훈령 제1161호, 2015. 7)

• 식생의 보전 가치를 평가한 등급

b. 평가항목

평가 항목	주요 내용
분포 희귀성(Rarity)	분포 면적이 국지적이면 높게, 전국적이면 낮게 평가
식생복원잠재성 (Potentiality)	오랜 시간이 요구되면 높게, 짧은 시간에 형성되는 식물군락은 낮게 평가
구성 식물종 온전성 (Integrity)	천이 후기종(극상종)으로 구성되면 높게, 초기종의 구성비가 높으면 낮게 평가
식생구조 온전성	식생구조가 얼마나 원형에 가까운가를 평가
중요 종 서식	멸종위기 야생식물이 포함되면 높게 평가
흉고직경	흉고직경(DBH) 기록

c. 등급

등급	분류 기준
I 등급	• 자연성이 우수한 식생, 특이식생 • 극상림, 유사한 자연림

등급	분류 기준
Ⅱ등급	• 자연식생이 교란된 후, 2차 천이에 의해 자연식생에 가까운 정도로 회복된 산림식생
Ⅲ등급	• 산지대에 형성된 2차 관목림이나 2차 초원
Ⅳ등급	• 인위적으로 조림된 식재림
Ⅴ등급	• 논, 밭 등 경작지 • 과수원이나 유실수 재배지역 • 주거지 또는 시가지

3. '지형변화지수'와 '지형단절저감지수'의 정의와 의미 (8점)

a. 지형변화지수
- 정의 : 도로, 철도 등 선형교통사업의 지형변화 적정성 평가지표
- 의미 : 지형변화지수가 클수록 선형교통사업으로 인한 지형변화가 크다는 뜻

b. 지형단절저감지수
- 정의 : 도로, 철도 등 선형교통사업의 지형 단절에 대한 평가지표
- 의미 : 지형단절저감지수도 지형변화지수와 함께 선형교통사업에 대한 환경영향평가 시 주요 평가 지표로 활용

4. 최근 개정된 〈환경영향평가서 등 작성 등에 관한 규정〉에서 현실 여건을 반영한 주변 환경 피해 방지 조치 계획서 제출 방법의 합리화 방안 (8점)

생략

5. 정부의 에너지정책 변화에 따라 태양광 및 풍력 발전사업이 급증하고 있다. 이와 관련하여 육상태양광 및 육상풍력 발전사업의 환경평가에서 입지와 관련된 주요 문제점 및 해결 방안을 논하시오. (필수문제, 25점)

1) 신재생에너지
- 정부는 탈원전과 함께 2030년까지 신재생에너지 발전 비중을 20%로 확대 추진

- 풍력의 경우, 계획입지제도를 통해 정부가 직접 대규모 시설부지를 마련

2) 신재생에너지(태양광, 풍력) 입지와 관련된 주요 문제점

a. 녹색 대 녹색의 충돌

① 입지 문제

- 육상풍력 발전사업의 경우, 산 정상부나 능선부에 입지 선호

- 태양광의 경우, 상대적으로 땅값이 저렴한 산림지역 선호

② 주민과의 갈등 : 지역주민과의 이해관계로 인한 갈등 발생

③ 환경 악영향 : 저주파 소음, 경관에 악영향 우려

b. 환경보전에 대한 쟁점

① 산림생태계 훼손

: 고지대·능선부에 풍력단지 입지 시, 주요 산림지역에 태양광 설치 시 생태계 훼손 등 피해 우려

② 지형 : 절·성토에 따른 지형축(대간, 정맥, 지맥) 훼손 및 지형 변화

3) 해결 방안

a. 자연보전과 신재생에너지 공동 목표 달성

① 생태·자연도 1등급 지역과 주요 보호지역은 철저히 보호하면서 타당한 입지 선정

② 입지 타당성 조사 철저 실시 : 환경 가치와 사회·경제적 가치를 종합적으로 고려

b. 계획입지제도 등 추진

① 입지의 우선순위를 정하여 추진

② 단계적 계획 수립 추진

c. 지역주민 지원사업 추진 : 개발로 얻어지는 이익의 일부를 지역주민 지원에 활용

6. 최근 지진 발생에 따른 재해의 가능성이 높아지고 있다. 지진 발생의 피해를 감소하기 위하여 환경평가 시 고려사항을 입지 선정 단계, 실시 계획 단계, 운영 단계로 나누어 설명하시오. (25점)

생략

7. 대규모 산업단지 및 에너지시설 계획과 관련한 정책계획(예 : 전력수급 기본계획, 사업입지 수급계획, 도종합계획 등)의 전략환경영향평가를 시행할 경우, 광역시·도 차원에서 계획의 적정성 판단을 위해 필요한 미세먼지 관련 평가요소를 제시하고, 상기 정책계획 수립 시 고려사항에 대하여 논하시오. (25점)

a. 미세먼지 생성물질 : 〈미세먼지 저감 및 관리에 관한 특별법〉에 따른 미세먼지 생성물질은

- 질소산화물(NOX)
- 황산화물(SOX)
- 휘발성 유기화합물(VOCS)
- 암모니아

b. 미세먼지 관련 평가요소

- 에너지 사용량
- 산업단지 및 에너지 시설의 규모
- 대기오염물질 배출시설 및 방지시설 현황
- 대기오염물질 배출 현황
- 대기오염 총량관리 현황

c. 상기 정책계획 수립 시 고려사항

  생략

8. 고속도로 건설사업 환경영향평가에서 적용할 수 있는 유도 울타리의 설치 목적, 시설 분류, 설치 위치 선정 시 고려사항을 설명하고, 모식도 등을 활용하여 지형(성토부 및 절토부)을 고려한 설치 방법에 대하여 서술하시오. (25점)

  생략

9. 평가 항목·범위 등의 결정(스코핑)과 관련하여 환경영향평가협의회 운영 절차와 평가준비서 작성 방법을 기술하고, 환경영향평가사의 향후 역할에 대하여 논하시오. (25점)

a. 환경영향평가협의회의 운영 절차

- 환경영향평가협의회의 회의는 위원장이 소집한다.
- 협의회의 회의는 구성원 과반수의 출석과 출석위원 과반수의 찬성으로 의결한다.
- 위원장은 해당 사업이 다음의 경우 회의를 소집하지 아니하고 서면으로 심의할 수 있다.

  ① 해당 계획 또는 사업으로 인한 환경영향이 경미하다고 판단되는 경우

② 해당 계획 또는 사업과 유사한 사례가 여러 번 제출되어 심의된 경우

③ 해당 계획 또는 사업으로 인한 환경영향이 특정 분야에만 제한되어 있는 것으로 판단되는 경우

b. 평가준비서의 작성 방법

• 환경영향평가준비서는 가능한 한 이해하기 쉽도록 작성하여야 하며, 구체적 자료를 제시할 필요가 있는 경우 부록으로 제출한다.

• 평가준비서에는 다음 내용이 포함되어야 한다.

① 대상사업의 목적 및 개요

② 대상지역의 설정

③ 토지이용계획안

④ 지역개황

⑤ 약식절차에의 해당 여부

⑥ 주민의견 수렴방안

⑦ 전략환경영향평가 협의 내용

c. 향후 환경영향평가사의 역할

• 환경현황 조사

• 환경영향 예측, 분석

• 환경보전방안의 설정 및 대안 평가

• 환경영향평가서 등의 작성 및 관리

제4교시
환경영향평가제도

1. 〈환경영향평가법〉에 규정된 환경영향평가 등의 기본 원칙 (필수문제, 9점)

→ 5가지로 요약(법 제4조)

① 환경영향평가 등은 보전과 개발이 조화와 균형을 이루는 지속 가능한 발전이 되도록 하여야 한다.

② 환경보전 방안 및 그 대안은 과학적으로 조사·예측된 결과를 근거로, 경제적·기술적으로 실행할 수 있는 범위에서 마련되어야 한다.

③ 주민 등이 원활하게 참여할 수 있도록 하여야 한다.

④ 간결하고 평이하게 작성되어야 한다.

⑤ 누적적 영향을 고려하여 실시되어야 한다.

2. 〈환경영향평가법 시행령〉에 규정된 환경영향평가업의 등급별 업무 범위 (8점)

\# 환경영향평가업의 등급별 업무 범위(시행령 제68조 제2항)

제1종 환경영향평가업	제2종 환경영향평가업
⊙ 제1종 환경영향평가업을 등록한 자는 다음 업무를 대행할 수 있다. • 전략환경영향평가서 초안(준비서 포함) 및 평가서 작성의 대행 • 환경영향평가서 초안(평가준비서 포함) 및 평가서 작성 대행 • 사후환경영향조사서의 작성 대행 • 시·도 주례에 따른 환경영향평가서 작성 대행 • 소규모환경영향평가서의 작성 대행 • 약식평가서 및 관련 환경영향평가서 작성 대행 • 위 업무 관련, 조사에 필요한 자연·생태환경 분야의 조사, 영향예측, 평가 및 보전방안에 관한 작성 대행	⊙ 제2종 환경영향평가업을 등록한 자는 '자연·생태환경 분야의 조사, 영향예측, 평가 및 보전방안'에 관한 작성 대행을 할 수 있다.

3. 〈환경영향평가법〉에 규정된 승인기관의 역할 중 의무사항 (8점)

구분	승인기관의 역할(의무사항)
전략환경영향평가	• 환경영향평가협의회의 구성, 운영 • 승인 전, 환경부장관의 협의
환경영향평가	• 환경영향평가협의회 구성, 운영 • 승인 전, 환경부장관의 협의
소규모환경영향평가	• 승인 전, 환경부장관의 협의
사후환경영향평가	• 협의 내용의 이행 여부 확인 • 협의 내용 미이행 시 필요한 조치를 명한다 • 원상 복구를 해야 하는 경우, 원상 복구 명령 및 과징금 부과

4. 〈환경영향평가법 시행령〉에 규정된 환경영향평가협의회 위원의 제척, 기피, 회피 사유 (8점)

a. 제척 : 환경영향평가협의회의 위원이 다음에 해당하는 경우 환경영향평가협의회의 심의, 의결에서 제척된다.

① 위원 또는 그 배우자나 배우자였던 사람이 해당 사업계획 또는 사업이나 해당 영향평가 등의 당사자가 되거나 해당 계획 등의 당사자와 공동관리자 또는 공동의무자인 경우

② 위원이 해당 계획 등의 당사자와 친족이거나 친족이었던 경우

③ 위원이 해당 계획 등에 관하여 용역, 자문, 감정, 조사 등에 직접 관여한 경우

④ 위원이나 위원이 속한 법인이 해당 계획 등의 당사자의 대리인이거나 대리인이었던 경우

b. 기피 : 해당 계획 등의 이해관계자는 환경영향평가협의회에 기피 신청할 수 있다.

c. 회피 : 제척 사유에 해당하는 경우, 해당 안건 심의·의결에서 회피하여야 한다.

5. 1993년 개별법으로 신설된 〈환경영향평가법〉과 현행 〈환경영향평가법〉의 주요 차이점을 5가지 이상 기술하고, 변화된 내용의 도입 배경과 기대 효과를 서술하시오.(필수문제, 25점)

생략

6. 시·도 환경영향평가 조례의 특성(도입 조건, 도입 및 운영 현황, 대상사업 및 절차, 주체별 역할 등)을 서술하고, 시·도 환경영향평가 활성화 방안에 대하여 논하시오. (25점)

　생략

7. 개발기본계획에 대한 전략환경영향평가제도와 예비 타당성 조사 제도의 주요 내용(대상 사업, 시기, 주체, 절차, 평가 항목 등)을 비교하고, 두 제도의 연계 방안을 논하시오. (25점)

　1) 예비 타당성 제도

　a. 정부 재정이 투입되는 대규모 사업에 대한 정책적·경제적 타당성을 검토하는 제도

　　*1999년 김대중 정부 때 도입, 총사업비 500억 이상에 국고지원이 300억 이상이면 예타 대상

　b. 평가 항목

　· 평가 대상 항목 : 경제성, 정책성, 지역균형발전

　· 경제성 분석은 비용, 편익분석을 통해 B/C값이 1보다 클 경우, 경제적 타당성이 있는 것으로 평가

　· 정책성 분석은 해당 사업과 관련된 일관성과 사업 준비 정도, 사업 추진상의 위험 요인을 평가

　· 지역균형발전 분석은 지역 낙후도 개선, 지역경제에의 파급 효과, 고용 유발 효과 등을 분석

　· 평가항목에 대한 가중치는 경제성 35~50%, 정책성 25~40%, 지역균형발전 25~35%였으나, 2019
　　년부터 비수도권의 경우 경제성 평가를 30~45%, 지역균형발전을 30~40%로 변경

　2) 전략환경영향평가와의 연계 방안

　　생략

8. 〈환경영향평가 등 재대행 승인 및 관리지침〉에서 제시하는 '환경영향평가 등 대행업무 재대행 제한'
과 '환경영향평가 등 대행업무 재대행 계약의 원칙'에 대하여 서술하시오. (25점)

　　생략

9. 부동산 거래 시 대상 부지의 토양환경오염 여부와 그 범위를 파악하기 위한 '토양환경평가'에 대하
여 서술하시오. (25점)

　a. 근거 : 토양환경보전법

"토양오염으로 양도·양수인 또는 임대·임차인 간의 분쟁, 다툼을 해결하기 위하여 토양오염도 조사 등의 평가를 실시하도록 한다."

b. 평가 대상 및 평가 주최

① 토양오염 관리대상시설, 공장, 국방·군사 시설이 설치되어 있거나 설치되어 있었던 부지와 그 주변 지역으로써 환경부령이 정하는 지역

② 부지와 그 주변 지역으로써 환경부령이 정하는 지역

③ 평가 주체 및 평가 시기

- 평가대상토지에 대한 양도·양수인 또는 임대·임차인

- 평가대상토지를 양도·양수 또는 임대차할 때

- 인·허가를 필요로 하는 경우 인·허가 시

c. 토양 환경평가 과정

- 토양오염도 조사 : 기초조사, 개황조사, 정밀조사 순서로 실시

- 토양환경평가 : 오염도 등의 조사 분석 및 평가

제12회

환경영향평가사 필기시험

기출문제 및 풀이

제1교시
환경정책

1. 잔류성 유기오염물질(POPs), 휘발성 유기화합물(VOCs), 유전자원에 대한 접근 및 이익 공유(ABS)
(필수문제, 9점)

잔류성 유기오염물질(POPs)

- Persistent Organic Pollutants의 약자
- 정의 : 독성, 잔류성, 생물농축성 및 장거리 이동성 등의 특성을 지니고 있어 사람과 생태계를 위태롭게 하는 물질(잔류성 유기오염물질 관리법 제2조)
- 스톡홀름협약(The Stockholm Convention on Persistent Organic Pollutants)은 잔류성 유기오염물질 관련 국제협약
  * 스톡홀름협약 잔류성 유기오염물질 1차 목록(The Initial 12 POPs)
  → Aldrin, Chlordane, DDT, Dieldrin, Endrin, Heptachlor, PCB, Hexachlorobenzen, Mirex, Toxaphene, PCDD/PCDF

휘발성 유기화합물(VOCs)

- Volatile Organic Compounds의 약자
- 증기압이 높아 대기환경에서 기체로 존재하는 유기물(Vapor-phase atmospheric organics)의 총칭
- 메탄을 제외한 비메탄 탄소화합물(NMHC, Nonmethane Hydrecarbons)을 칭하기도 한다.
- VOCs는 광화학스모그를 일으키는 전구물질로 작용

유전자원에 대한 접근 및 이익 공유(ABS)

- Access to Genetic Resources and Benefit Sharing의 약자
- 생물다양성협약(CBD)에 규정된 유전자원에 대한 접근과 이의 이용으로부터 발생되는 이익의 공평한 공유를 뜻한다.
- 2010년 나고야에서 열린 CBD 당사국 회의에서 ABS가 공식 채택
- 선진국이 개도국의 생물자원을 이용하고 얻은 이익을 다시 개도국과 공평하게 공유하도록 한다.

2. 대기오염물질 총량관리제의 개념과 시행 절차 (8점)

a. 개념
- 농도 규제의 상대적 개념
- 배출업체별로 대기오염물질의 배출 총량을 할당하고, 총배출량을 규제, 관리하는 제도

b. 시행 절차

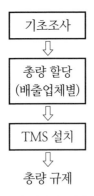

- 어느 특정 지역을 대상으로 총량 규제를 실시하며, 1차로 지역 내 대기오염 배출 실태 조사를 실시
- 기초 조사를 토대로, 배출업체별로 대기오염물질 배출량을 할당(Allocation)
- 배출업체별로 굴뚝자동측정망(TMS)을 설치하고, 총량 규제 실시

3. 경제 성장과 환경오염도의 관계를 설명한 환경쿠즈네츠곡선(Envirommental Kuznets Curve)의 개념 및 의의 (8점)

a. 개념 : 경제 성장의 초기에는 경제가 성장할수록 환경질이 완화되지만, 경제가 더욱 성장하면 정책과 기술 개발로 오히려 환경질이 개선됨을 나타낸다.

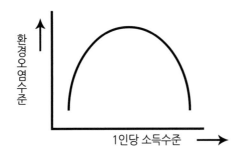

*쿠즈네츠 곡선과 마찬가지로
거꾸로 된 U자 모형을 보인다.

b. 의의 : 경제 성장의 진행과 함께 환경도 동반 개선될 가능성이 크므로, 환경쿠즈네츠곡선(EKC)은 경제 발전과 환경에 대한 새로운 통찰을 제공한다.

4. 세계자연보전연맹(IUCN)에서 제시한 보호지역에 대한 관리효과성 평가(Management Effectiveness Evaluation)의 개념, 평가지표 및 기대 효과 (8점)

a. 개념
- 주요 생태계보호지역에 대한 사후관리의 적절성을 평가(MEE)
- 주요 보호지역이 지정 후 효과적 관리가 되지 않는 사례가 빈발 → MEE 개념 도입

b. 평가 지표 및 기대 효과
- 평가지표는 보호지역에 대한 사후관리 실태를 평가하는 지표
- 평가지표 : 자연보호지역 지정비율(Aichi target), 생물목록, 생물종수 등
- MEE의 시행으로 보호지역 관리를 효율적으로 할 수 있을 것

5. 생태계서비스의 기능, 서비스, 혜택, 가치평가의 개념, 생태계서비스를 활용한 환경정책에 대하여 설명하시오. (필수문제, 25점)

a. 생태계서비스 기능
① 공급서비스 : 식량, 먹는 물, 섬유, 유전자원
② 조절서비스 : 기후 조절, 질병 조절, 홍수 조절, 수질 정화 등
③ 지원서비스 : 서식처 제공, 광합성, 물질 순환 등
④ 문화서비스 : 레크레이션, 생태 관광 등

b. 생태계서비스를 활용한 환경정책
① 자연보호지역의 지정 : 백두대간 보호지역, 습지 보호구역, 생태·경관 보전지역 등
② 수변구역지정, 물이용부담금제도
  : 상수원을 이용하는 주요하천 상·하류지역 주민을 위한 수변구역 지정과 물이용부담금제도
③ 국립공원, 도립공원, 지질공원 지정 : 자연공원법에 근거하여 지정, 관리
④ 생태·경관 보전지역 지정 및 자연경관 심의제도

: 자연환경보전법에 따른 생태·경관 보전지역 지정, 관리 및 자연경관심의제도

⑤ 생물다양성 관리계약제도

- 환경부가 〈자연환경보전법〉에 근거하여 생태계 우수지역을 보전하기 위하여 지자체장과 주민이 생태계 보전을 위한 계약을 체결하고, 지역 주민이 그 계약을 성실히 이행함에 따른 인센티브를 지자체가 제공하는 제도
- 현재 20개 시·군에서 실시 중 : 계약유형은 경작 관리계약과 보호활동 관리계약으로 구분

⑥ 생태계 보전 협력금

: 〈자연환경보전법〉에 근거, 원인자 부담원칙에 따라 개발사업자에게 훼손한 면적에 상응하는 비용을 부과하는 제도

⑦ 해양생태계 보전 협력금

: 오염자 부담원칙에 따라 개발사업자에게 해양생태계 보전 협력금 부과

6. 배출권 거래제의 개념 및 분배방식에 대하여 설명하시오. (25점)

a. 개념
- 사업자 간 자유로운 거래를 통하여 배출권을 사고파는 제도
- 교토의정서에 따른 온실가스거래제가 채택되면서, 국내에도 〈온실가스배출권의 할당 및 거래에 관한 법률〉이 제정, 시행

b. 분배 방식
- 온실가스의 경우, 온실가스를 배출하는 사업장을 대상으로 연단위 배출권을 할당(Allocation)하여 할당범위 내에서 배출 행위를 할 수 있도록 한다.
- 할당된 사업장의 실질적 온실가스 배출량을 평가하여 여분 또는 부족분의 배출권에 대하여는 사업장 간 거래를 통하여 해결한다.

7. 낙동강 유역의 안전한 원수 공급을 위한 유해물질 차단, 취수원 다변화 방안에 대하여 설명하시오. (25점)

생략(본문 참조)

8. 〈재활용폐기물관리종합대책(2018.5)〉에 따른 폐비닐 등 플라스틱 폐기물을 활성화하기 위해 제조, 생산, 유통, 소비, 분리, 배출, 수거, 선별, 재활용까지 단계별 대책을 설명하시오. (25점)

생략(본문 참조)

9. 도시재생사업의 발생원인과 대상지 선정을 위한 영역별 쇠퇴지표를 설명하고, 그중 환경 부문 쇠퇴지표 개선방안에 대하여 논하시오. (25점)

a. 도시재생사업의 발생 원인(Urban Regrneration)

• 신도시 위주의 도시 확장에 따라 발생하는 도심 공동화를 극복하고, 침체된 도시 경제를 개선하기 위해 물리·환경적뿐만 아니라 산업·경제·사회·문화적으로 도시를 다시 활성화하는 문제가 대두

→ 쇠퇴도시로 인한 도시재생사업이 필요

b. 영역별 쇠퇴지표

① 경제 부문 : 인구 감소, 산업·유통 분야 쇠퇴

② 산업 부문 : 고용 악화, 생산성 감소, 산업경쟁력 약화

③ 사회·환경 부문 : 노후주택, 생활환경 악화, 교통시설의 노후화, 상·하수도 등 환경 인프라 쇠퇴

c. 환경 부문 쇠퇴지표 개선 방안 → 친환경 도시재생

① 자연복원면적 확보제 도입

: 친환경 빗물관리기법(LID)도입, 투수성 포장 등 확대, 저류 기능 향상

② 환경기초시설의 자산관리체계 도입

• 환경기초시설 자산목록 구축

• 노후환경 기초시설 정비 시 지하화·공원화를 통해 도시민의 여가 공간 확보

③ 친환경 지속가능도시 모델 확산

• 자연재생형, 생태인프라 구축

• 친환경에너지 타운, 그린 시티 등

④ 현명한 쇠퇴(Smart Decline) 준비

: 자연자산, 신재생에너지, 폐기물 자원순환을 통한 친환경 도시재생 모델 구축

제2교시
국토환경계획

1. 〈습지보전법〉에 따른 습지보호지역 및 습지개선지역의 지정 요건, 훼손된 습지의 관리 (필수문제, 9점)

a. 습지보호지역 및 습지개선지역의 지정 요건

• 습지보호지역 지정 요건(법 제8조)

 ① 자연 상태가 원시성을 유지하고 있거나 생물다양성이 풍부한 지역

 ② 희귀하거나 멸종위기에 처한 야생동·식물이 서식하거나 나타나는 지역

 ③ 특이한 경관적, 지형적 또는 지질학적 가치를 지닌 지역

• 습지개선지역 지정 요건(법제8조제2항)

 ① 습지보호지역 중 습지가 심하게 훼손되었거나 훼손이 심화될 우려가 있는 지역

 ② 습지생태계의 보전 상태가 불량한 지역 중 인위적 관리를 통하여 개선할 가치가 있는 지역

b. 훼손된 습지관리

: 정부는 국가, 지방자치단체 또는 사업자가 습지보호지역 또는 습지개선지역 중 대통령령으로 정하는 비율 이상에 해당하는 면적의 습지를 훼손한 경우에는, 그 습지보호지역 또는 습지개선지역 중 공동부령으로 정하는 면적의 습지가 보전되도록 하여야 한다.

 *대통령령으로 정하는 비율 : 1/4

 *공동부령으로 정하는 비율 : 1/2

2. 〈국토의 계획 및 이용에 관한 법률〉에 따른 복합용도지구의 정의, 지정대상지역, 지정기준 (8점)

a. 복합용도지구의 정의

• 다양한 토지이용 수요에 대응하여 유연하고 복합적인 토지이용을 유도하기 위해 신설한 용도지구

• 지역의 토지이용 현황, 개발 수요 및 주변 여건 등을 고려하여 효율적이고 복합적인 토지이용을 도모하기 위해 특정 시설의 입지를 완화할 필요가 있는 지구

b. 지정 기준

 ① 용도지역의 변경 시 기반시설이 부족해지는 등의 문제가 우려되어 해당 용도지역의 건축 제한만을 완화하는 것이 적합한 경우

 ② 간선도로의 교차지, 대중교통의 결절지 등 토지이용 및 교통 여건의 변화가 큰 지역 또는 용도 지역 간 경계지역, 가로변 등 토지를 효율적으로 활용할 필요가 있는 지역

③ 용도지역의 지정목적이 크게 저해되지 아니하도록 해당 용도지역 전체면적의 3분의 1 이하의 범위에서 지정할 것

④ 그 밖에 해당 지역의 체계적·계획적인 개발 및 관리를 위하여 지정 대상지가 국토교통부장관이 정하여 고시하는 기준에 적합할 것

c. 지정 대상 : 복합용도지구는 일반주거지역, 일반공업지역, 계획관리지역에 지정할 수 있다.

3. 〈자연환경보전법〉에 따른 도시생태복원사업 대상 지역 (8점)

→ 도시생태복원사업 대상 지역은 다음과 같다(법 제43조의 2)

① 도시생태축이 단절·훼손되어 복원이 필요한 지역

② 도시 내 자연환경이 훼손되어 복원이 필요한 지역

③ 건축물의 건축, 토지의 포장 등 도시의 인공적인 조성으로 도시 내 생태면적(생태적 기능 또는 자연순환 기능이 있는 토양 면적을 말함)의 확보가 필요한 지역

④ 그 밖의 환경부령으로 정하는 지역

  * 환경부령으로 정하는 지역 = 도시 내 공원이나 녹지로서 시·도지사 또는 시장·군수·구청장이 복원이 필요하다고 인정하는 지역

4. 〈광역도시계획 수립지침(2018. 12)〉에 따라 개발제한구역 해제 가능 총량을 확대 변경하고자 하는 경우, 최초로 수립된 광역도시계획의 해제 가능 총량 이외에 추가로 설정할 수 있는 최대 한도 (8점)

생략

5. 〈관리지역 주거-공장 난개발관리를 위한 환경성 검토 가이드라인(2018.12)〉에서 규정하고 있는 입지 타당성과 생활환경 측면에서 중점적으로 검토해야 할 내용에 대하여 설명하시오. (필수문제, 25점)

생략

6. 〈생태하천 복원사업 업무추진지침(2019.2)〉에 따른 생태하천 우선지원사업과 지원 제외 사업을 설명하시오. (25점)

생략

7. 〈도시의 지속가능성 및 생활 인프라 평가지침(2019. 6)〉에 의한 도시 지속가능성 및 생활 인프라 수준 평가의 목적, 범위, 절차, 지표 선정, 결과 활용 방안을 설명하시오.(25점)

a. 평가의 목적

: 전 국토의 지속가능한 개발을 위하여 지자체의 건정한 도시정책을 유도하고, 국민 삶의 질을 개선하기 위한 생활 인프라 수준을 평가

b. 평가 절차

평가시행 공고
(국토교통부장관)
⇩
평가서의 작성, 제출
⇩
지자체 평가서의 검증 및 채택
⇩
평가결과 도출
⇩
평가결과보고서 작성 및 통보

c. 평가 방법 및 주기

① 평가 방식

: 평가는 상대평가 방식을 채택함으로써 해당 지자체의 현재 수준을 파악하고, 자체적 노력을 촉발시키는 계기 마련

② 점수화 방식

: 지표마다 서로 다른 값 범위와 단위, 특성을 갖고 있으므로, 각 지표의 원값을 표준화 점수하여 점수 분포의 출발점과 단위를 통일시켜 상대비교 및 지표별 점수의 합산이 가능하도록 한다.

$$표준점수(Z-Score) = \frac{(원점수-평균)}{표준편차}$$

③ 등급화

: 평가지표별 상대평가를 통하여 점수를 5개 등급(1등급 : 매우 우수, 5등급 : 매우 미흡)으로 등급화

④ 평가 주기 : : 도시의 지속 가능성 및 생활 인프라 평가는 매년 실시

d. 평가 결과 활용

- 국토교통부장관은 지역에 미치는 파급성 등을 감안, 평가 결과의 일부를 공개할 수 있다.
- 평가 결과는 도시재생사업, 보조금 대상, 도시 대상 등 각종 국가 및 지자체 지원 대상의 선정 과정에서 중요한 평가 요소로 활용할 수 있다.

8. 〈제4차 국가생물다양성전략(2019~2023)〉의 개요, 비전, 목표 및 추진 전략에 대하여 설명하시오. (25점)

　생략

9. 시·군 환경보전계획의 수립 절차와 주요 내용을 제시하고, 국토·환경 계획 통합관리 측면에서의 한계와 개선 방안을 논하시오. (25점)

1) 시·군 환경보전계획의 수립 절차와 주요 내용
　a. 수립 절차

계획(안) 작성
⇩
주민의견 수렴
(필요 시 공청회)
⇩
지방의회
⇩
승인(도지사)
⇩
주민공람(시장·군수)

　b. 주요 내용

- 지역 특성, 계획의 방향, 목표
- 환경보전, 관리에 관한 사항
- 환경기초시설 계획, 운영에 관한 사항
- 기후변화 대응 및 에너지 관련 사항
- 공원, 녹지에 관한 사항 등

2) 국토·환경 계획의 통합관리

  a. 국토계획(국토 종합계획, 도 종합계획, 도시·군 기본계획, 도시·군 관리계획)과 환경보전계획(국가
     환경종합계획, 시·도 환경보전계획, 시·군 환경보전계획)의 통합관리

  b. 국가계획수립협의회의 운영

  c. 통합관리사항

   • 자연생태계의 관리보전 및 훼손된 자연생태계 복원

   • 체계적 국토공간 및 생태적 연계

   • 에너지 절약형 공간구조 개편 및 신, 재생에너지 사용 확대

   • 깨끗한 물 확보와 물 부족 대응

   • 대기오염물질 감축

   • 기후변화 대비 온실가스 감축

   • 폐기물 배출량 감축 및 자원순환율 제고 등

3) 개선 방안

  생략

제3교시
환경영향평가 실무

1. 산지전용허가(면적 15만㎡)를 수반하는 주택건설사업(면적 15만㎡)의 환경영향평가 대상 여부 및 판단 근거 (필수문제, 9점)

a. 대상 여부 판단

$$\frac{\text{산지전용 허가 면적}}{\text{산지전용 허가 최소면적}} + \frac{\text{주택건설 사업}}{\text{주택건설사업 최소면적}} = \frac{15만㎡}{20만㎡} + \frac{15만㎡}{30만㎡} = 1.25$$

b. 결론 : 1.25는 1 이상이므로 환경영향평가 대상사업이다.

2. 해상풍력단지 개발사업 환경영향평가 시 주요 환경영향 요소와 환경영향 (8점)

a. 환경영향 요소 : 공사 시와 운영 시로 구분

공사 시	운영 시
• 풍차 등의 해상 수송 • 해저 발파	• 경관 손상 • 전파 장애

b. 환경영향

환경영향	공사 시		운영 시
	수송	발파	
지형·지질		○	
소음·진동		○	○
해양오염	○	○	
전파장애			○

3. 〈저주파 소음 가이드라인(2018. 7)〉에 따른 저주파 소음 판단 기준 및 관리 절차 (8점)
　생략

4. 생태계교란생물의 정의 및 지정 관리 (8점)
　생략

5. 해양준설토 투기장 운영 시 악취 및 해충 저감 대책에 대하여 설명하시오. (필수문제, 25점)

생략

6. 조류(鳥類) 충돌에 관하여 환경영향평가 시 문제점 및 개선 방안, 조류 충돌 방지 대책에 대하여 설명하시오. (25점)

생략

7. 폐기물 처리시설 중 소각시설 설치 사업의 환경영향평가 시 주요 검토 내용에 대하여 설명하시오. (25점)

구분				주요 내용
대기환경분야	대기질	현황조사	조사 항목	• 다이옥신 배출 현황 • SOX, NOX 배출 현황 • 미세먼지 배출 현황
			조사 범위	• 공간적 범위 : 소각시설 설치로 영향을 미치는 지역 • 시간적 범위 : 대기질을 분석할 충분한 시간
			조사 방법	• 기존 자료와 현지 조사 자료 • 시료 채취 및 시험 방법은 대기오염 공정시험법을 따름
		영향예측	조사 항목	• 현황 조사 항목과 동일
			조사 범위	• 공간적 범위 : 소각시설 설치로 영향을 미치는 지역 • 시간적 범위 : 공사 시와 운영 시로 구분 설정
			예측 결과, 평가	• 유사 사례를 참고하여 평가
		저감 방안		• 다이옥신, 미세먼지를 환경 기준치 이하로 할 수 있는 방지시설 설치 강구
		사후환경영향조사		• 필요 시 추가 대책 강구 등
	악취	현황조사	조사 항목	• 악취물질 배출량 분석 • 악취물질 분석
			조사 범위	• 대기질 항목과 동일
			조사 방법	• 시료 채취 및 방법은 대기오염 공정시험법에 따름
		영향예측	조사 항목	• 현황조사 항목과 동일
			조사 범위	• 현황조사 항목과 동일
			예측 결과, 평가	• 유사 사례를 참고하여 평가
		저감 방안		• 악취 저감시설 설치

구분				주요 내용
수환경 분야	수질	현황조사	조사 항목	• 쓰레기의 함수율, 침출수 현황 • 지하수 오염 현황
			조사 범위	• 대기질과 동일
			조사 방법	• 시료 채취 및 수질 분석은 수질오염 공정시행법에 따름
		영향예측	조사 항목	• 현황조사 항목과 동일
			조사 범위	• 공간적 범위 : 소각시설 건설로 수질 영향을 미치는 지역 • 시간적 범위 : 공사 시와 운영 시로 구분 설정
			조사 결과, 평가	• 유사 사례를 참고하여 평가
		저감 방안		• 침출수가 외부로 유출되지 않도록 하고, 지하수 오염 방지 대책 강구

8. 〈물환경보전법〉에 다른 완충저류시설 설치 대상 및 설치, 운영 기준에 대하여 설명하시오. (25점)

생략

9. 빛공해가 생물분류군(곤충류, 양서류, 파충류, 조류, 포유류)에 미치는 영향 및 저감 대책에 대하여 설명하시오. (25점)

생략

제4교시
환경영향평가제도

1. 전략환경영향평가 대상 중 정책계획 8개 분야 및 분야별 계획 (필수문제, 9점)

8개 분야	분야별 계획
도시의 개발	• 수도권 대기환경관리 기본계획 • 〈실내공기질관리법〉에 따른 실내 공기질 관리 기본계획
항만의 건설	• 〈연안관리법〉에 따른 연안통합관리계획 • 연안정비 기본계획
도로의 건설	• 국가기간교통망 계획 • 대도시권 광역교통 기본계획
수자원의 개발	• 물 재이용 기본계획 • 물환경 관리계획 • 지하수관리 기본계획 • 유역하수도 정비계획 • 수자원 장기종합계획 • 수변구역관리 기본계획(4대강법)
관광단지의 개발	• 관광개발 기본계획(관광진흥법) • 권역별 관광 개발계획(관광진흥법) • 온천발전 종합계획 • 공원녹지 기본계획 • 생태·경관 보전지역 관리 기본계획 • 생태·경관 보전지역 관리계획
산지의 개발	• 사방사업 기본계획 • 산림 기본계획 • 산림문화·휴양 기본계획 • 산촌진흥 기본계획 • 전국 임도 기본계획 • 산림복지 진흥계획
특정지역의 개발	• 농어촌정비 종합계획 • 농업생산기반 정비계획 • 지역개발계획(지역개발 및 지원에 관한 법률)
폐기물, 분뇨, 가축분뇨 처리시설의 설치	• 폐기물 처리 기본계획 • 가축분뇨 관리 기본계획

2. 〈환경영향평가법〉의 목적, 국가의 책무 (8점)

생략

3. 소규모환경영향평가 변경 협의 사유 (8점)

→ 법제46조의 2

"사업자는 원형대로 보전하도록 한 지역 또는 개발에서 제외하도록 한 지역을 추가로 개발하는 등 대통령령으로 정하는 사유에 해당하면 사업계획을 변경하여야 한다."

*변경 협의 사유(시행령 제63조의 2)

① 협의기준을 변경하는 경우

② 협의내용에 반영된 사업규모가 30% 이상 증가되는 경우

③ 협의내용에 포함된 부지면적의 30% 이상이 토지이용계획으로 변경하는 경우

④ 협의내용에서 원형대로 보전하거나 개발에서 제외하도록 한 지역의 5%를 초과하여 토지이용계획을 변경하는 경우

⑤ 5년 이내 사업을 착공하지 아니한 경우

4. 〈환경영향평가서 등에 관한 업무 처리 규정(2017. 12)〉에 따라 지방환경관서의 장이 협의내용 미이행 사업자에 대하여 공사 중지 등 필요한 조치를 하도록 하는 경우 (8점)

→ 규정 제37조

"지방환경관서의 장은 정당한 사유 없이 협의내용 미이행 사업자에 대하여 공사 중지 등 필요한 조치를 하여야 한다."

① 환경기준의 초과가 우려되거나 초과한 경우

② 집단민원의 발생이 우려되거나 발생한 경우

③ 천연기념물 등 법적으로 보호되어야 할 대상물의 훼손이 우려되거나 훼손된 경우

④ 시설 가동으로 환경상 피해를 유발시키는 시설에 대한 오염행위 저감 또는 삭감이 필요한 경우

⑤ 기타 지방환경관서의 장이 공사 중지를 할 만한 사유가 있다고 판단되는 경우

5. 〈환경영향평가법〉에 따른 재협의와 재평가의 발생 요건과 차이점을 설명하시오. (필수문제, 25점)

구분	재협의	재평가
발생 요건	# 협의 당시 내용 중의 일부 또는 상당 부분의 변경이 발생한 경우 ① 사업 규모·면적이 당초보다 30% 이상 증가된 경우 ② 사업계획 확정 후 5년 이내 착공하지 아니한 경우 ③ 원형대로 보전하거나 제외하도록 한 지역을 최소환경영향평가 대상 규모의 30% 이상 증가시킨 경우 ④ 공사가 7년 이상 중지된 후 재개되는 경우	# 2가지 경우 ① 협의 당시 예측치 못한 사정이 발생, 주변환경 등에 중대한 영향을 미친 경우(특히, 주민의 건강상·재산상 또는 주변 생태계의 심각한 훼손) ② 환경영향평가서 작성의 기초자료가 거짓으로 작성된 경우
차이점	• 재협의 절차를 거쳐서 진행 가능	• 원점에서 다시 시작해야 함 : 주민의견수렴, 환경영향평가협의회 심의 등

6. 전략환경영향평가 대상 계획임에도 불구하고, 대상에서 제외되는 경우를 설명하시오. (25점)

1) 국방상, 정보 문제로 제외(법 제10조)

  • 국방부장관이 군사상 고도의 기밀 보호가 필요하거나 필요하다고 인정, 환경부장관과 협의한 계획

  • 국가정보원장이 국가안보를 위하여 필요하다고 인정하여 환경부장관과 협의한 계획

2) 스코핑에 의한 제외(법 제10조의 2)

 a. 행정기관의 장은 소관 전략환경영향평가 대상 계획에 대하여 5년마다 실시 여부를 결정하여 환경부장관에게 통보한다.

 b. 고려사항

  ① 계획에 따른 환경영향의 중대성

  ② 계획에 대한 환경성 평가의 가능성

  ③ 계획이 다른 계획 또는 개발사업에 미치는 영향

  ④ 기존 전략환경영향평가 실시 대상 계획의 적절성

  ⑤ 전략환경영향평가의 필요성이 제기되는 계획의 추가 필요성

 c. 제출 서류

  : 전략환경영향평가를 실시하지 아니하기로 결정하려는 경우, 행정기관의 장은 다음의 서류를 환경부장관에게 제출하여야 한다.

① 전략환경영향평가를 실시하지 아니하는 구체적 이유와 근거가 명시된 검토서 1부

② 관계 전문가 의견서 1부

7. 〈환경영향평가법〉에 따른 주민 등이 의견 재수렴 관련 ①중요 사항 변경에 따른 주민의견 재수렴의 경우 주요 사항 ②공개한 의견의 수렴 절차에 흠이 존재하는 경우를 설명하시오. (25점)

① 중요 사항 변경에 따른 주민 의견 재수렴 경우(법 제26조, 시행령 제45조)

- 대상 사업의 규모가 30% 이상 증가되는 경우

- 대상 사업의 규모가 최소환경영향평가 대상 규모 이상 증가되는 경우

- 최소환경영향평가 대상 규모의 50% 이상인 폐기물 소각시설, 폐기물 매립시설, 하수종말 처리시설 또는 가축분뇨 처리시설을 새로 설치하려는 경우

- 평가서 초안의 공람기간이 끝난 후 5년 이내에 환경영향평가서를 제출하지 아니한 경우

② 공개한 의견 수렴 절차에 흠이 존재하는 경우(시행규칙 제7조의 2)

- 일간신문과 지역신문에 1회 이상 공고하지 않은 경우

- 20일 미만의 기간 동안 공람한 경우

- 공고 및 공람을 실시한다는 사실 등을 구분하여 제시하지 아니한 경우

- 규정에 위반하여 설명회를 개최한 경우

- 개발기본계획의 사업 개요, 설명회 일시 및 장소 등을 공개하지 아니한 경우

- 관계 규정을 위반하여 공청회를 개최한 경우

- 공청회 개최 전에 관련 내용을 적절하게 공개하지 아니한 경우

8. 〈환경영향평가법〉에 따른 사후환경영향조사 결과 등의 공개, 사업 착공 등의 통보 및 공개. 주민 공개에 대한 의의를 설명하시오. (25점)

a. 의의

- 환경영향평가 등의 기본원칙 제3호의 규정에 따른다.

  "환경영향평가서 등의 대상이 되는 계획 또는 사업에 대하여 충분한 정보제공을 함으로써 환경영향평가 등의 과정에 주민 등이 원활하게 참여할 수 있도록 노력하여야 한다."

- 〈환경영향평가법〉의 목적에 "지속가능한 발전과 건강하고 쾌적한 국민생활의 도모를 목적으로 한다"고 명시되어 있다.

b. 환경영향평가의 투명하고 객관적 관리 도모

- 사후환경영향조사 결과 등의 공개, 사업 착공 등의 통보, 주민 공개로 환경영향평가의 투명한 객관성 확보

- 환경영향평가 등의 기본 원칙 제2호의 규정 : "과학적으로 조사, 예측된 결과를 토대로 경제적·기술적으로 실행할 수 있는 범위에서 마련되어야 한다."

9. 〈환경오염시설의 통합관리에 관한 법률〉에 따른 통합 허가와 건강영향평가제도의 연계 방안에 대하여 논하시오. (25점)

1) 통합허가제도

a. 통합법 적용 대상 개별법

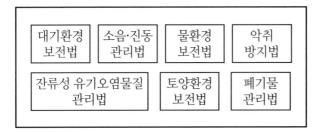

대기환경 보전법	소음·진동 관리법	물환경 보전법	악취 방지법
잔류성 유기오염물질 관리법	토양환경 보전법	폐기물 관리법	

b. 통합 환경관리제도의 주요 내용

- 인·허가 통합(시설별 → 사업장별 인·허가)
- 기술기반의 과학적 관리(최적가용기법(BAT) 적용)
- 환경관리 선진화(적발단속 위주 → 자율관리 확대)

2) 건강영향평가제도

a. 근거 : 환경보건법

b. 건강영향평가의 정의

: 정책, (Policy), 계획(Plan), 프로그램(Program) 및 프로젝트(Project)가 인체 건강에 미치는 영향과 그 분포를 파악하는 도구, 절차 또는 그 조합

c. 기능

- 대상사업으로 인해 발생하는 긍정적·부정적 건강영향 검토

- 취약 집단의 건강 상태에 초점

d. 원칙

- 전향적 평가를 원칙, 주민에게 알 권리 보장, 정책결정자에게 도움을 주기 위해 수행한다.

- 긍정적 영향을 최대화하고, 부정적 영향을 최소화한다.

- 개인·집단의 건강 상태에 영향을 미치는 물리적 요인으로 구성한다.

- 합리적·과학적 방법을 통한 정량적·정성적 분석을 바탕으로 한다.

- 다학제적이고 이해관계자의 참여적 접근을 통해 이루어져야 한다.

e. 대상 사업

- 산업단지 : 15만㎡ 이상

- 에너지 개발 : 발전시설용량이 1만㎾ 이상의 화력발전소

- 폐기물, 분뇨, 축산폐수 공공처리시설

  ① 매립시설 : 30만㎡ 이상

  ② 지정폐기물 처리시설 : 5만㎡ 이상

  ③ 소각시설 : 1일 100톤 이상

  ④ 가축분뇨 공공처리시설 : 1일 100㎘ 이상

f. 평가 방법

대기질	비발암물질	위해도 지수 1 이상
	발암물질	발암위해도 $10^{-4} \sim 10^{-6}$
악취	악취물질	위해도 지수 1 이상
수질	수질오염물질	국가환경기준
소음·진동	소음	국가환경기준

3) 연계 방안

- 건강영향평가제도의 통합법 적용 방안 검토 필요

제13회

환경영향평가사 필기시험

기출문제 및 풀이

제1교시
환경정책

1. 용어 설명 (필수문제, 9점)
– 환경·사회 세이프 가드, 생태계 서비스 지불제, 환경분쟁 원인재정제도

환경·사회 세이프 가드
- 개념 : 어떤 사업·프로젝트가 사람과 환경에 미칠 수 있는 악영향을 예방하거나 회피할 수 없을 시 영향을 최소화하고 완화하기 위해 마련된 정책
- 세이프 가드의 시행 절차는 몇 개의 단계로 진행된다.
  ① 스크리닝, 프로젝트로 인한 환경·사회적 영향을 포괄적으로 평가
  ② 분류 : 환경·사회관리계획을 평가, 분류
  ③ 환경·사회 영향검토, 정보공개, 모니터링 등

생태계 서비스 지불제
- 개념 : 생태계를 직·간접적으로 이용한 부분에 대하여 등분의 비용을 부담해야 하는 것
- 종류 : 물이용부담금, 생태탐방 요금 부과 등
*구체적 내용은 본문(1권) 참조

환경분쟁 원인재정제도
- 근거 : 환경분쟁조정법
- 개념 : 환경 피해의 인과관계를 신속하게 규명해주는 제도
- 환경분쟁조정제도는 복잡한 소송 절차를 통하지 않고 전문성을 가진 행정기관(환경분쟁조정위원회)이 신속하게 환경 분쟁을 해결하는 제도이나, 실제 운영 과정에서 분쟁조정제도는 시간이 많이 소요된다(특히 재정의 경우).
  → 이를 보완하기 위한 방편으로 환경분쟁원인재정제도 도입

2. 미세먼지 계절관리제 및 선제적 감축 조치의 내용을 서술하시오. (8점)

a. 미세먼지 계절관리제
- 미세먼지 농도가 높은 12월 1일부터 이듬해 3월까지 4개월간 시행하는 제도

- 노후 차량인 5등급 차량 운행 제한은 수도권에 등록된 차량을 대상으로 시행하며, 5등급 차량이라도 관할지차체에 저공해 조치를 신청하면 운행 가능

b. 선제적 감축 조치

- 미세먼지 선제적 감축 조치란 미세먼지의 예비 저감 조치를 말한다.
- 예비저감조치 : 미세먼지의 증가가 우려되는 경우, 그 하루 전에 공공 부문을 대상으로 선제적인 미세먼지 감축 조치를 시행하는 것을 말한다.

3. 〈제2차 외래생물관리계획(2019~2023)〉의 목표, 특징 및 세부관리계획에 대하여 설명하시오. (8점)

a. 목표, 특징

- 외래종의 유입으로부터 우리나라 고유 생태계화 생물자원을 지키기 위한 5년 단위의 국가전략
- 〈생물다양성 보전 및 이용에 관한 법률〉에 근거하여 수립
- 기존의 '유입 후 제거' 위주의 관리체계를 보완하여 '유입 전 사전 관리를 대폭 강화'하는 방향으로 외래생물 관리정책을 개선

b. 세부 관리 계획 : 미유입 위해 의심종의 사전 관리 강화

- 수입 시 위해성 평가 및 관할 지방환경청의 승인이 필요한 법적관리종을 기존 위해 우려종에서 국제자연보전연맹의 악성 침입 외래종까지 확대
- 국내에 이미 유입된 외래생물의 위험 관리 강화
- 외래생물 확산 방지 체계 구축
- 외래생물 관리 기반 확충
- 대외 협력 및 홍보 강화

4. 환경·국토계획 통합 관리의 추진 배경과 주요 내용에 대하여 기술하시오. (8점)

1) 근거 : 국토계획 및 환경보전계획의 통합관리에 관한 공동훈령
2) 추진 배경

- 국토계획과 환경보전계획의 통합 관리의 필요성이 대두
- 두 계획의 통합관리를 통해 국토의 친환경 개발과 지속가능한 발전을 도모

→ 이를 위하여 공동훈령을 제정

3) 공동 훈령의 주요 내용

a. 대상계획

: 국토계획(국토 종합계획, 도 종합계획, 도시·군 기본계획, 도시·군 관리계획)과 환경보전계획(국가
환경종합계획, 시·군 환경보전계획, 시·군 환경보전계획)의 연계 통합관리

b. 통합관리의 내용

• 국가계획의 시기적 일치

• 내용의 사전 조율 및 협의

: 국가계획수립협의회(국토부차관, 환경부차관 공동의장)의 심의를 통해 사전 조율 및 협의

c. 통합관리사항

① 자연생태계의 관리보전 및 훼손된 자연생태계 복원

② 체계적 국토공간관리 및 생태적 연계

③ 에너지절약형 공간구조 개편 및 신재생에너지 사용 확대

④ 깨끗한 물확보와 물부족 대비

⑤ 대기오염물질 감축

⑥ 온실가스 감축

⑦ 폐기물 배출량 감축 및 자원 순환율 제고

5. 〈제5차 국가환경종합계획(2020~2040)〉의 비전, 목표 및 7대 핵심 전략을 기술하고, 이전 계획과 대
비되는 특징을 설명하시오. (필수문제, 25점)

a. 비전 : 국민과 함께 여는 지속가능한 생태국가

b. 계획의 목표

• 자연생명력이 넘치는 녹색환경

• 삶의 질을 높이는 행복환경

• 사회·경제 시스템을 전환하는 스마트 환경

c. 7대 핵심전략

① 생태계 지속가능성과 삶의 질 제고를 위한 국토생태용량 확대

② 사람과 자연의 지속가능한 공존을 위한 물 통합관리

③ 미세먼지 등 환경 위해로부터 국민건강보호

④ 기후환경 위기에 대비한 저탄소 안심사회 조성

⑤ 모두를 포용하는 환경 정책으로 환경 정의 실현

⑥ 산업의 녹색화와 혁신적 R&D를 통해 녹색순환경제 실현

⑦ 지구환경 보전을 선도하는 한반도 환경공동체 구현

d. 이전 계획과 대비

구분	4차 계획(2016~2035)	5차 계획(2020~2040)
비전	• 자연과 더불어, 안전하게 모두가 누리는 환경 행복	• 국민과 함께 여는 지속 가능한 생태국가
목표	• 풍요롭고 조화로운 자연과 사람 • 환경 위험으로부터 자유로운 안심사회 • 국격에 걸맞는 지속가능 환경	• 자연생명력이 넘치는 녹색환경 • 삶의 질을 높이는 행복환경 • 사회·경제 시스템을 전환하는 스마트 환경
주요전략	• 생태가치를 높이는 자연자원관리 • 고품질 환경서비스 제공 • 건강위해 환경요인 획기적 저감 • 미래환경위험 대응능력 강화 • 창의적 저탄소 순환경제 정착 • 지구환경보전 선도	# 7대 전략 • 국토생태용량 확대 • 물 통합관리 • 국민건강보호 • 저탄소 안심사회 조성 • 환경정의 실현 • 녹색순환경제 실현 • 한반도 환경공동체 구현

6. 수변구역과 상수원 보호구역을 근거, 지정 목적, 지정 대상, 지정권자, 행위 제한 등으로 구분하여 비교, 서술하시오. (25점)

구분	수변구역	상수원 보호구역
근거	4대강법(한강수계상 상수원 수질 개선 및 주민지원 등에 관한 법률 등)	수도법
지정 목적	4대강 상류지역의 수질오염방지 및 상수원 수질보전	상수원 수질 보호
지정 대상	4대강 상류지역 양안(500m~1km), 전국에 약 1,000㎢의 면적이 지정	상수원의 확보와 수질 보전을 위해 필요하다고 인정되는 지역
지정권자	환경부장관	환경부장관

구분	수변구역	상수원 보호구역
행위 제한	• 폐수배출시설 • 식품접객업, 목욕업, 관광숙박업 • 종교시설, 청소년수련시설 등	공장 설립 제한 등

7. 국립공원 용도지구의 종류와 지정기준, 그리고 각 용도지구에서 허용되는 행위기준의 범위를 설명하시오. (25점)

a. 용도지구의 종류 및 지정기준(법 제18조)

종류	지정기준
공원자연보전지구	• 생물다양이 특히 풍부한 곳 • 자연생태계가 원시성을 지니고 있는 곳 • 특별히 보호할 가치가 높은 야생동·식물이 살고 있는 곳 • 경관이 특히 아름다운 곳
공원자연환경지구	• 공원자연보전지구의 완충공간으로 보전할 필요가 있는 지역
공원마을지구	• 마을이 형성된 지역으로서 주민생활을 유지하는 데 필요한 지역
공원문화유산지구	• 지정문화재를 보유한 사찰과 전통사찰보전지 중 문화재의 보전에 필요하거나 분사에 필요한 시설을 설치하고자 하는 지역

b. 허용되는 행위 기준

종류	허용되는 행위기준
공원자연보존지구	• 학술 연구, 자연보호 또는 문화재의 보존, 관리를 위하여 필요하다고 인정되는 최소한의 행위 • 최소한의 공원시설의 설치 및 공원사업 • 꼭 필요한 군사시설, 통신시설 등 • 종교시설 중 자연공원 지정 이전의 건축물의 개축, 재축 • 사방사업 관련 최소한의 사업 등
공원자연환경지구	• 공원자연보전지구에서 허용되는 행위 • 공원시설의 설치 및 공원사업 • 농지 또는 초지의 조성 행위 • 농업, 축산업 등 1차사업 행위 • 임도의 설치 등

종류	허용되는 행위기준
공원마을지구	• 공원자연환경지구에서 허용되는 행위 • 주거용 건축물의 설치 • 공원마을지구 자체 기능을 위해 필요한 시설 등
공원문화유산지구	• 공원자연환경지구에서 허용되는 행위 • 불교의식, 승려의 수행, 신도의 교화를 위한 시설 및 부대시설 등

8. 환경정의의 분배적·절차적·교정적 측면에 대하여 설명하고, 이를 환경정책에서 구현하기 위한 구체적 방안을 논하시오. (25점)

1) 환경 정의(Env. Justice) : OECD는 환경정의를 절차적 정의, 분배적 정의, 교정적 정의로 설명

구분	주요 내용
절차적 정의	공공기관이 보유한 환경정보에 접근하고, 환경 관련 의사결정에 참여하며, 환경사건의 사법적·행정적 소송에 접근하는 것
분배적 정의	천연자원, 환경서비스 및 혜택에 대한 접근과 환경위험에 대한 노출 가능성 측변에서 현세대와 미래세대를 공정하게 대우하는 것
교정적 정의	환경훼손에 대한 복원·회복과 피해자에 대한 보상 등 환경사건에 대해 효과적이고 적절하며 즉각적인 해결방안을 마련하고, 환경피해 책임을 분명히 하는 것

2) 환경정의의 태동

a. 환경정의 개념은 미국에서 처음 등장

b. 제3차 OECD 대한민국 환경성과 평가 권고

• 2017년 3월 OECD는 우리나라에 대한 환경성과 평가를 통해 우리나라가 기초환경법과 정의를 통해 환경정의 증진을 위한 정부의지가 보이나 타 OECD 국가와 마찬가지로 환경정의 정책은 초기단계에 있다고 평가

c. 환경정책기본법의 개정

• 2019년 1월 환경정책기본법을 개정하여 환경정의의 3대 요소를 담음

• 환경보전뿐만 아니라 환경적 혜택과 부담의 공평한 분배, 환경정책 결정 과정에서의 실질적 참여 보장, 환경오염 피해 구제의 공정성 확보 등을 명시

• 국가나 지방자치단체는 환경 관련 법령이나 조례를 제·개정함에 있어 모든 사람들에게 실질적인 참

여를 보장하고, 환경훼손 피해에 대한 공정한 구제를 보장함으로써 환경정의를 실현하도록 노력한다고 규정

3) 구체적 방안

구분	구체적 방안
절차적 정의	• 환경정책 의사결정에 참여 • 환경정보의 공개
분배적 정의	• 보편적 환경질 서비스 개선 : 미세먼지, 상수원 수질 개선 : 취약계층, 환경서비스 개선
교정적 정의	• 환경오염 및 환경훼손 책임 강화 • 환경오염 피해 구제 등

9. 건강영향평가(HIA)의 개념과 대상사업을 설명하고, 건강영향평가에 있어서 위해 소통(Risk Communication)의 중요성과 발전방안을 논하시오. (25점)

a. 건강영향평가(HIA)

  생략(본문 참조)

b. 위해 소통(Risk Communication)

• 위해 소통은 환경적·사회적·경제적 위험성에 관한 정보나 의견을 위험 평가자, 위험 관리자, 주민, 이해관계자들 사이에 주고받는 일이다.

• 건강영향평가의 경우 평가자, 관리자, 주민, 이해관계자 사이의 소통이 원활치 못한 게 현실

  → 일반 주민, 시민의 참여 수준이 현저히 낮은 상황

• 위해 소통(Risk Communication)은 개인들이 의사결정 과정에 참여할 수 있도록 허용될 때만 가능

제2교시
국토환경계획

1. 용어 설명 (필수문제, 9점)

– 인류세(人類世), P4G, STEEP 기법

> ### 인류세(人類世, Anthropocene)

- 인간활동에 의해 지구의 자연환경에 유의미한 변화가 초래한 시기라는 뜻
- 인류가 지구의 토양·바다·대기에 악영향을 미쳤고, 지구생물들의 생태계에도 막대한 영향
- 인류가 지구환경에 영향 미친 시대를 인류세라고 한다.

> ### P4G(Partnering for Green Growth and the Global Goals 2030)

- 국제기구로서 '녹색성장과 글로벌 2030을 위한 연대'를 뜻한다.
- P4G 제2차 정상회의가 2021년 국내에서 개최 예정

> ### STEEP 기법

- 사회적, 기술적, 경제적, 환경적, 정치적 영향을 종합 고려한 기법(거시환경 분석)
- 주로 외부 환경에 대한 분석을 할 때 쓰는 기법으로 사회적 요소, 기술적 요소, 경제적 요소, 환경적 요소, 정치적 요소, 정치적 요소를 종합 고려하여 평가하는 기법

2. 도시첨단산업단지의 지정 취지와 지정가능한 사업 지역 및 지구에 대하여 설명하시오. (8점)

a. 근거 : 산업입지 및 개발에 관한 법률

b. 도시첨단산업단지의 지정 취지

  : 인구과밀지역(서울특별시)이 아닌 도시지역의 고용창출과 도심의 발전을 위함

c. 지정 가능한 사업 지역 및 지구

 ① 혁신도시 개발예정지구

 ② 신행정수도(세종시)

 ③ 도청 이전 시·도 개발예정지구

 ④ 공공주택지구

 ⑤ 친수구역, 택지개발지구 등

3. 〈공공주택 특별법 시행령〉에서 규정하는 특별관리지역의 정의와 해당 지역에서 지정할 수 있는 개발사업의 범위를 기술하시오. (8점)

  a. 특별관리지역의 정의(법 제6조의 2)

  "체계적인 관리계획을 수립하여 관리하지 아니할 경우, 난개발이 우려되는 지역에 대하여 10년의 범위에서 국토교통부장관이 특별관리지역으로 지정할 수 있다."

  b. 지정할 수 있는 개발사업의 범위(시행령 제8조)

  ① 〈도시개발법〉에 따른 도시개발사업

  ② 산업단지 개발사업 및 특수지역 개발사업

  ③ 관광지, 관광단지 조성사업

  ④ 물류시설용지 및 지원시설용지의 조성사업

  ⑤ 특별관리지역에서 시행하는 공익사업 등

4. 〈자연공원법〉에 의한 지질공원의 인증 및 지원에 관한 사항에 대하여 기술하시오. (8점)

  a. 지질공원의 인증(법 제36조의 3)

  "시·도지사는 지구과학적으로 중요하고 경관이 우수한 지역에 대하여 지역주민 공청회와 관할 군수의 의견 청취를 거쳐 환경부장관에게 인증을 신청할 수 있다."

  → 다음 기준에 적합한 경우, 환경부장관은 관계 중앙행정기관장과 협의를 거쳐 인증한다.

    ① 지구과학적 중요성, 희귀한 자역적 특성 및 우수한 경관적 가치를 지닌 지역

    ② 고고학적, 생태적, 문화적 요인이 우수하여 보전의 가치가 높을 것

    ③ 자연유산의 보호와 활용을 통하여 지역경제발전을 도모할 수 있는 것

  b. 지질공원에 대한 지원(법 제36조의 5) → 환경부장관은 다음 사항을 지원할 수 있다.

  ① 지질유산의 조사

  ② 지질공원 학술 조사 연구

  ③ 지질공원 지식·정보의 보급

  ④ 지질공원 체험, 교육프로그램 개방 보급

  ⑤ 지질공원 관련 국제 협력

5. 〈제5차 국토종합계획(2020~2040)〉의 6대 추진 전략 중 세대와 계층을 아우르는 안심생활공간 조성의 주요 정책 과제에 대하여 기술하시오. (필수문제, 25점)

a. 비전 : 모두를 위한 국토, 함께 누리는 삶터

b. 목표

- 어디서나 살기 좋은 균형 국토

- 안전하고 지속가능한 스마트 국토

- 건강하고 활력있는 혁신 국토

c. 공간구상 및 6대 추진 전략

: 연대와 협력을 통한 유연한 스마트 국토 구현

① 전략1 - 개성 있는 지역발전과 연대, 협력 촉진

② 전략2 - 지역산업 혁신과 문화관광 활성화

③ 전략3 - 세대와 계층을 아우르는 안심생활공간 조성

④ 전략4 - 품격 있고 환경친화적 공간 창출

⑤ 전략5 - 인프라의 효율적 운영과 국토 지능화

⑥ 전략6 - 대륙과 해양을 잇는 평화국토 조성

d. 세대와 계층을 아우르는 안심생활공간 조성

① 인구감소에 대응한 유연한 도시개발관리

- 도시의 적정개발, 관리강화

- 지역특성 고려한 도시공간구조 개편

- 도시재생활성화로 구도심 활력 제고

② 인구구조 변화에 대응한 도시생활 주거공간 조성

- 사회통합형 도시생활공간 조성

- SOC 접근성 제고로 편안한 생활공간 조성

③ 포용적 주거복지의 정착

- 맞춤형 주거서비스 확대, 주거사각지대 해고

- 사회약자를 위한 주거 안전망 확충

④ 안전하고 회복력 높은 안심국토 조성

• 기후변화에 대응한 안전국토 구축

　　• 통합적 방제체계 구축 등

6. 〈해양공간계획 및 관리에 관한 법률〉에 의한 해양용도구역의 구분과 해양공간계획에 대하여 기술하시오. (25점)

a. 해양용도구역의 구분

용도구역 구분	주요 내용
어업활동 보호구역	어업활동을 보호·육성하고, 수산물의 지속 가능한 생산을 위해 필요한 지역
골재·광물 자원개발구역	바다에서 골재와 광물자원 채취를 위해 필요한 지역
에너지개발구역	해양에너지 개발, 생산을 위해 필요한 지역
해양관광구역	해양관광에 필요한 지역
환경·생태계 관리구역	해양환경·생태계·경관 보전지역
연구·교육 보전구역	해양수산 연구와 교육활동을 위해 필요한 지역
항만·항행 구역	항만 기능 유지 관련 지역
군사활동구역	국방·군사 활동 관련 지역
안전관리구역	해양에 설치한 시설물 보호 등에 필요한 지역

b. 해양공간계획(법 제15조)

"중앙행정기관의 장과 지방자치단체의 장이 해양공간에서 해양공간계획을 수립하는 경우 해양수산부장관과 협의하여야 한다."

　① 해양관광단지의 개발에 관한 계획

　② 해양공간에서 석유의 채취에 관한 계획

　③ 해양공간에서 광물·골재 등의 채취에 관한 계획

　④ 항만·어항의 개발에 관한 계획

　⑤ 해양공간에서 수자원의 개발에 관한 계획

　⑥ 해양에너지의 개발에 관한 계획

　⑦ 어장의 개발에 관한 계획

　⑧ 그 밖의 해양자원의 이용·개발에 관한 계획

7. 재생에너지 계획입지제도의 도입 배경, 환경영향평가에서의 기대 효과 및 발전 방향에 대하여 논하시오. (25점)

   a. 도입 배경

   • 육상풍력은 대부분 경제성 위주의 입지로 생태·자연도 1등급지, 백두대간 등 생태우수지역 환경훼손

     문제로 충돌 발생

   • 사업 추진 과정에서 주민 참여가 미흡하여 이해관계자 간 첨예한 대립으로 사회 갈등 발생

   b. 개념

   • 수용성·환경성은 사전 확보하고, 개발 이익은 고유하도록 재생에너지 입지 절차 개선

   • 절차

    : 광역지자체가 부지 발굴 → 중앙정부 승인 → 민간 사업자에 부지 공급 → 민간 사업자가 지구 개발

    실시 계획 수립 →중앙정부 승인, 인·허가 의제 처리

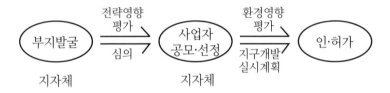

   c. 도입 방안

   • 발전사업 인·허가 후 환경영향평가를 진행하는 현행 절차에서 발생하는 환경훼손과 갈등문제 해결

    을 위해, 계획입지제 도입을 위한 환경영향평가법 등 관계 규정을 개정

   • 백두대간 핵심구역, 생태자연도 1등급지 등 생태우수지역을 입지하는 사업에 대해서는 엄격한 환경

    영향평가를 통해 환경성을 높임

8. 〈석면안전관리법〉에 따른 석면비산방지계획서의 주요 내용 (25점)

   a. 석면비산방지계획서의 주요 내용(법 재17조)

   ① 개발사업지역 및 그 주변지역의 상세 지질 분포 현황

   ② 개발사업지역 및 그 주변지역의 토양석면 함유 농도 분석 결과

   ③ 개발사업 시행의 시행에 따른 석면비산 가능성 예측 및 저감 방안

④ 기타, 환경부령으로 정하는 사항

　*환경부령으로 정하는 사항

　　• 석면방지시설의 운영을 위한 인력 운용 계획

　　• 석면의 비산 정도를 측정하기 위한 사업장 주변지역 등에 대한 모니터링 계획

　　• 기타, 환경부장관이 필요하다고 인정하는 사항

b. 석면방지시설의 설치 등 조치 기준(법 제17조, 시행규칙 제22조 별표2)

　: 모든 작업에 필수적으로 설치하여야 할 시설

① 살수(撒水)시설

② 저수(貯水)시설

③ 세균시설

④ 방진시설

9. 〈대기관리권역의 대기환경개선에 관한 특별법〉에 의한 대기관리권역의 설정기준과 대기관리권역 확대 및 세부시행내용에 대하여 기술하시오. (25점)

a. 대기관리권역(법 제2조)

• 대기오염이 심각하다고 인정되는 지역

• 해당 지역에서 배출되는 대기오염물질이 그 지역의 대기오염에 크게 영향을 미친다고 인정되는 지역

b. 대기관리권역 확대

　: 수도권 지역에 국한된 대기관리권역을 대기오염이 심각한 전국으로 확대

c. 세부시행내용

　생략(본문 참조)

제3교시
환경영향평가 실무

1. 주민설명회 및 공청회의 생략 요건과 조치사항을 기술하시오.(필수문제, 9점)

a. 생략 요건

구분	생략 요건
주민설명회	주민 반대 등으로 주민설명회가 정상적으로 개최되지 못한 경우(1회 이상)
공청회	주민 반대 등으로 공청회가 2회 이상 정상적으로 개최되지 못한 경우

b. 조치사항

① 주민설명회

• 일간신문, 지역신문에 각각 1회 이사 주민설명회가 정상적으로 개최되지 못한 사유 등을 게재

• 시·군·구의 정보통신망과 환경영향평가 정보지원시스템에 설명회 생략 사유와 설명 자료 게시

② 공청회

• 일간신문과 지역신문에 공청회 생략 내용을 1회 이상 공고

2. 〈백두대간 보호에 관한 법률〉에서 정하고 있는 백두대간의 정의와 핵심구역 행위 제한에 해당하지 않는 사업유형을 5가지 이상 기술하시오. (8점)

a. 백두대간의 정의(법 제2조)

: 백두산에서 시작하여 금강산, 설악산, 태백산, 소백산을 거쳐 지리산으로 이어지는 산줄기

* 정맥 : 백도대간에서 분기하여 주요 하천의 분수계를 이루는 산줄기

b. 핵심구역 행위 제한에 해당하지 않는 사업 유형(5가지 이상)

① 국방·군사 시설의 설치

② 도로, 철도, 하천 등 반드시 필요한 공공시설

③ 생태통로, 자연환경보전, 이용시설, 생태복원시설 등 자연환경보전을 위한 시설

④ 산림보호, 산림자원의 보전 및 증식, 임업시험 연구를 위한 시설

⑤ 문화재 및 전토사찰의 복원, 보수, 이전

* 핵심구역의 행위 제한

→ 건축물의 건축, 인공구조물이나 시설물 설치, 토지 형질 변경, 토석 채취 등 금지

3. 환경영향평가의 이해 당사자간 정보 비대칭 및 전문성 비대칭 해소를 위한 효과적인 정보제공과 참여방안을 기술하시오. (8점)

a. 이해 당사자 간 정보 비대칭 및 전문성 비대칭

- 정보 비대칭(Information Asymmetry)이란 경제학에서 나온 용어로, 시장에서 이루어지는 거래에서 쌍방이 보유한 정보에 차이가 있는 현상을 말한다.

  * 예를 들면, 기업과 소비자 간 정보의 비대칭

- 환경영향평가의 경우, 사업자와 주민 간의 이해 당사자가 정보와 전문성에서 비대칭이 존재

b. 해소 방안

① 공청회, 설명회 활성화

  : 공청회, 설명회 등 주민 의견 수렴 절차의 내실화가 필요

② 주민참여제도 활성화

  : 전략환경영향평가, 환경영향평가에서 주민 참여 활성화

③ 사후환경영향평가의 내실화

  : 사후환경영향평가에서의 전문가, 시민단체, 시민의 참여 활성화 등

4. 사업대상지에서 양서류 법정보호종의 서식이 확인된 경우, 보호 대책의 종류와 우선순위 및 그 이유를 기술하시오. (8점)

a. 응급조치

  : 양서류 법정보호종의 서식지 보호를 위한 응급조치 시행

  → 포식자로부터의 보호를 위한 펜스 설치 등

b. 승인기관, 협력기관에 통보

- 통보 시기 : 지체없이(24기간 이내)

- 통보 방법 : 모사 전송, 정보통신망 등 이용

- 통보 내용 : 응급조치 결과 및 향유조치 방안 등

5. 〈환경영향평가서 등에 관한 협의 업무 처리 규정〉에서 정한 중점평가사업에 대하여 설명하시오. (필수문제, 25점)

1) 대상사업

 a. 전략환경영향평가

  ① 집단민원이 발생되어 환경갈등이 있는 경우

  ② 〈자연환경보전법〉에 따른 생태, 경관보전지역 또는 생태, 자연도 1등급지역, 〈습지보전법〉에 따른 습지보호지역, 〈자연공원법〉에 따른 자연공원, 〈수도법〉에 따른 상수원보호구역, 〈한강, 낙동강, 금강, 영산강 수계 상수원 수질 개선 및 주민지원 등에 관한 법률〉에 따른 수변구역 등 보호지역에서 계획을 수립하는 경우

  ③ 이미 부동의한 계획을 다시 수립하는 경우

  ④ 전략환경영향평가 대상사업임에도 불구하고 협의 없이 인·허가가 이루어진 경우

  ⑤ 기타(협의기관장이 신중한 검토가 필요하다고 판단하는 경우)

 b. 환경영향평가

  ① 전략환경영향평가 중점평가 대상사업

  ② 다음 사업들

   • 댐 건설사업, 간척사업

   • 운하 건설사업

   • 〈전기사업법〉에 따른 발전 건설사업

   • 송전선로 건설사업

   • 골프장 건설사업

   • 폐기물처리시설 설치사업

   • 기타(협의기관장이 신중한 검토가 필요하다고 판단하는 경우)

 c. 소규모환경영향평가

  • 전략환경영향평가 중점평가대상사업

2) 합동현지조사

  • 협의기관장은 중점평가사업인 경우 한국환경정책 평가연구원, 지역주민, 민간단체, 전문가, 승인기관, 사업자, 환경영향평가업자 등과 함께 사업지역에 대한 합동현지조사를 실시할 수 있다.

3) 환경영향 갈등조정협의회의 구성, 운영

• 협의기관장은 중점평가 대상사업인 경우, 환경영향 갈등조정협의회를 구성, 운영할 수 있다.

• 협의회는 환경적 쟁점사항에 대한 환경영향평가협의 및 사후관리 방향을 제시할 수 있다.

6. 환경영향평가서를 거짓으로 작성한 환경영향평가업자에 대한 행정 처분 시, 그 판단 기준과 개별 기준, 그리고 행정 처분 효과의 승계에 대하여 설명하시오. (25점)

1) 환경영향평가업에 대한 행정 처분 기준

 a. 일반 기준

 ① 위반 행위가 둘 이상일 때 그에 해당하는 각각의 처분 기준이 다른 경우, 그중 무거운 처분 기준을 따르되, 둘 이상의 처분 기준이 업무 정지에 해당하는 경우 가장 무거운 정지 처분 기간에 나머지 각각의 정지 처분 기준의 2분의 1을 더하여 처분할 수 있다.

 ② 위반 행위 횟수에 따른 행정 처분의 기준은 최근 1년간 같은 위반 행위로 행정 처분을 받은 경우에 적용한다.

 ③ 환경영향평가업의 양도, 상속 또는 법인의 합병이 있는 경우에는 양도, 상속 또는 합병 전에 해당 사업자에 대하여 한 처분의 효과는 그 양수인, 상속인 또는 합병 후의 법인이 승계한다.

 ④ 행정처분권자는 위반 행위의 내용으로 보아 그 위반의 정도가 경미하거나 위반 행위가 고의나 과실이 아닌 사소한 부주의나 오류로 인한 것으로 인정되는 경우 등 특별한 사유가 있다고 인정되는 경우에는 개별 기준에도 불구하고 그 처분을 경감할 수 있다.

 • 업무 정지 : 2분의 1의 범위에서 경감

 • 등록 취소 : 업무 정지 6개월의 처분으로 경감

 b. 개별 기준

위반 사항		행정 처분 기준		
		1차	2차	3차
거짓으로 작성하거나 부실하게 작성한 경우	기초자료를 거짓으로 작성한 경우	업무 정지 6월	등록 취소	
	평가서 등을 부실하게 작성한 경우	업무 정지 3월	업무 정지 6월	등록 취소

2) 행정 처분 효과의 승계

: 환경영향평가업의 양도, 상속 또는 법인의 합병이 있는 경우에는 양도, 상속 또는 합병 전 해당 사업
  자에 한 처분의 효과는 그 양수인, 상속인 또는 합병 후 법인이 승계한다.

7. '육상태양광, 육상풍력발전사업'과 '산지의 개발사업'의 환경영향평가 대상 범위를 개발부지면적 측면에서 비교하고, 이에 대한 문제점 및 개선 방안을 논하시오. (25점)

a. '육상태양광, 육상풍력발전사업'과 '산지의 개발사업'의 환경영향평가 대상 범위(개발부지면적 측면)

구분	대상 범위
육상태양광, 육상풍력발전사업(에너지 개발)	발전시설 용량이 10만㎾ 이상
산지의 개발사업	산지전용 허가면적이 20만㎡ 이상인 사업

b. 문제점

• 육상태양광, 육상풍력발전사업을 산림지역에 설치하는 경우, 〈산림관리법〉에 의한 산지 전용 허가
  를 받아야 한다.

• 육상태양광·육상풍력발전사업의 발전시설용량이 10만㎾ 이상이고, 산지전용면적이 20만㎡ 이상이
  면 이중 환경영향평가 대상이다.

c. 개선 방안

• 2개 중 1개의 환경영향평가 시행으로 통일되어야 할 것

 * 환경영향평가법령 개정 필요

8. 산업단지 조성사업 환경영향평가에 있어서 건강영향평가의 문제점과 개선방안을 논하시오. (25점)

a. 산업단지 조성사업

환경영향평가법	환경보건법
〈산업입지 및 개발에 관한 법률〉에 따른 산업단지 개발 면적이 15만㎡ 이상이면 환경영향평가 대상사업	〈환경보건법〉에 따라 산업입지 및 산업단지의 조성 면적이 15만㎡ 이상인 경우, 건강영향평가 대상사업

b. 문제점

- 산업입지 및 산업단지의 면적이 15만㎡ 이상이면 이중 평가 대상사업
- 〈환경영향평가법〉에 의한 환경영향 평가 대상이면서 〈환경보건법〉에 의한 건강영향평가 대상 사업

c. 개선 방안

- 관계법령을 개정하여 이중 평가에 대한 통합 관리 필요
  → 관계법령 개정 등

9. 도로·철도 건설사업에서 발생하는 산성배수(Acid Drainage)의 특성, 환경영향 및 적정 처리 방안에 대하여 설명하시오. (25점)

a. 산성배수의 특징
- 약산성의 배수
  : 도로·철도 건설사업에서 발생되는 배수는 pH가 5.0 근처의 약산성 배수
- 인근에 특별한 오염원이 없다면, 빗물·지하수에서 기인한 배수의 특성을 지닌다.
- 중금속 등 특별한 유해물질이 포함되지 아니한 약산성의 배수

b. 환경영향
- 아무 처리 없이 인근 하천으로 유입 시 약산성에 의한 하천, 지하수 생태계의 악영향 우려

c. 적정 처리 방안
① 적정 저류조를 설치
- 인근에 적정 저류조를 설치, 운영
- 필요 시 석회 등을 사용 중화 처리
② 하수처리장 등 이송 처리
- 인근에 하수처리장이 있는 경우, 이송 처리 방안 검토

제4교시
환경영향평가제도

1. 〈환경영향평가법〉에서 정한 협의기준을 설명하시오. (필수문제, 9점)

- 법 제2조의 정의편에 '협의 기준'이 언급되어 있다.
- '협의 기준'이란 사업의 시행으로 영향을 받게 되는 지역에서 다음의 기준만으로는 〈환경정책법〉에 따른 환경 기준을 유지하기 어렵다고 인정하여, 사업자 또는 승인기관의 장이 환경부장관과 협의한 기준을 말한다.

  ① 〈가축 분뇨의 관리 및 이용에 관한 법률〉에 따른 방류수 수질 기준
  ② 〈대기환경보전법〉에 따른 배출 허용 기준
  ③ 〈물환경보전법〉에 따른 방류수 수질 기준
  ④ 〈폐기물관리법〉에 따른 폐기물 처리시설의 관리 기준
  ⑤ 〈하수도법〉에 따른 방류수 수질 기준

2. 사업계획의 변경에 따른 환경보전 방안 검토 시 환경부장관의 의견을 들어야 하는 사항을 설명하시오. (8점)

→ 출제 의도가 명확치 않으나, '변경 협의'에 대한 내용을 묻고 있는 것 같다.

- 법 제33조의 규정에 의한 '변경 협의'에서 "사업계획의 변경에 따른 환경보전 방안을 마련하여, 대통령령으로 정하는 사유에 해당하면 환경부장관의 의견을 들어야 한다"고 규정하고 있다.
- 대통령령으로 정하는 사유(시행령 제55조)

① 협의기준을 변경하는 경우

② 사업, 시설 규모가 10% 이상 증가되는 경우

③ 사업 규모의 증가가 소규모환경영향평가 대상 사업에 해당하는 경우

④ 원형대로 보전하거나 제외하도록 한 지역의 5%를 초과하여 토지 이용 계획을 변경하거나, 해당 지역 중 변경되는 면적이 1만㎡ 이상인 경우

⑤ 협의내용에 포함된 부지 면적의 15% 이상의 면적을 토지이용계획으로 변경하는 경우

⑥ 협의내용 통보 시 사업장 안에 입지를 제한한 건축물 또는 그 밖의 공작물에 관한 사항이나 그 밖에 협의내용의 변경 시 미리 협의기관장의 의견을 듣도록 정한 사항을 변경하는 경우

⑦ 협의내용보다 배출되는 오염물질이 30% 이상 증가되거나 새로운 오염물질이 배출되는 경우

3. 환경영향평가 기술자의 인정 취소 및 정지 기준을 설명하시오. (8점)

- 법 제26조의 4

"환경영향평가 기술자가 다음에 해당하면 그 인정을 취소하거나 3년 범위에서 인정을 정지할 수 있다."

① 거짓이나 그 밖의 부정한 방법으로 환경영향평가기술자로 인정된 경우

② 최근 1년 이내에 2번의 자격정지 처분을 받고 다시 자격정지 처분에 해당하는 행위를 한 경우

③ 환경영향평가 기술자로 인정받은 사람이 국가기술자격이나 환경영향평가사 자격이 취소된 경우

④ 교육, 훈련을 정당한 사유 없이 받지 아니한 경우

⑤ 다른 사람에게 환경영향평가 기술자격증을 빌려주거나 다른 사람에게 자기 이름으로 환경영향평가 기술자의 업무를 하게 한 경우

⑥ 다른 환경영향평가서 내용을 복제하여 작성한 경우

⑦ 고의 또는 중대한 과실로 환경영향평가서 등을 거짓으로 작성하거나, 평가에 영향을 미치는 중요 자료를 누락한 경우

⑧ 다른 행정기관이 법령에 따라 업무 정지를 요청한 경우

4. 약식평가서 작성 조건을 설명하시오. (8점)

- 법 제51조

"환경영향평가 대상사업 중 환경에 미치는 영향이 적은 사업으로서 대통령령이 정하는 사업은 약식 평가서를 작성하여 협의할 수 있다."

- 약식절차 대상사업의 범위(시행령 제64조)

a. 대상사업 규모가 최소환경영향평가 대상 규모의 200% 이하인 사업으로, 환경에 미치는 영향이 크지 아니한 사업

b. 사업 지역에 환경적·생태적 가치가 높은 다음 지역이 포함되지 아니한 사업

① 〈자연환경보전법〉에 따른 생태·자연도 1등급지역

② 〈습지보전법〉에 따른 습지 보호지역 및 습지 주변관리지역

③ 〈자연공원법〉에 따른 자연공원

④ 야생생물 특별보호구역 및 야생생물 보호구역

⑤ 〈문화재보호법〉에 따른 보호구역

⑥ 〈한강, 낙동강, 금강, 영산강 수계 물관리 및 주민지원 등에 관한 법률〉에 따른 수변구역

⑦ 〈수도법〉에 따른 상수원 보호구역

5. '환경영향평가업자의 사업수행능력 세부평가기준'을 기술하고, 문제점 개선방안을 논하시오. (필수 문제, 25점)

a. 환경영향평가업자의 사업수행능력 평가기준(시행령 제67조의 3)

평가 항목	
참여 기술자 능력	① 경력 ② 실적 ③ 교육 훈련 ④ 그 밖의 추가 항목
업체 능력	① 실적 ② 신용도 ③ 기타
이적계수	최근 이적 기간에 따라 평가

b. 세부 평가 항목 및 배점(환경부 고시)

평가 요소	
참여자 능력 평가(68점)	① 자격 및 등급(14점) ② 환경영향평가 등 경력(17점) ③ 환경영향평가 등 실적(17점) ④ 업무 여유도(17점) ⑤ 교육 훈련(1점) ⑥ 과업 이해도(1점) ⑦ 환경영향평가 발전(1점) ⑧ 이적계수
업체 능력 평가(34점)	① 환경영향평가 등의 수행 실적(14점) ② 신용도(8점) ③ 기술개발 및 투자 실적(6점) ④ 환경평가 발전(2점) ⑤ 업체 능력 평가(2점) ⑥ 하도급 준수

c. 문제점

• 평가 기준·항목의 내용 중 일부 객관성 결여, 주관적 평가 우려

• 업체 간 과다 경쟁 유발

d. 개선 방안

생략

6. 시·도 조례에 의한 대형건축물 환경영향평가의 주요 내용을 서술하시오. (25점)

생략

7. 〈환경영향평가 등 재대행 승인 및 관리 지침〉의 도입 배경, 운영상의 문제점 및 개선 방안에 대하여 논하시오. (25점)

생략

8. 환경영향갈등조정협의회의 구성과 운영, 제도적 문제점 및 개선 방안에 대하여 논하시오. (25점)

a. 구성, 운영

• 협의기관장은 승인기관장이 환경영향갈등협의회를 구성·운영하는 것이 효율적이라 판단되는 경우, 협의회의 구성·운영을 승인기관장에게 권고할 수 있다.

• 협의회의 위원장은 환경부 환경융합정책관 또는 유역(지방) 지방환경청장, 승인기관장으로 한다.

• 위원은 협의기관의 부서장, 승인기관의 부서장, 사업자 대표, 관계 지자체의 소관 부서장, 한국환경 정책 평가연구원의 전문가(연구위원급 이상) 및 지역주민, 전문가, 환경단체, 기타 이해관계자 대표 를 포함하여 10명 이내로 구성한다.

b. 협의회의 역할

• 협의회는 환경 쟁점 사항에 대한 사업자의 환경영향평가협의 및 사후관리 방향 제시

• 쟁점 해소 방안 및 갈등 예방대책 협의, 제시

• 필요 시 민관 합동 현지조사단 구성, 운영

• 환경갈등 조정안 또는 권고안을 마련하여 관계자(기관)에 반영 조치 요청

• 기타(환경 갈등 예방, 조정, 해소에 필요한 사항)

c. 문제점

• 강제성이 없으므로 협의회의 역할에 한계가 있다.

• 형식에 치우칠 우려가 있다.

d. 개선 방안

생략

9. 환경영향평가협의회 전문위원회의 목적과 구성, 운영상의 문제점 및 개선방안에 대하여 논하시오. (25점)

a. 전문위원회의 성격(목적, 구성)

• 전문위원회는 말 그대로 환경영향평가협의회의 신뢰성·전문성을 제고하기 위해 환경영향평가협의회 산하에 둔다.

• 구성·운영은 환경부장관이 임명하거나 위촉하는 공무원, 법률 관계 전문가 등으로 구성한다.

• 대표적인 전문위원회가 거짓·부실 검토전문위원회이다.

• 거짓·부실 검토전문위원회는 환경부장관이 지정한 법률 및 환경영향평가 분야의 전문가 10명 이내로 구성되며, 환경평가서가 거짓이나 부실로 판정된 경우 환경부장관은 환경영향평가서를 반려하고 관련업체에 대한 고발 등 후속 조치를 취한다.

b. 운영상의 문제점

• 환경영향평가협의회와 전문위원회 간의 업무 중복 우려

• 업무 2원화에 따른 예산 낭비 및 업무 처리 지연 등

c. 개선 방안

생략

제14회

환경영향평가사 필기시험

기출문제 및 풀이

제1교시
환경정책

1. 용어 설명 (필수문제, 9점)

– 녹색제품구매제도, 미세먼지 집중관리구역, 토양환경지도

녹색제품구매제도

a. 근거 : 녹색제품 구매 추진에 관한 법률

  * 녹색제품이란 〈저탄소녹색성장기본법〉에서 정한 제품을 말한다.

b. 목적 : 저탄소·친환경 상품의 활발한 유통으로 제품의 생산, 유통, 소비, 폐기 과정에서의 환경오염
      을 최소화하기 위함이다.

c. 녹색제품의 구매 촉진을 위한 책무

• 공공기관의 장은 녹색제품의 구매 촉진을 위하여 필요한 계획의 수립, 시행, 자료조사, 교육, 홍보 등
  을 적극 추진하여야 한다.

• 사업자는 녹색제품의 생산과 품질 향상 및 녹색제품에 사용되는 원료나 부품에 대한 녹색제품의 사
  용을 위하여 노력해야 한다.

• 국민은 환경친화적 소비생활을 위하여 녹색제품을 사용하도록 노력하여야 한다.

미세먼지 집중관리구역

a. 근거 : 미세먼지 저감 및 관리에 관한 특별법(제22조)

b. 특별시장, 광역시장, 특별자치시장, 도지사 또는 특별자치도지사, 시장·군수·구청장은 미세먼지 오
  염이 심각하다고 인정되는 지역 중 어린이·노인 등이 이용하는 시설이 집중된 지역을 미세먼지 집중
  관리구역으로 지정할 수 있다.

c. 미세먼지 집중관리구역은 다음의 요건을 모두 충족하는 지역으로 한다.

  ① 미세먼지 또는 초미세먼지의 연간평균농도가 환경정책기본법에 따른 환경 기준을 초과하는 경우

  ② 어린이·노인 등 미세먼지로부터 취약한 계층이 이용하는 시설이 집중된 지역

d. 미세먼지 집중관리구역에 대한 지원

  • 시·도지사. 시장·군수·구청장은 다음 사항을 우선적으로 지원할 수 있다.

  ① 대기오염도 상시 측정

  ② 살수차·진공청소차의 집중 운영

  ③ 어린이 등 통학차량의 친환경차 전환

④ 학교 등에 공기정화시설 설치

⑤ 수목식재, 공원 조성

⑥ 공기정화시설 또는 미세먼지 회피를 위한 시설의 설치

⑦ 보건용 마스크의 보급 등

토양환경지도

- 정의 : 전국의 모든 지역의 토양 및 농업환경 특성을 첨단 GIS(지리정보시스템) 기법을 이용하여 지
    도로 나타낸 것
- 전국의 토양오염 현황, 토양 적성도 등을 확인할 수 있다.

2. 공유하천의 개념과 남북 공유하천 관리방안에 대하여 설명하시오. (8점)

a. 개념 : 공유하천이란 2개 이상의 이익 집단, 나라에 걸쳐 흐르는 하천

b. 남북 공유하천 관리방안

- 남한과 북한을 걸쳐 흐르는 남북 공유하천으로는 임진강과 북한강의 일부 구간이 있다.
- 공유하천의 경우, 홍수관리 및 수질관리에 있어 상호협력이 필요하다.
- 남북한 환경협력을 통하여 임진강 등 공유하천의 이수·치수 문제를 긴밀히 협조하여야 한다.

3. 〈멸종위기 야생생물 서식지 평가·개선 지침(2019.11)〉에 따른 서식지와 핵심 서식지의 정의를 기술하시오. (8점)

생략

4. 폐기물 처분 부담금제도의 도입 취지와 부담금 산정 방법을 설명하시오. (8점)

a. 근거 : 자원순환기본법

b. 도입 취지

- 폐기물의 무분별 소각, 매립 처리를 지양하고, 가능한 자원을 재활용·재사용하도록 유도하기 위함
- 폐기물을 소각·매립 처리 시 처리 물량에 비례하여 부담금을 부과시키는 제도

c. 부담금 산정 방법

• 폐기물의 소각·매립 처리량에 일정 요율을 곱하여 산정

 * 폐기물 처분 부담금 산정 방법

   소각·매립 처리량(kg) × 부과계수(원/kg) = 폐기물처분부담금(원)

5. 〈한국판 뉴딜종합계획(2020.7)〉에 제시된 그린뉴딜 관련 5대 대표 과제를 간략히 설명하고, 과제별 주요 투자사업을 제시하시오. 그리고 신재생에너지 관련 과제의 추진 과정에서 환경영향평가의 역할에 대하여 논하시오. (필수문제, 25점)

a. 5대 대표 과제

 ① 그린스마트 스쿨 : 안전하고 쾌적한 온·오프라인 융합형 학습공간 구축

 ② 스마트그린산단 : 기업혁신역량제고, 에너지소비 효율화, 친환경산단

 ③ 그린리모델링 : 공공시설의 제로에너지화 등

 ④ 그린에너지 : 신재생에너지 확산 및 저탄소 친환경국가로 도약

 ⑤ 친환경 미래 모빌리티 : 전기·수소차 보급 확산

b. 주요 투자사업

5대 과제	주요 투자 사업
그린스마트스쿨	노후학교 대상 태양광 발전시설 설치, 태블릿 PC 등 스마트 기기, 온라인 플랫폼
스마트그린산단	스마트생태공장, AI·드론 기반 원격모니터링 체계 구축
그린리모델링	노후건축물리모델링, 전선지중화사업, 정부청사 에너지관리 효율화
그린에너지	풍력, 태양광, 수소도시 조성 등
친화경미래모빌리티	노후차량, 노후선박 친환경차 전환 등

c. 신재생에너지 관련 과제 추진 과정에서 환경영향평가의 역할

① 재생에너지 계획입지제 추진

 : 광역지자체가 부지 발굴 → 중앙정부 승인 → 민간사업자에 부지 공급 → 민간사업자가 지구개발 계획 수립 → 중앙정부승인/인·허가 의제 처리

② 주민의견 수렴

: 주민의견 수렴 과정에서 환경영향평가 역할 가능

  * 녹색 대 녹색의 충돌 이슈

6. 환경분쟁의 발생원인 및 환경갈등과의 차이점을 설명하고, 환경분쟁 관리방안을 논하시오. (25점)

a. 환경분쟁의 발생원인

• 대규모 개발사업 과정에서 대기오염, 수질오염, 토양오염 등 환경피해가 발생

  → 이 과정에서 개발사업자와 지역주민 간의 환경분쟁이 발생된다.

• 대부분의 경우, 개발사업자=정부지자체·기업 등 힘이 있는 기관 VS 피해자=지역 주민

• 환경분쟁 발생 시 그 피해의 구제는 민사소송에 의하여 구제될 수 있으나, 피해자인 주민이 가해자인 개발사업자에 맞서기가 현실적으로 매우 어렵다.

  → 피해자가 환경피해에 대한 원인 규명을 해야 하므로 거의 불가능한 실정이다.

b. 환경갈등과의 차이점

구분	환경 분쟁	환경 갈등
대립관계	개발자 VS 피해자(주민)	개발자 VS 정부 개발자 VS 지자체 개발자 VS 주민 주민 VS 주민
원인	• 환경피해 발생(피해 정도가 심각) • 법적 분쟁까지	# 갈등의 종류 • 이해관계 갈등 • 가치관 갈등(개발 VS 보전) • 사실관계 갈등(과학기술의 한계) • 구조적 갈등(절차상 문제)
차이점	갈등이 심각하여 법적 분쟁에까지 도달	개발자 VS 피해자 간의 초기 단계 의견의 대립 상태

c. 환경분쟁 관리 방안

 ① 환경분쟁조정제도 활용

   : 민사소송에 앞서 환경분쟁조정위원회를 통하여 알선/조정/재정의 절차에 따라 분쟁을 해결함

 ② 민사소송 : 환경분쟁조정절차에 따른 조치에도 환경분쟁이 해결되지 못한 경우, 민사소송절차에 따른 해결방안 모색

7. 국내에서 운영중인 환경매체별 총량관리제도의 유형과 도입 취지를 설명하고, 이중 사업장 대상의 대기 분야 총량관리제도와 탄소배출권 거래제도의 특성과 차이점을 기술하시오. (25점)

a. 매체별 총량관리제도의 유형 및 도입 취지

매체별	유형 및 도입 취지
수질오염 총량관리제도	특별대책지역을 중심으로 종래의 농도 규제 대신에 BOD, TP 등을 중심으로 오염물질 총량관리제 시행
대기오염 총량관리제도	대기오염이 극심한 대기관리권역을 중심으로 시행 중이며, 대기관리권역 내의 주요 사업장을 중심으로 대기오염 총량관리제 시행
습지총량제	개발로 습지가 훼손될 때 훼손 면적에 상응하는 새로운 습지를 조성해 습지의 총면적을 유지하는 정책 → 이를 구현하는 방안으로 '습지은행제', '대체습지제'가 있다. *습지은행제는 사업자에게 습지권을 판매하는 제도
자연자원 총량관리제	산림, 습지, 야생동·식물, 지형·지질을 대상으로 자연성, 다양성, 안정성, 희귀성, 연결성, 풍부도를 평가항목으로 개발 전후의 자연자원 총량의 증감을 평가·훼손된 총량에 대해 생태계보전협력금 부과

b. 사업장 대상 대기 분야 총량관리제도와 탄소배출권 거래제도의 특성과 차이점

구분	대기분야 총량관리제	탄소배출권 거래제
적용 대상	대기관리권역 내의 주요 대기오염물질 배출사업장	화력발전소 등 온실가스 배출사업장
주요 대상 오염물질	NOx, 미세먼지, VOCs	온실가스(CO_2, CH_4)
오염물질 할당 및 거래	• 주요 배출사업장을 대상으로 오염물질 배출 총량을 할당(Allocation)하고, 준수 여부를 확인함	• 주요 배출 대상에 대해 온실가스 배출량을 사전에 할당 • 자체적으로 목표량을 준수하거나, 아니면 배출권 거래를 통하여 목표량을 준수하게 함

8. '환경영향평가 협의기준 설정 및 생물 이동[생태통로, 제고를 위한 가이드라인(2017.11)]' 내 야생동물 교통사고(Road-kill)를 정의하고, 발생 원인(왜 동물은 도로를 횡단하는가?)과 대책에 대하여 기술하시오. (25점)

생략

9. 물관리일원화(2018.5.) 및 물산업진흥법제정(2018.6.)에 따른 국내 물산업 육성정책의 변화, 추진 전략 및 기대 효과를 설명하시오. (25점)

생략

제2교시
국토환경계획

1. 최근 주택 공급의 토지 자원으로 개발제한구역이 자주 거론되고 있다. 〈개발제한구역 관리계획 수립 및 입지 대상시설의 심사에 관한 규정(2019.12)〉에 의한 개발제한구역 관리계획의 환경성 검토를 실시할 때 포함해야 할 5가지 사항을 기술하시오. (필수문제, 9점)

■ 표고, 경사도, 임업적성도, 농업적성도, 식물상, 수질 등의 지표를 검토

구분	주요 내용
표고	권역별 지준표고에서의 표고차의 정도
경사도	경사 정도를 평가함
임업적성도	임지 생산 능력을 기준으로 평가
농업적성도	농업진흥지역 지정 여부, 농업기반시설 정비 수준 등
식물상	임상도, 식생 등
수질	수질오염원지수, 취수장과의 거리 등

2. 하천법에 따른 자연친화적 하천관리를 위한 〈하천 기본계획 수립지침(2015)〉에서 정한 하천의 지구별 세분화와 주요 내용을 기술하시오. (8점)

생략

3. 〈물 수요관리 4단계(2021~2025) 물 수요관리 종합계획 작성지침(2019.12.)〉에서 수돗물의 단계별 수요관리, 절약 목표량 산정 시 사용단계에서 고려해야 할 물 수요관리(DM, Demand Management) 방식의 종류를 구분하고 설명하시오. (8점)

생략

4. 자연공원법에 의한 국립공원의 지정기준 및 절차를 기술하시오. (8점)

a. 국립공원의 지정 기준(시행령 제3조)

구분	기준
자연생태계	자연생태계의 보전 상태가 양호하거나 멸종위기 야생동·식물, 천연기념물, 보호 야생동·식물 등이 서식할 것

구분	기준
자연경관	자연경관의 보전 상태가 양호하여 훼손 또는 오염이 적으며, 경관이 수려할 것
문화경관	문화재 또는 역사적 유물이 있으며, 자연경관과 조화되어 보전의 가치가 있을 것
지형보전	각종 산업개발로 경관이 파괴될 유려가 없을 것
위치 및 이용 편의	국토의 보전·이용·관리 측면에서 균형적인 자연공원의 배치가 될 수 있을 것

b. 지정 절차

→ 환경부장관은 국립공원을 지정하려는 경우, 다음의 절차를 거쳐야 한다.

① 주민설명회 및 공청회 개최

② 관할 특별시장·광역시장·특별자치시장·도지사 또는 특별자치도지사 및 시장·군수·구청장의 의견 청취

③ 관계중앙행정기관의 장과 협의

④ 국립공원위원회의 심의

5. 〈제5차 국가환경종합계획(2020~2040)〉에서 제시된 권역별 공간환경전략의 한강수도권 공간환경전력 중 '미래환경 회복력 확보 부문'의 현황을 기술하고, '미래환경 회복력 확보 전략'의 주요 과제와 과제별 추진 방안을 기술하시오. (필수문제, 25점)

a. 미래환경 회복력 확보 부문 현황

① 기후변화에 따른 환경변호 및 취약계층 영향 발생

• 고도의 도시화로 인해 폭염과 열대야, 집중호우 증가에 따른 건강과 재난 재해, 물관리 측면에서 매우 취약

• 특히 수질 및 수생태 측면 등 수환경과 관련된 항목들이 취약

② 지역적으로 차별화된 취약 환경에 대비 필요

• 홍수 및 해수면 측면에서는 서해안 일대가 폭염 및 폭설은 서울 동남측 대도시권이 취약

• 기후변화에 따른 건강 취약성 측면에서는 서울 서측 및 경기도 성남 일대 취약

b. 미래환경 회복력 확보 전략

주요 과제	추진 방안
과제1 기후변화 완화를 위한 국토환경기반 확보	• 에너지 소비 절감을 통한 온실가스 배출 저감 • 태양광 도시폐기물 및 지열 등 신재생에너지를 활용하여 온실가스 배출 상쇄·저감
과제2 건강 및 재난 재해 측면에서 취약지역관리 및 적응력 강화	• 취약 우려가 있는 재난재해 유형별 관리 대책 마련 • 지역별 한계지역관리를 통해 기후변화에 취약한 계층 집중 관리 • 취약성이 높은 지역에 대한 계획적 접근 및 맞춤형 그린인프라 확충
과제3 토지이용변화 예상지역에서 재난 발생 우려지역 관리	• 기존 시가지 중 재난 발생 우려 지역에 대한 관리 방안 마련 • 토지이용 변화 예상지역 중 재난 발생 우려지역에 대한 사전적 관리(입지 제한 및 공원녹지 조성 등) 강화

6. 환경성평가지도와 도시생태현황지도의 개념 및 주요내용을 기술하고, 전략환경영향평가, 환경영향평가, 소규모환경영향평가 과정에서의 활용 방안에 대하여 논하시오. (25점)

a. 환경성평가지도와 도시생태현황지도의 개념 및 주요 내용

구분	환경성 평가지도	도시생태현황지도
근거법	환경정책기본법	자연환경보전법
개념	• 국토환경의 환경적 가치를 평가하여 등급으로 표시한 지도 • 1:25,000 축적 지형도 • 5개 등급으로 표시 (1·2등급은 보전지역, 3등급은 완충지역, 4·5등급은 개발지역)	• 지역 내 공간을 유사한 비오톱 유형끼리 구분하고, 각 생태적 특성을 보전 가치 등급으로 표시한 지도 • 기본주제도와 기타주제도로 구성 • 시·도지사가 작성 • 단위 공간의 생태적 가치 종합 평가
주요 평가항목	환경·생태적 가치를 중심으로 평가	토지이용 현황, 식생, 동·식물상 등

b. SEA, EIA, SEIA 시 활용 방안

환경성평가지도	도시생태현황지도
• 보전적지등급(1·2등급)은 개발축 및 개발용지 배분에 제한요소로 활용 • 전략환경영향평가의 경우, 입지 타당성 검토 기준으로 활용 • 소규모환경영향평가의 경우, 입지 부동의 결정 기준으로 활용	• 전략환경영향평가, 환경영향평가, 소규모환경영향평가 시 기초 자료로 활용 • 보전적지와 개발용지로 구분 활용 • 자연친화적인 토지이용계획 유도

7. 〈제5차 국가환경종합계획(2020~2040)〉의 생태적 지속가능성과 삶의 질 제고를 위한 국토생태용량 확대 전략의 '스마트 축소를 준비하는 도시·지역 지원 강화' 추진 과제와 〈제5차 국토종합계획(2020~2040)〉의 세대와 계층을 아우르는 안심생활공간 조성 전략의 '지역 특성을 고려한 집약적 도시공간구조 개편' 추진 과제는 인구 감소에 따른 축소도시를 지향하고 있다. 두 계획에서의 해당 과제를 기술하고 상호연계성에 대하여 논하시오. (25점)

a. 계획의 주요 내용

제5차 국가환경종합계획	제5차 국토종합계획
스마트 축소(Smart Decline)를 준비하는 도시지역 지원 강화	지역 특성을 고려한 집약적 도시 공간구조 개편
• 인구 감소 등에 따른 축소·쇠퇴 도시는 기후안전, 녹지 및 그린 인프라 확충, 환경질 관리 등을 고려한 스마트 축소 중심의 환경보전계획 수립 • 지속적인 인구 감소에 대비, 도시 공간은 도시 내 부지를 우선 활용하고 기반시설 수요 감소, 폐부지, 유휴, 방치 공간 등은 재자연화하여 생태환경 기능 회복 • 과소화·공동화 등에 따른 농·산·어촌의 폐주거공간 및 폐부지 등을 작은 생태계로 복원하여 지역자원으로 활용	• 인구감소에 따른 기반시설 수요 감소를 녹지공간화하고, 주요 교통축을 중심으로 압축적으로 정비하는 등 지역 특성을 고려한 스마트한 공간구조 형성 및 관리 전략 검토 • 지역·도시 간 통합적 도시계획 수립 및 관리 -경제·생활공간 공유를 통해 부족한 기반시설 문제를 해소하고, 압축 정비되는 도시 간 연계·협력 강화를 위해 광역적 도시계획 연계 및 통합 추진 -거점도시를 중심으로 주변 소규모 도시를 공동생활권으로 편성하고, 도시 간 대중교통망 확대, 고속 교통망 정비

b. 상호연계성

생략

8. 도시/군 기본계획에 포함하여야 할 주요계획 내용을 제시하고, 각 계획내용들이 향후 해당 도시/군의 환경에 영향을 미치게 될 내용 및 근거를 기술하시오. (25점)

a. 도시·군 기본계획에 포함하여야 할 주요 계획 내용

구분	주요 내용
계획의 성격	20년 단위의 당해 시·군의 장기 발전 방향
목적	국토의 한정된 자원을 효율적·합의적 활용과 주민 삶의 질 향상

구분	주요 내용
주요 계획 내용	① 지역의 특성과 현황 ② 계획의 목표와 지표 설정 ③ 공간구조의 설정 ④ 토지이용계획 ⑤ 기반시설 ⑥ 도심 및 주거 환경 ⑦ 환경의 보전과 관리 ⑧ 경관 및 미관 ⑨ 공원 녹지 ⑩ 방제 및 안전 ⑪ 경제·산업·사회문화의 개발·진흥 ⑫ 계획의 실행

b. 향후 해당도시·군의 환경에 영향을 미치게 될 내용 및 근거

→ 도시·군 기본계획은 도시지역의 생태적 특성을 고려한 지속가능하고 환경친화적 도시관리를 핵심

목표로 하여 개발과 보전, 사회·경제 등 도시 전체를 아우르는 기본적 계획이다.

• 녹지축·생태축 보전을 위한 도시녹지체계 구축

• 생태적·환경적·경관적 우수 지역에 대한 보전

• 도시 및 비도시 지역 특성을 고려한 환경과 경관 보전

• 도시의 쾌적성 확보와 자연성 회복을 위한 환경계획

• 매체별 오염 부하 최소화 방안 강구

9. 〈친수구역 조성지침(2018.6)〉에 제시된 친수구역 조성계획의 기본 방향, 수변 중심 공간 계획, 물순
환 계획에 대하여 기술하시오. (25점)

생략

제3교시

환경영향평가 실무

1. ⟨환경영향평가서 등에 관한 협의업무 처리 규정(2020.7)⟩에 제시된 사후환경영향조사서를 검토할 때 확인해야 하는 사항을 기술하시오.(필수문제, 9점)

→ 협의기관장이 환경영향평가서 등(사후환경영향조사서 포함)을 검토할 때 확인해야 하는 사항은 크게 2가지로 요약된다.
① 기본 요건
- 환경영향평가협의회의 구성·운영 여부
- 대상사업의 종류 및 범위, 협의요청 시기의 적정성, 관련법에 따른 절차 이행 여부
- 협의기관장과 협의요청기관의 적정성 여부
- 평가서 제출 부수
- 평가서 작성을 대행한 경우 계약 체결의 적정 여부
- 환경영향평가업자가 등록되었는지 여부
② 내용의 충실성
- 협의 내용의 적정 반영 여부
- 평가 항목·범위 등의 적정 반영 및 평가 여부
- 관계 규정에 따라 적합하게 작성되었는지 여부
- 내용의 적정성 여부
- 저감 대책의 적정성 여부
- 정보, 방법 또는 기술의 과학적 정확성 및 객관성 유지 여부

2. 폐기물 매립시설에서의 토양오염 현황조사 수행 시 표토와 심토로 구분하여 토양 시료 채취 지점수 산출 방법을 설명하시오. (8점)
생략

3. 환경영향평가서 초안에 대한 주민의견수렴 과정을 설명하고, 코로나바이러스 감염증-19 대응 차원에서 대면 접촉을 최소화하기 위한 의견 수렴 방안을 제시하시오. (8점)

1) 환경영향평가서 초안에 대한 주민 의견 수렴

a. 공고·공람

- 초안이 접수된 날로부터 10일 이내 일간신문, 지역신문에 1회 이상 공고

- 20일 이상 60일 이내 대상지역 주민에게 공람

* 시장·군수·구청장은 공고·공람을 실시할 때는 시·군·구 정보통신망에 공고·공람의 내용과 환경영향평가서 초안 요약문을 게시하고, 환경영향평가 정보지원시스템에 공고·공람의 내용과 환경영향평가서 초안을 게시하여야 한다.

b. 설명회

- 사업자는 환경영향평가서 초안의 공람기간 내에 1회 이상 설명회를 개최하여야 한다.

- 사업자는 설명회 개최 7일 전까지 일간신문과 지역신문에 사업 개요, 설명회 일시, 장소 등을 1회 이상 공고하여야 한다.

c. 공청회

- 공청회 개최가 필요하다고 의견을 제출한 주민이 30인 이상인 경우

- 공청회 개최가 필요하다고 의견을 제출한 주민이 5인 이상이고, 평가서 초안에 대한 의견을 제출한 주민이 총수의 50% 이상인 경우, 1회 이상 공청회를 개최하여야 한다.

2) 코로나 바이러스 대응 차원에서 주민의견 수렴 방안

- 눈, 정보통신망, 온라인, 오프라인을 통한 간접 방법에 의한 의견 수렴

4. 집단에너지사업법에 따른 공급시설의 환경영향평가에서 부지기상 및 상층기상 측정 필요성과 방법에 대하여 설명하시오. (8점)

생략

5. 개발사업 과정에서 훼손 수목 발생에 대한 저감방안을 제시하고, 사후환경영향조사 시 나타나는 문제점에 따른 개선 방안을 논하시오. (필수문제, 25점)

a. 저감 방안

① 회피(Avoiding) : 훼손 수목이 발생하지 않도록 대응 방안을 강구한다.

② 최소화(Minimization) : 개발사업 시행으로 인한 훼손 수목 발생이 최소화되도록 한다.

③ 조정(Rectifying) : 개발사업의 규모 등을 조정하여 훼손 수목 발생이 최소화되도록 한다.

④ 감소(Reducing) : 개발사업의 규모 등을 축소 조정하여 훼손 수목 발생이 감소되도록 한다.

⑤ 보상(Compensation) : 불가피하게 훼손된 수목에 대한 금전적 보상을 강구한다.

b. 사후환경영향조사 시 나타나는 문제점에 따른 개선 방안

① 나타나는 문제점

- 소음문제

- 경관 손상문제

- 지형·지질·침식 문제

- 비점오염원 문제 등

② 개선 방안

- 완충녹지 조성

- 방음벽 설치

- LID 기법 도입 등

6. 전략환경영향평가 협의 완료된 도심 통과 도로사업(신설 6㎞)의 환경영향평가 대행비용 산정방법 및 단계별 고려사항을 설명하시오. (25점)

생략

7. '비점오염원 관리대책 시행계획 승인 및 이행사항평가 등에 관한 규정(2020.7)'에 따른 오염원을 분류하여 설명하고, 관리대책 시행계획 및 이행평가보고서에 포함되어야 할 사항을 기술하시오. (25점)

생략

8. 지하선형개발사업(지하철 등)에 대한 지하수 환경영향평가 방법에 대하여 기술하시오. (25점)

구분		주요 내용
현황조사	조사항목	• 인근하천, 지하수 수질 • 지형·지질 • 우수·유로 현황
	조사범위	• 공간적 범위 : 해당사업으로 영향을 미치는 지역 • 시간적 범위 : 공사로 인한 오염도의 변화를 충분히 파악할 수 있는 범위
	조사방법	• 기존 자료조사와 현지조사를 병행 • 조사 지점, 측정 방법은 수질오염 공정시험 방법에 따름

구분		주요 내용
사업시행으로 인한 영향 예측	조사 항목	• 현황조사 항목과 동일
	조사 범위	• 공간적 범위 : 지하선형사업의 영향이 미치는 범위 • 시간적 범위 : 공사 시와 운영 시로 구분하여 책정
	조사 방법	• 예측모델을 이용한 수치 해석, 유사 사례에 의한 방법 중에서 적절한 방법을 선택
	예측 결과	• 예측 결과는 아래 사항들을 포함하여 예측 항목별로 정리, 기술한다 −지하수 수질 변화 −점오염원, 비점오염원 현황 등
	평가	• 영향예측결과를 바탕으로 공사 시행으로 인한 지하수 오염 현황을 분석
저감 방안		• 평가결과를 토대로 현장 상황에 적합하고 적절한 저감방안을 수립
사후환경영향조사		• 사업시행으로 인한 환경영향 및 저감 방안을 종합 검토하고, 필요 시 추가 대책을 수립

9. 해상풍력발전사업 환경영향평가 시 중점 평가항목으로 고려되는 해양환경, 해양동식물, 소음·진동, 경관의 항목별 현황조사 및 영향예측 방법을 설명하시오. (25점)

구분			주요 내용
해양환경	현황조사	조사항목	• COD, 총인, 클로로필a, 클로로필b • 해양저질 • 해양물리
		조사범위	• 공간적 범위 : 풍력발전사업으로 영향을 미치는 지역 • 시간적 범위 : 해양환경의 계절적 변화를 충분히 파악할 수 있는 시간
		조사방법	• 기존 자료와 현지 조사를 병행 • 시료 채취 및 시험 방법은 해양환경공정시험방법을 따름.
		조사결과	• 조사 항목별, 조사 지점별로 정리하며, 표나 그림으로 제시
	영향예측 방법	조사항목	• 현황 조사 항목과 동일
		조사범위	• 공간적 범위 : 현황 조사 범위를 준용하되, 필요 시 그 범위를 일부 조성 • 시간적 범위 : 공사 시화 운영 시로 구분하되, 오염물질 발생이 최고가 되는 시점을 포함
		조사방법	• 유사 사례 분석, 수치 해석, 수리 모형시험 등 활용
		예측결과	• 항목별·지점별로 분석·정리하며, 표나 그림으로 제시

구분			주요 내용
해양 동·식물	현황조사	조사 항	• 해양 동물의 분포 현황 • 해양 식물의 분포 현황 • 해양 동·식물 서식지 현황
		조사범위	• 공간적 범위 : 사업으로 인하여 영향을 미칠 수 있는 범위 • 시간적 범위 : 동·식물의 출현, 생육 등을 충분히 파악할 수 있도록 설정
		조사방법	• 조사항목별로 현지 조사, 탐문 조사를 병행 실시
		조사결과	• 조사 항목별·지점별로 표나 그림을 활용하여 정리하고 서술
	영향예측 방법	조사항목	• 현황조사의 항목을 준용
		조사범위	• 공간적 범위 : 풍력사업으로 인하여 영향을 미치는 지역으로 하되, 현지 여건에 따라 일부 조정 • 시간적 범위 : 공사 시와 운영 시로 구분하여 설정
		조사방법	• 유사 사례를 참조하며, 해석 가능한 정량적·정성적 방법을 사용
		예측결과	• 조사항목별로 현황조사 결과와 연계하여 정리한다.
		평가	• 예측 결과를 바탕으로 풍력 사업 시행이 해양 동식물에 미치는 영향을 분석, 평가한다.
소음·진동	현황 조사	조사항목	• 소음·진동 발생원의 분포 • 전온시설의 분포현황 • 대상지역 소음/진동 관련 목표 기준
		조사범위	• 공간적 범위 : 풍력사업의 종류, 규모와 소음·진동의 영향이 미치는 지역까지 포함 • 시간적 범위 : 소음·진동의 시간적 변화를 파악할 수 있는 기간
		조사방법	• 기존 자료 조사와 현지조사 병행 • 소음·진동 공정시험방법에 의해 측정
		조사결과	• 조사 항목별·지점별로 표나 그림을 활용하여 정리하고 서술
	영향예측 방법	조사항목	• 현황조사의 항목을 준용
		조사범위	• 공간적 범위 : 피해가 예상되는 정온시설이 위치하는 지역을 중심으로 함 • 시간적 범위 : 공사 시와 운영 시로 구분하되, 소음·진동 발생이 최대가되는 시점을 포함
		조사방법	• 적정 모델을 사용하거나 유사 사례를 참조
		예측결과	• 조사 항목별·지점별로 표나 그림을 활용하여 정리하고 서술
		평가	• 예측 결과를 바탕으로 소음·진동 환경 기준과 비교하여 평가

구분			주요 내용
경관	현황 조사	조사항목	• 자연경관자원 현황 • 인문경관자원 현황 • 조망경관자원 현황
		조사범위	• 풍력사업의 공사, 운영으로 영향을 미치는 지역
		조사방법	• 문헌조사, 현지조사, 컴퓨터 시뮬레이션 방법을 활용
		조사결과	• 조사 항목별·지점별로 표나 그림을 활용하여 정리하고 서술
	영향예측 방법	조사항목	• 현황조사 항목을 준용
		조사범위	• 대상지 주변에서 부지가 보이는 범위, 사업부지에서 외부경관 자원이 조망되는 두 가지 측면에서 설정
		조사방법	• 조감도, 사진 합성, 와이어프레임, 매핑 등 시뮬레이션 기법을 활용
		예측결과	• 경관자원에 대한 직접적 훼손, 조망 차폐, 시각적 접근성, 간접 적 훼손 등을 예측·평가
		평가	• 영향받는 지역의 특성을 고려하고, 정성적·정량적 평가를 고려 하여 평가

제4교시
환경영향평가제도

1. 전략환경영향평가를 반려할 수 있는 경우와 전략환경영향평가 대상 계획의 규모, 내용, 시행시기의 재검토를 주관 행정기관의 장에게 통보할 수 있는 경우를 제시하시오. (필수문제, 9점)

1) 반려

  a. 법에 따른 준수사항을 위반하거나 요구사항을 이행하지 않은 경우

    ① 환경영향평가업의 등록을 하지 아니한 자가 평가서 작성을 대행한 경우

    ② 주민공람, 설명회, 공청회 등 주민의견 수렴 절차를 거치지 않은 경우

    ③ 보완 요구 내용을 특별한 사유 없이 보완서에 반영하지 않아 협의 내용을 통보할 수 없다고 인정되는 경우

    ④ 독촉기간이 경과되어도 특별한 사유 없이 보완이 이루어지지 않은 경우

    ⑤ 수질오염 총량관리계획과 부합하지 않은 경우

  b. 검토, 협의가 불가하다고 판단되는 경우

    ① 현저하게 축소하여 평가를 실시한 경우

    ② 공사가 이미 착공되었으나 공사를 하지 않은 것으로 작성한 경우

    ③ 주민의견, 관계 행정기관의 의견을 누락한 경우

    ④ 정당한 사유 없이 다른 평가서의 내용을 복제한 경우

    ⑤ 주요 보호대상시설 등을 누락시킨 경우

    ⑥ 현지조사를 실시하지 않고 실시한 것처럼 작성한 경우

    ⑦ 환경 현황이 사실과 크게 다르고, 이를 토대로 저감 방안을 수립한 경우

    ⑧ 사업시행으로 인한 환경영향이 분명한 사한에 대하여, 영향을 예측하지 않거나 저감 방안 등을 수립하지 않은 경우

    ⑨ 특별한 사유 없이 1년 이내에 보완서를 제출하지 않은 경우

2) 재검토(보완)

    ① 내용의 충실성 및 사업계획에 포함된 환경상의 영향이 누락되었거나 현저히 결여되어 있는 경우

    ② 작성 규정과 〈건강영향 항목의 검토 및 평가에 관한 업무처리지침〉에 따라 평가서가 작성되지 않은 경우

    ③ 협의기관장이 매우 중요하다고 판단되는 사항이 누락, 결여되어 있는 경우

    ④ 자연생태계 조사 내용이 타당한 사유 없이 생태계 조사보고서 및 생태·자연도와 현저히 다르게 작

성된 경우

⑤ 자연경관 영향 협의 대상 사업으로서 〈개발사업 등에 대한 자연경관 심의지침〉의 검토 기준에 따른 검토가 곤란한 경우

2. 〈도로정비 기본 계획의 환경성 제고를 위한 가이드라인(2013.1)〉에 제시된 입지 선정 단계 및 기본 계획 단계(혹은 노선 선정 단계)의 경관 부문 고려사항을 기술하시오. (8점)

생략

3. 〈환경영향평가서 등에 관한 협의업무처리규정(2020.7)〉에 따른 중점평가서 등 검토 과정에서 협의 기관의 장이 취할 수 있는 조치 사항에 대하여 설명하시오. (8점)

① 환경영향 갈등조정협의회 구성, 운영
- 협의기관장은 중점평가사업인 경우 환경영향 갈등조정협의회를 구성, 운영할 수 있다.
- 협의회 위원장은 환경부 환경융합정책관 또는 유역(지방) 환경청장, 승인기관장으로 하며, 위원은 협의기관 부서장, 승인기관 부서장, 사업자 대표, 지자체 소관부서장, 한국환경정책 평가연구원의 전문가, 주역주민, 전문가 기타 이해관계자 대표를 포함하여 10명 이내로 구성한다.
② 현지 합동조사
- 협의기관장은 중점평가사업인 경우 한국환경정책 평가연구원, 지역주민, 민간단체, 전문가 등으로 합동현지조사를 실시할 수 있다.
③ 검토회의 개최
- 협의기관의 장은 합동 현지조사 결과를 토대로 필요한 경우 검토회의를 개최할 수 있다.

4. 〈수해복구사업 소규모 환경영향평가 협의업무처리지침(2013.1)〉의 목적과 해당 지침에 따른 소규모 환경영향평가의 적용 지역 및 대상, 검토 항목을 제시하시오. (8점)

생략

5. 개발기본계획의 전략환경영향평가 시 대안 설정에 대한 문제점과 개선 방안을 논하시오.(필수문제, 25점)

a. 대안 설정

① 수요·공급 : 수요·공급을 조정하여 사업으로 인한 영향을 경감시킨다.

② 수단·방법 : 적절한 수단·방법을 통하여 개별기본계획으로 인한 영향을 경감시킨다.

③ 시기·순서 : 개발 시기, 순서를 대안으로 설정

④ 계획 비교 : 계획을 수립하지 않았을 경우(No action)와 계획을 수립했을 때를 상호 비교한다.

⑤ 입지 : 개발 대상 입지를 결정하는 계획의 경우 대상 지역을 조정한다.

⑥ 기타 : 상기 대안을 종합적으로 고려한 대안을 검토한다.

b. 문제점 및 개선 방안

생략

6. 〈환경영향평가서 등 작성 등에 관한 규정(2018.12)〉에 따른 사후환경영향조사 결과, 해당 사업으로 인한 주변 환경의 피해를 방지하기 위하여 조치가 필요한 경우와 사업자가 취해야 할 조치사항 및 조치 계획서에 포함되어야 할 사항을 지시하시오. (25점)

1) 주변 환경 피해 방지를 위해 조치가 필요한 경우

① 환경영향평가서에 제시되지 않은 법정보호 동·식물이 발견되거나, 평가서에 제시되지 않은 지역에서 추가로 확인된 경우

② 소음·진동 등 환경보전을 위해 관계 법령에서 정한 배출 허용기준 또는 협의기준이 초과된 경우. 다만, 굴뚝 자동측정장치 등 원격자동측정장치에 의해 연속적으로 측정되는 경우에는 관련 지침에서 정하는 유사한 통보 기준 적용

③ 물고기 폐사, 기름 유출 등 해당 사업으로 인한 환경오염사고가 발생한 경우 또는 환경오염사고 발생 우려가 높다는 것이 객관적으로 인정되는 경우

④ 협의 내용에 환경피해 방지를 위해 즉시 통보토록 한 사항이 발생한 경우

⑤ 기타 상기 내용에 준하는 중대한 환경영향이 발생하거나 발생할 우려가 있어 환경보전 방안의 수정이 불가피하다고 객관적으로 인정되는 경우

2) 사업자가 취해야 할 조치사항

  a. 통보시기 및 내용

   ① 통보 시기

    • 해당사업으로 환경피해가 발생한 경우는 지체 없이(*지체 없이=24시간 이내)

    • 해당사업으로 환경피해 발생 우려가 있는 경우 3일 이내

   ② 통보 내용

    : 현장에서 즉시 조치가 가능하고, 환경피해를 시급히 처리해야 하는 경우, 사업자가 우선 필요한
      조치를 하고 승인기관장 및 협의기관장에게 조치 내용과 결과를 통보한다.

  b. 통보 방법 : 모사 전송, 정보통신망 등 이용

  c. 기타 필요한 조치사항

   • 해당 사업의 시행으로 직접적인 환경 피해가 발생한 경우에는 승인기관의 장 등과 조치방안 협의

   • 환경피해방지 조치사항의 유행(자연생태환경, 대기질, 수질 등)에 따라 세부조치계획 수립, 시행

   • 세부조치계획에 대해 전문적인 자문 검토가 필요한 경우에는 전문가에게 자문을 얻거나 승인기관
     의 장 등에게 검토 요청

3) 조치계획서에 포함되어야 할 사항

 ① 사업명

 ② 사업자 소재지

 ③ 사업자(전화번호)

 ④ 협의기관(승인기관)

 ⑤ 환경피해 발생 및 우려 내용

 ⑥ 환경피해 방지 조치 내용

 ⑦ 향후 조치 계획

7. 〈대체 서식지 조성·관리 환경영향평가지침(2013.1)〉에 제시된 대체 서식지 조성·관리를 위한 전제 조건과 5가지 기본 원칙을 제시하고, 추진 절차를 6단계로 나누어 기술하시오. (25점)

 a. 대체 서식지 조성·관리 전제 조건

 • 목표종에 대한 서식지 환경 조성 기술 확보

: 서식지 환경 기술 확보와 목표종에 대한 생물 서식 공간조성 사례 전제가 있어야 한다.

- 대상 지역에 대한 생태 현황 및 분석, 평가 실시
- 지역 주민, 전문가 등으로 구성된 대체 서식지 조성·관리를 위한 협의체와 재원 확보 방안 제시

b. 5가지 기본 원칙

5가지 원칙	주요 내용	비고
훼손자 부담의 원칙	사업자는 훼손으로 발생한 생물 다양성 손실 보상 및 보상비용 부담	조성, 유지 관리
참여와 협력 원칙	공학자, 생태학자, 지역주민 등 참여	조성, 유지 관리
과학적 접근의 원칙	대체 서식지 조성은 과학적 접근 방법에 근거하여 진행되어야 함	조성, 유지 관리
순응적 관리의 원칙	점진적으로 접근하고 사후모니터링을 통한 평가 및 유지 관리가 제시되어야 함	유지 관리
생태 복원의 원칙	해당 지역, 주변 지역의 생태계 구조와 기능을 기준으로 함	조성, 유지 관리

c. 추진 절차(6단계)

단계별	주요 내용
1단계 (현황 조사, 분석)	• 개발사업으로 인한 영향예측 • 대체서식지 조사, 분석 • 입지 선정, 조성 목표, 조성기법 등 기초자료 활용
2단계 (조성목표, 실행기준 설정)	• 서식지 조성 목표 및 목적 설정 • 실행 기준, 조성 전략 수립
3단계 (입지평가, 선정)	• 조성목표에 적합한 입지 선정 • 입지평가 및 적정 규모 산정 등
4단계 (기본구상, 계획 설계)	• 기본 구상 및 계획, 설계 • 조성계획 및 실시설계 수립
5단계 (시공, 관리)	• 시방서 작성 및 적용 • 모니터링 실시 등
6단계 (성공 및 실패 진단)	• 모니터링 결과를 토대로 조성목표 부합 여부 평가 • 성공 및 실패 여부 결정

8. 환경영향평가업, 환경영향평가 기술자, 환경영향평가사에 대한 행정 처분의 일반 기준 중 위반 행위 횟수에 대한 기준과 환경영향평가 내용 복제 및 거짓 작성에 대한 개별 기준을 제시하고, 환경영향평가 업. 환경영향평가 기술자, 환경영향평가사에 대한 행정 처분의 개별 기준별 차이점을 설명하시오. (25점)

1) 위반행위 횟수에 대한 일반 기준

: 위반행위 횟수에 따른 행정처분 기준은 최근 1년간 같은 위반행위로 행정처분을 받은 경우에 적용한다. 이 경우 기간의 계산은 위반행위에 대하여 행정 처분을 받은 날과 그 처분 후 다시 같은 위반행위를 하여 적발된 날을 기준으로 한다.

2) 환경영향평가 내용 복제 및 거짓 작성에 대한 개별 기준

   a. 환경영향평가업

   • 복제하여 환경영향평가서를 작성한 경우(1차 업무정지 6월, 2차 등록 취소)

   • 거짓으로 작성한 경우(1차 업무정지 6월, 2차 등록 취소)

   b. 환경영향평가 기술자

   • 복제하여 환경영향평가서 작성

   : 1차 인정정지 3월, 2차 인정정지 6월, 3차 인정정지 9월, 4차 인정정지 12월

   • 거짓으로 작성한 경우

   : 1차 인정정지 6월, 2차 인정정지 12월, 3차 인정정지 18월, 4차 인정정지 24월

   c. 환경영향평가사

   • 고의 또는 중대한 과실로 환경영향평가서 등을 거짓으로 부실하게 작성한 경우

   : 1회 적발 자격정지 3년, 2회 이상 자격 취소

3) 개별 기준의 차이점

• 환경영향평가사의 행정 처분(개별 기준)이 보다 엄격하다.

• 환경영향평가사의 경우 보다 엄격한 행정 처분을 적용하여, 환경영향평가 업무에 대한 엄격한 책임을 부여한다.

환경영향평가사 행정 처분 기준

위반 행위	행정 처분 기준
거짓이나 그 밖의 부정한 방법으로 환경영향평가사 자격을 취득한 경우	자격 취소
결격 사유에 해당하는 경우	자격 취소

위반 행위		행정 처분 기준
최근 1년간 2회의 자격정지 처분을 받고, 다시 자격정지 처분 사유에 해당하는 행위를 한 경우		자격 취소
환경영향평가사의 자격이 정지된 상태에서 환경 영향평가사 업무를 수행한 경우	2회 이상	자격 취소
	1회 적발	자격 정지 3년
자격증 대여	2회 이상	자격 취소
	1회 적발	자격 정지 3년
고의 또는 중대한 과실로 환경영향평가서 등을 거짓·부실하게 작성한 경우	2회 이상	자격 취소
	1회 적발	자격 정지 3년
특별한 사유 없이 교육 훈련에 불참한 경우	4회 이상	자격 정지 2년
	2회 이상	자격 정지 6월

9. 발주자의 승인을 받아 환경영향평가 등의 대행 업무를 다른 자에게 재대행할 수 있는 업무 분야 및 자격 요건을 제시하고, 대행계약서 작성 시 유의사항을 기술하시오. (25점)

a. 재대행할 수 있는 업무 분야 및 자격 요건

분야	자격 요건
기상 관측	• 기상사업등록자
대기·수질 모델링	• 제1종 환경영향평가 등록자 • 환경 관련 대학 부설 연구소 • 환경 관련 엔지니어링 서비스 등록업체
수리·수문	• 환경 관련 대학 부설 연구소 • 엔지니어링 사업자
해양환경조사	• 해역 이용 영향평가 대행자 • 환경영향평가업 2종(해양생태조사에 한함)
토양오염도 조사	• 토양오염조사기관으로 지정된 업체
지형·지질	• 관련 대학 부설연구소 • 관련 엔지니어링 사업자로 신고된 업체
폐기물 성분 분석	• 폐기물 분석 전문기관 • 환경컨설팅 및 환경 관련 엔지니어링으로 등록된 업체

분야	자격 요건
소음·진동 예측 모델링	• 환경 관련 대학 부설연구소 • 환경 엔지니어링 등록업체
경관 분석	• 환경컨설팅, 환경엔지니어링 서비스, 그래픽디자인 서비스 등록업체
전파장해 측정 및 영향예측	• 관련 대학 부설연구소 • 관련 엔지니어링 사업자
일조 장해	• 관련 엔지니어링 서비스업으로 등록된 업체
잔류성 유기오염물질 측정	• 관련 전문 측정 기관
기타	

b. 대행계약서 작성 시 유의사항

• 관련 전문업체, 연구소 인지를 확인(재대행할 수 있는 업체인지 여부)

• 과거의 실적 및 전문 인력 현황(신뢰도)

• 업무추진계획서 등

환경영향평가사 2
기출문제 및 풀이
(1차 필기시험 1회~14회 수록)

1쇄 발행 2021년 6월 17일

편저 신현국

펴낸이 김제구
펴낸곳 리즈앤북
편집디자인 DESIGN MARE
인쇄·제본 한영문화사

출판등록 제2002-000447호
주소 04029 서울시 마포구 잔다리로 77 대창빌딩 402호
전화 02-332-4037 **팩스** 02-332-4031
이메일 ries0730@naver.com

값은 뒤표지에 있습니다.
ISBN 979-11-90741-18-7 (94530)
ISBN 979-11-90741-16-3(세트)